预算绩效管理教学与研究系列丛书

丛书主编：马海涛

预算约束下京津冀大气污染协同治理绩效评价研究

——基于动态空间视域

谢永乐◎著

中国财经出版传媒集团
中国财政经济出版社

图书在版编目（CIP）数据

预算约束下京津冀大气污染协同治理绩效评价研究：基于动态空间视域 / 谢永乐著. -- 北京：中国财政经济出版社，2024.1

（预算绩效管理教学与研究系列丛书）

ISBN 978-7-5223-2729-7

Ⅰ.①预… Ⅱ.①谢… Ⅲ.①空气污染控制–研究–华北地区 Ⅳ.①X510.6

中国国家版本馆CIP数据核字（2024）第034298号

责任编辑：胡　博　　责任印制：史大鹏

封面设计：陈宇琰　　责任校对：徐艳丽

预算约束下京津冀大气污染协同治理绩效评价研究——基于动态空间视域

YUSUAN YUESHUXIA JINGJINJI DAQI WURAN XIETONG ZHILI JIXIAO PINGJIA YANJIU——JIYU DONGTAI KONGJIAN SHIYU

中国财政经济出版社 出版

URL：http：//www. cfeph. cn

E-mail：cfeph@ cfeph. cn

社址：北京市海淀区阜成路甲28号　邮政编码：100142

营销中心电话：010-88191522

天猫网店：中国财政经济出版社旗舰店

网址：https：//zgczjjcbs. tmall. com

中煤（北京）印务有限公司印刷　各地新华书店经销

成品尺寸：185mm×260mm　16开　16印张　301 000字

2024年1月第1版　2024年1月北京第1次印刷

定价：65.00元

ISBN 978-7-5223-2729-7

（图书出现印装问题，本社负责调换，电话：010-88190548）

本社图书质量投诉电话：010-88190744

打击盗版举报热线：010-88191661　QQ：2242791300

丛书总序

全面实施预算绩效管理是建立现代财政制度的重要组成部分，是政府治理和预算管理的深刻变革。党中央、全国人大、国务院高度重视预算绩效管理工作，多次强调要深化预算制度改革，加强预算绩效管理，提高财政资金使用效率和政府工作效率。党的十六届三中全会提出“建立预算绩效评价体系”，党的十七届二中、五中全会分别提出“推行政府绩效管理和行政问责制度”“完善政府绩效评估制度”。国务院还专门批准建立了由监察部牵头的政府绩效管理工作部际联席会议制度，推进包括预算绩效管理的政府绩效管理试点。《预算绩效管理工作规划（2012—2015年）》大力推进了预算绩效管理工作。2015年开始实施的新《预算法》六次提及“绩效”，奠定了预算绩效管理的法律基础。党的十八届三中全会提出“财政是国家治理的基础和重要支柱”，确立了包括预算绩效管理在内的财政活动的重要地位。

进入新时代，习近平总书记在党的十九大报告中强调，要加快建立现代财政制度，“建立全面规范透明、标准科学、约束有力的预算制度，全面实施绩效管理”。李克强总理提出，要将绩效管理覆盖所有财政资金，贯穿预算编制、执行全过程，做到“花钱必问效、无效必问责”。2018年9月《中共中央 国务院关于全面实施预算绩效管理的意见》印发，要求力争用3—5年时间基本建成全方位、全过程、全覆盖的预算绩效管理体系，实现预算与绩效管理一体化，这是党中央国务院对全面实施预算绩效管理作出的顶层设计和重大部署，为预算绩效管理指明了方向、规划了路线、明确了措施。预算是政府活动和宏观政策的集中反映，也是规范政府行为的有效手段。预算绩效是衡量政府绩效的主要指标之一，本质上反映的是各级政府、各部门的工作绩效。全面实施预算绩效管理是推进国家治理体系和治理能力现代化的内在要求，是增强政府公信力和执行力、提高人民群众满意度的有效途径，是建设高效、责任、透明政府的重大措施。

《意见》印发以来，全国上下积极响应、扎实推动，各地区、各部门、各单位掀起了贯彻落实全面实施预算绩效管理的高潮，对预算绩效管理的理论、知识、技能的需求也与日俱增，亟须提质拓围，拓展国际视野，以"顶天立地"的思维，高质量发展。作为我国经济学、管理学学科领域的重要科研创新基地，中央财经大学在应用经济学领域处于全国领先，形成了以经济学、管理学和法学学科为主体，文学、理学、工学、教育学、艺术学等多学科协调发展的学科体系，在协同创新中推动预算绩效管理理论研究和实践创新是新时代赋予我们的光荣使命。中央财经大学历来重视预算绩效管理的教学和研究，积累了一批研究成果和教学案例，形成了一支教学研究队伍，设立了预算绩效管理博士和博士后研究方向，形成了全校多学科协同创新的发展势态。

在新时代全面实施预算绩效管理背景下，我们依托中央财经大学中国财政发展协同创新中心等单位力量，编撰了"预算绩效管理教学与研究系列丛书"。丛书主要包括典型国家预算绩效管理制度、预算绩效管理理论研究、预算绩效管理实践发展报告、分行业分领域预算绩效管理研究等方面的选题，力图反映国内外预算绩效的最新理论和实践，为预算绩效管理学科建设、人才培养奠定坚实的基础，打造预算绩效管理的教学和研究高地。

本丛书的根本目的是为我国建立"全方位、全过程、全覆盖"的预算绩效管理体系提供一张思维网、施工图和操作法，聚焦国家重大需求提出的理论热点问题，推动我校"双一流"学科建设，提高学科建设水平和人才培养质量，推动学校财政理论协同创新。

丛书编写过程中我们虽然已经付出了巨大的努力，由于受各种客观因素影响和作者水平限制，书中难免有疏漏和不足，恳请同行和读者批评指正。

马海涛

2019 年 1 月 1 日于中央财经大学

▶ 序　言

随着粗放型发展方式引致的资源高消耗、环境污染严重、生态失衡等问题日益严峻，实现经济高质量发展与环境可持续性保护相统一，已成为新时代建设中国特色社会主义经济和生态文明"共同体"的重要内容。根据全球气候治理要求与自身发展实情，我国于2020年9月正式提出"双碳"目标：二氧化碳排放力争于2030年达到峰值，努力争取2060年实现碳中和。"十四五"规划、党的十九届六中全会等均强调要以创新驱动绿色发展、循环发展、低碳发展，党的二十大进一步明确新阶段要加快构建新发展格局，全力推动中国式现代化高质量发展。京津冀作为我国低碳发展的"桥头堡"与最早实施大气污染协同治理战略的区域之一，在党中央系列政策的引导下，积极探索强化地区之间协同凝聚力与向心力的路径，2013年以来相继发布了《京津冀协同发展纲要》《京津冀协同发展生态环境保护规划》《共同推进京津冀协同发展林业生态率先突破框架协议》等政策文件，强调要全面完善区域协商统筹、责任共担、信息共享、联防联控的运作机制体系。随着中央与地方双重推动型"七省区八部委"联防联控体系的建设与完善，大气污染协同治理已取得一定的成效。但因资源禀赋、经济基础、政治位势、市场环境、技术条件、污染源结构、预算存量等现实约束，行政界限分割主导的属地治理模式与特殊任务催动的合作治理模式仍并存于实践过程中，致使"奥运蓝""阅兵蓝""APEC 蓝"及"两会蓝"等整体性大气质量改善未能实现可持续化。

基于大气环境极强的公共性、无界性、外部性等本质特征，组织运行特性与既有预算资源约束，在政府“主责”层面，目前主要存在三个问题：一是多元因素交叠影响，引致出地区之间强劲且错综复杂的非对称利益博弈关系，发展目标的差异化导致行动策略选择的离散化，难以形成统筹共商、责任共担、利益共享、信息共通的协同合力。二是大气污染治理作为区域复杂性空间系统演化与“五位一体”发展战略布局的有机组成部分，与产业结构优化、经济金融深化、技术研发创新、市场建设一体化等具有很强的正向或负向关联效应，其成效发挥需经历一个相对较长的“量变”向“质变”积累过程，这在一定程度上削弱了地方政府参与协同行动的内在积极性。三是现有大气污染协同治理绩效评价机制尚不健全，战略/目标规划引导、环保法律规制、协同组织运行、奖惩政策约束等缺乏内在促动力，难以从投入、实施、产出、效果等环节对地方政府进行任务导向的全链条、动态化监管。

谢永乐（对外经济贸易大学）所著的《预算约束下京津冀大气污染协同治理绩效评价研究——基于动态空间视域》将地方政府作为“主责者”，融合大气污染本质属性、协同学等相关理论与地方政府治理实践，揭示出环境污染治理与各领域要素之间存在时间与空间双重动态化特征的相互影响。在此基础上，根据京津冀协同治理机制体系建设实情，基于地区（政府）非对称利益博弈、多领域空间关联效应与多维度联防联控逻辑脉络，探究实现区域“常态化”协同治理的关键影响因素，建立健全“协同－绩效”与“绩效－协同”双向良性促动的机制体系，探寻全面激发地方政府内在动力，提升地区合作层次与效能、稳步增强府际协同凝聚力与向心力的路径。研究具有较高的理论价值和一定的现实意义。

一是理论基础扎实，协同脉络清晰。该书遵循国家治理体系与治理能力现代化改革发展的时代要求，基于多学科融合的动态空间视域，将地区大气污染治理效果充分纳入政府预算约束与绩效管理语境，融合借鉴公共价值、委托－代理、协同治理、新经济地理、演化博弈等基础性理论，从主体行动选择博弈与客体空间关联效应的“双层”考察维度，同步深入进行领域面上、地域面上的纵向与横向分解，构建出以地方政府为“主责者”的预算约束下京津冀大气污染治理“协同－绩效”框架，有效厘清区域大气污染协同治理绩效的科学内涵、执行本质、操作流程、机制架构、关键症结等核心内容，形成中央引导、地区联动的全周期循环体系，有效回答了“什么是地区（政府）大气污染协同治理绩效”“地区（政府）大气污染协同治理绩效评价的实现机制是什么”。

二是论证依据充分，应用导向明确。该书聚焦于既有预算约束下提升京津冀大气污染协同治理绩效水平的可行性路径探索。运用聚类分析法，从中央与地方层面构建涵盖目标、规划、模式、组织、运行动力、保障机制、评价监督等的“经纬网”；基于府际协同、政策工具协同、环境治理绩效维度，剖析美国、英国、日本大气污染治理“协同－绩效”模式。运用演化博弈模型与 Matlab 仿真技术，探究京津冀在不同情境的行动选择演化路径及均衡态势，考察治理收益、治理 / 交易成本、短期经济社会损失、中央奖惩等因素变动的影响。运用动态空间自回归模型（D-SAR），揭示京津冀及周边地区（2+26+3 市）核心大气污染物的集聚演化特征，并考察经济增长、社会进步、预算支出、生态保护等对协同治理成效的影响方向与强度。

三是运用访谈法、耦合协同评价模型、静态交叉效率评价模型、动态窗口评价模型，测度地区多元系统互动共生与地方政府投入－产出情况。在此基础上，探索出协同组织完善、府际协同模式转型、动力机制建设、统筹督察执行、优化绩效评价等实践路径。

全书思路清晰，内容充实，有较好的逻辑性，立足于动态空间视域研究预算约束下京津冀大气污染协同治理绩效评价问题具有重要的理论和实践意义，利用中央与地方政府权威发布的统计年鉴与实地调研数据，力求精准测度经济－社会－生态耦合协同（客体层面）与地方政府综合治理绩效（主体层面）情况，并在分析过程中渗透全方位、全过程、全覆盖的绩效管理思想，对于优化环境领域的政府预算绩效管理机制、满足社会公众多层次多样化服务需求具有重要的参考价值。在全面预算绩效管理的不断探索与革新进程中，更好地发挥区域大气污染治理的主体与客体协同效应，真正实现公共价值创造的提质增效，还有待于更多的优秀学者继续在该领域深耕钻研。

马海涛

2023 年 7 月 25 日

目 录

图表目录

图目录

表目录

▶ 绪 论

内容提要

党的十九大报告强调，要构建政府为主导、企业为主体、社会组织和公众共同参与的环境治理体系。“十四五”规划、党的十九届六中全会等明确提出，要强化多污染物协同控制与区域协同行动，切实提高环境治理成效。党的二十大报告指出，要加快构建新发展格局，全力推动中国式现代化高质量发展。在新公共管理背景与“推进国家治理体系和治理能力现代化”要求下，努力建设生态保护服务型政府是增进民生福祉、提升社会福利水平的重要目标。加快现代财政制度改革要求在技术层面加强预算绩效管理，推进政府环境治理绩效评价是贯彻绩效理念、提高预算资金使用效率的重要举措。面对不同主体、不同领域的多层次多样化需求与预算资源有限性约束，如何实现区域联防联控全过程中地方政府的权责划分与绩效考核有效统一，是值得关注的焦点。

第一节　研究背景与意义

一、研究背景

大气污染是因人类生产生活或自然演变而引起某些污染物质融入大气环境中，达到一定浓度后危害人体舒适及健康的现象[①]。大气污染物种类繁多（已知的约100多种），根据存在的状态差异，分为气溶胶污染物与气体污染物，前者包括粉尘、烟液滴、降尘及悬浮物等，后者包括硫氧化合物、氮氧化合物、碳氧/氢化合物等。不同污染物的组合及浓度变化，会引发不同类型的大气污染问题[②]。自第二次工业革命以来，全球主要爆发了两次大气污染危机：一是1952年的伦敦烟雾事件，由SO_2、CO和悬浮颗粒物集聚形成，致使肺结核、支气管炎、肺炎、哮喘等呼吸系统疾病及交通事故频发，英国死亡人数达12000人，其中伦敦死亡4000余人[③]。二是1940—1960年的洛杉矶光化学烟雾事件，其源自CO、氮氧化物、碳氢化合物等通过多重化学反应产生的醛、酮、过氧乙酰硝酸酯等有毒气体，造成严重的眼睛痛、头痛及呼吸困难等病症，仅1952年12月，洛杉矶市65岁以上的老人死亡数就达400多人[④]，且因农作物、植被等坏死，造成了巨大的经济损失。由此可见，在推动经济社会等快速发展的同时，全力防治大气污染也不容忽视。

大气污染极强的跨域迭代传输特征，使分散性属地治理

---

① 环境科学大辞典编委会.环境科学大辞典（修订版）[M].北京：中国环境科学出版社，2008.

② 曲向荣.环境学概论[M].北京：北京大学出版社，2009.

③ Rosenberg J. The Great Smog of 1952. http：//history1900s.about.com/od/1950s/qt/greatsmog.htm，last access：3 June，2017；Christopher Klein，The Killer Fog That Blanketed London，6 December 2012，http：//www.history.com/ news/ the-killer-fog-that-blanketed-london-60-years-ago，last access：9 Oct.，2017.

④ 廖红.美国环境管理的历史与发展[M].北京：中国环境科学出版社，2006.

的成效有限，区域协同治理成为攻克这一难题的共识。在借鉴国际防治经验、探寻自身大气污染形成及演化规律、正视既有预算约束的基础上，我国积极推进区域大气污染联防联控理念与实践的纵深化发展。例如，2010年5月，环保部、国家发改委等联合发布的《关于推进大气污染联防联控工作改善区域空气质量的指导意见》（国办发〔2010〕33号）指出，要尽快建立健全横向府际型联防联控措施体系，以有效解决区域大气污染问题。2011年12月，国务院印发的《国家环境保护部“十二五”规划》强调，要始终扎根于不同地区的大气污染演化实情，逐步完善多层次的大气污染联防联控体制机制系统。2012年10月，环保部、国家发改委与财政部联合发布的《重点区域大气污染防治“十二五”规划》明确提出，要创新区域综合性环境管理机制建设，稳步提升大气污染、水污染等环境治理的联防协作管理能力。2013年9月，国务院发布的《大气污染防治行动计划》（国发〔2013〕37号）明确了京津冀、长三角、珠三角等经济圈大气污染协作防治机制的建设目标——形成“政府统领、企业施治、市场驱动、公众参与”的新型大气污染防治机制体系。2014—2021年，我国根据不同地区的大气污染演化情况，相继发布了《京津冀协同发展纲要》《京津冀协同发展生态环境保护规划》《共同推进京津冀协同发展林业生态率先突破框架协议》《长三角区域空气重污染应急联动工作方案》《北京市大气污染防治条例》等政策文件，强调要全面完善区域协商统筹、责任共担、信息共享与联防联控的运作机制体系。在此基础上，提出了兼顾自身人口发展、城镇化、工业化进程等实情与全球气候治理共性要求的“双碳”战略目标——二氧化碳排放力争于2030年达到峰值，并努力争取2060年实现碳中和。“十四五”规划、党的十九届六中全会、国务院《政府工作报告》（2022）等均进一步强调，要强化多污染物协同控制与区域协同治理，切实提高环境治理成效，走好“全方位、全地域、全过程”防护的绿色发展、循环发展、低碳发展之路。日益完善的宏观政策体系，为各个发展阶段的区域大气污染协同治理实践奠定了有效基础。

京津冀是我国最早实施大气污染协同治理战略的区域之一。2013年以来，在党中央系列政策的引导下，我国积极探索强化地区之间协同凝聚力与向心力的路径，目前已构建起中央与地方双重推动的“七省区八部委”联防协作机制体系，且取得了一定的治理效果。但因资源禀赋、经济基础、政治位势、技术条件、预算存量等约束，行政区划分割主导的属地治理模式与特殊任务推动的合作治理模式，仍并存于京津冀大气污染治理实践，致使“奥运蓝”“阅兵蓝”“APEC蓝”及“两会蓝”等大气质量改善未能实现可持续化[①]。2013—2019年《中国统计年鉴》《中国城市统计年鉴》《中国环境统计年鉴》，地级及以上城市《生态环境质量公报》《国民

① 魏娜，孟庆国.大气污染跨域协同治理的机制考察与制度逻辑——基于京津冀的协同实践[J].中国软科学，2018(10)：79-92.

经济和社会发展统计公报》等公布的数据显示，京津冀大气环境中$PM_{2.5}$、PM_{10}及SO_2等污染物的年平均浓度虽有所下降，但其整体污染水平仍然明显高于长三角、珠三角地区（见图1—图3），面临着很大的深化防治压力。立足于协同效果不尽如人意的实情，需重点考虑三个问题：一是在“中央+地方”多重政策推进下，作为“关键行动者”的地方政府之间具有怎样的利益博弈症结？二是置于无边界、不规则集聚演化情境的大气污染治理与其他发展领域具有怎样的关联关系？三是伴随区域联防联控体系不断完善，京津冀大气污染治理的经济-社会-生态耦合协同程度与投入-产出绩效水平如何？

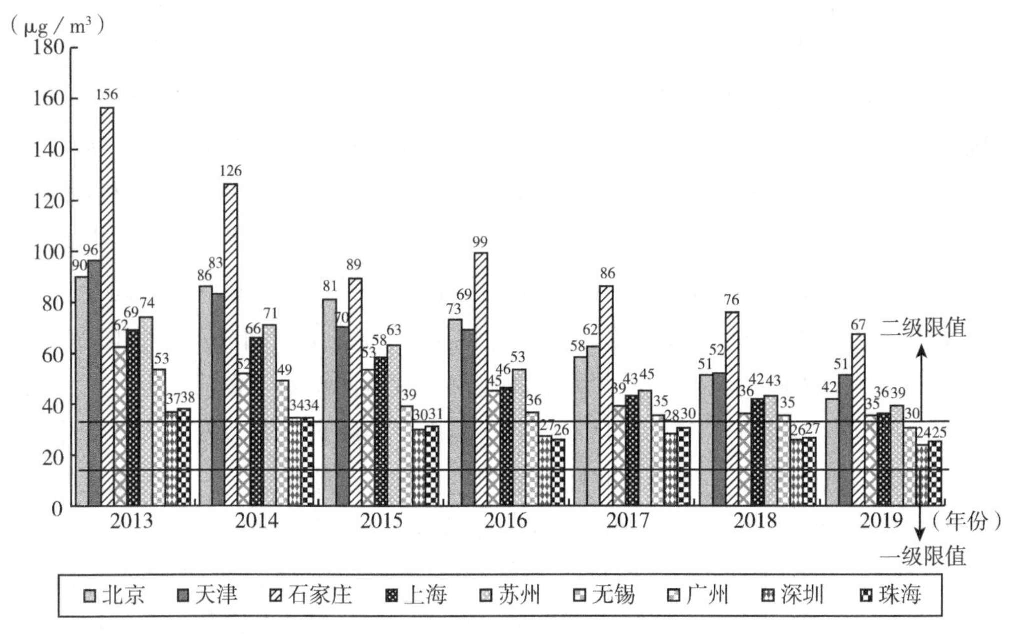

图1　京津冀、长三角、珠三角代表城市的$PM_{2.5}$年平均浓度变化情况

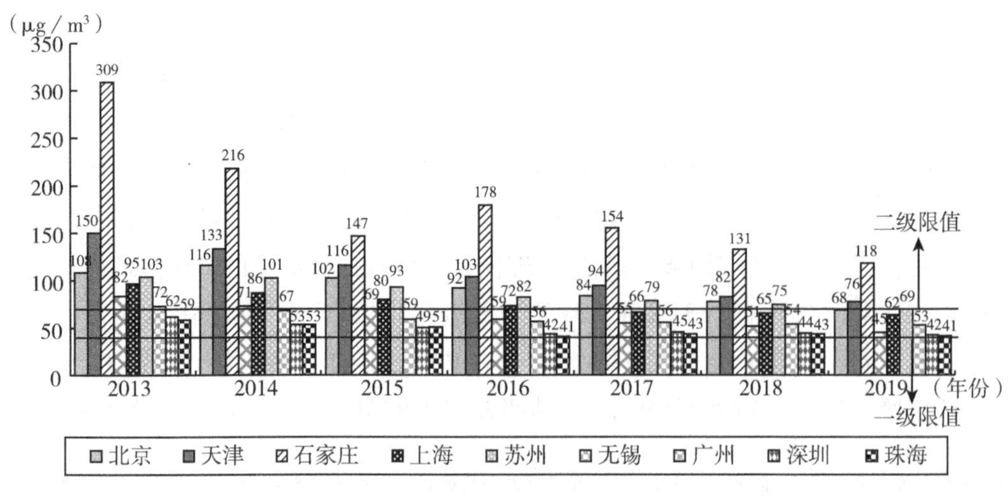

图2　京津冀、长三角、珠三角代表性城市的PM_{10}年平均浓度变化情况

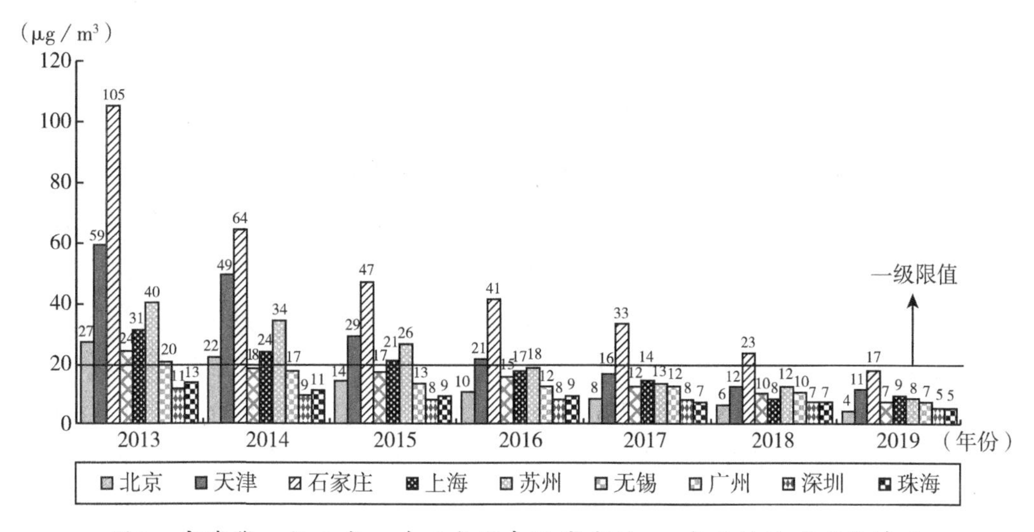

图3 京津冀、长三角、珠三角代表性城市的SO_2年平均浓度变化情况

大气环境极强的公共性、无界性、外部性等特征，决定了其污染问题不可能直接通过市场“私有化”产权交易或多元主体完全平等协商加以有效解决，必须借助权威性主导者的全力推动。与此同时，因现阶段我国社会主义市场经济体制尚不完善，企业、非政府组织、社会公众等主体，更容易受资源禀赋、组织特性等因素约束而采取偏离协同治理目标的“非理性”行为。为此，党的十九大报告强调“构建政府为主导、企业为主体、社会组织和公众共同参与的环境治理体系”。所以，将政府作为区域大气污染协同治理的“主责者”，在新公共管理背景与“推进国家治理体系和治理能力现代化”改革目标下具备充分的合理性，即跨行政区域的大气污染协同治理目标，可以主要通过身负辖区整体性利益目标/诉求的地方政府之间的稳固性联防合作加以实现。然而，目前我国环境治理实践中存在明显的“地方分权”悖论，即嵌入环境治理分权体系中的权力等级结构，在很大程度上塑造了行动者之间的角色转换路径和责任推诿“生态链条”①，导致权力配置与职责履行的严重脱节。如何实现区域大气污染联防联控全过程中地方政府的权责划分与绩效考核有效统一，尚未探寻出可行性路径。

对京津冀而言，在系列“联防联控”政策的推动下，虽然整体性大气环境质量有所提升，但地方政府之间却始终无法由被动的“任务驱动型”协同模式转变为主动的“目标促动型”协同模式。究其根源，主要存在以下三个方面的问题。

一是资源禀赋、经济结构、市场环境、政治位势及技术条件等因素的交叠影响，引致出京津冀各地区之间强劲且错综复杂的非对称利益博弈关系。彼此之间发展利益目标的阶段性差异，引致出大气污染治理行动选择与调整的离散化，尚未跳

① 冉冉.如何理解环境治理的“地方分权”悖论：一个推诿政治的理论视角［J］.经济社会体制比较，2019（4）：68-76.

出“一亩三分地”理念约束，从而难以有效突破行政性、市场性及社会性困境，形成共商统筹、责任共担、利益共享、信息共通的联防联控合力。二是大气污染治理作为区域复杂性空间系统演化、“五位一体”发展战略布局及地区发展能力载体的有机组成部分[①②]，与产业结构优化、经济金融深化、技术研发创新、市场建设一体化等发展具有很强的正向或负向关联效应。因而，使自上而下的联防联控政策实施具有时滞效应，即其成效的充分发挥需经历一个相对较长的“量变”向“质变”积累的过程，这在一定程度上削弱了地方政府的内在驱动力，并可能因重视短期性经济增长目标而诱发机会主义倾向。三是现有大气污染协同治理绩效评价机制体系尚不健全，导致战略/目标规划引导、环保法律规制、协同组织运行、奖惩政策约束等缺乏权威且有效的内在促动力，难以根据科学的任务型绩效考核目标，从投入、执行、产出及效果等环节，对地方政府大气污染治理实践进行全链条、动态化监管（见图4）。

因此，扎根于京津冀“七省区八部委”协同治理机制体系的建设实情，基于地区（府际）非对称利益博弈、多领域空间关联效应与多维度联防联控逻辑脉络，深入探究实现区域“常态化”协同治理的关键影响因素，建立健全“协同-绩效”与“绩效-协同”双向良性促动的机制体系，以全面激发地方政府的内在动力，提升地区之间合作的运行层次与效能，稳步增强府际协同的凝聚力与向心力，是可持续性推进京津冀大气污染深化治理的战略要求与必然选择。

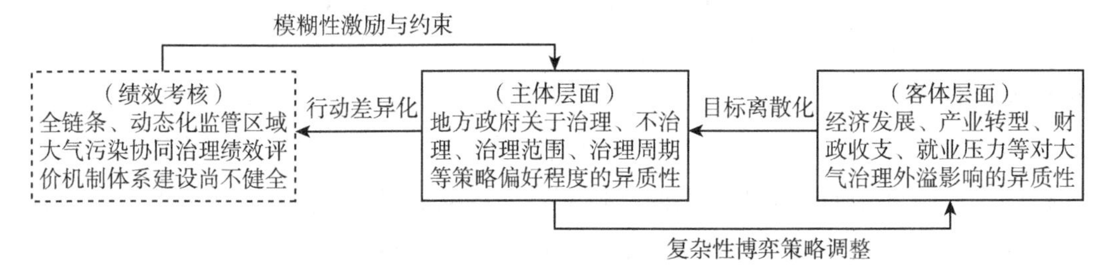

图4　京津冀大气污染协同治理模式转型的困境

二、研究意义

（一）理论价值

在国家治理体系与治理能力现代化改革发展的背景下，根据现阶段切实需求，

① 姚洋，张牧扬.官员绩效与晋升锦标赛——来自城市数据的证据［J］.经济研究，2013，48（1）：137-150.

② Shi X，Xu Z. Environmental Regulation and Firm Exports：Evidence from the Eleventh Five-year Plan in China［J］. Journal of Environmental Economics and Management，2018，89（5）：187-200.

进一步明确区域大气污染协同治理研究的核心问题，并在相关理论融合基础上，构建全面、科学的逻辑分析框架，以精准描述、解释与预测未来的演化态势，是当前国内外学者关于大气污染治理理论探讨的重要着力点。

本书的理论价值主要体现在两个方面：一是尝试回答“什么是地区（政府）大气污染协同治理绩效”，即阐明地区（政府）大气污染协同治理绩效应如何进行表述与衡量，有助于丰富绩效范畴内的府际协同理论内容。通过将大气污染治理效果充分纳入政府绩效管理语境，并融合借鉴公共价值、委托-代理、协同治理、新经济地理、演化博弈等基础性理论，构建出以地方政府为“主责者”的纵横联动型京津冀大气污染治理“协同-绩效”体系，以有效厘清区域大气污染协同治理绩效的科学内涵、执行本质、操作流程、机制架构及关键症结等核心内容，有助于进一步丰富多元耦合条件下区域一体化发展及府际合作理论。二是尝试回答“地区（政府）大气污染协同治理绩效评价的实现机制是什么”，即科学施行对地区（政府）大气污染协同治理的绩效评价，有助于拓展协同治理情境内的政府绩效研究范畴。立足于主体行动选择博弈与客体空间关联效应的探讨，剖析府际协同所内含的多元利益相关主体协同、多领域发展要素协同、多类政策工具协同等问题，提炼关键性影响因素集合，进而根据学术探讨进展与京津冀实践情况，构建大气污染协同治理绩效评价的指标体系与理论模型，以期在一定程度上拓展协同治理情境的政府绩效管理研究范畴，为完善区域创新发展体系提供有效的理论依据。

（二）实践意义

大气环境质量变动同时受到多元因素的复合影响，且具有很强的外部性，往往牵一发而动全身。现阶段，推进高耗能高排放的产业结构调整、能源低碳转型、绿色技术研发和推广应用、“双控”制度转变等，使得京津冀大气污染协同治理不仅是生态环境防治难题，更是深化推动经济、政治、社会等“五位一体”全面发展的巨大挑战。但从已有的治理实情而言，京津冀诸多地方政府对自身辖区内大气污染协同治理成效短暂、体制机制建设不足、绩效考核倾向偏颇等认知尚存在一定的模糊性，未达成明确的全域统筹共识，导致整体上难以实现由阶段性“压力型”模式转变为常态化“合力型”模式的目标。

本书的实践意义主要体现在两个方面：一是完成系统性大气污染协同治理的现状梳理、核心问题提炼与“协同-绩效”逻辑框架构建。以时间为“经线”，以分门别类的地区协同治理机制建设内容为“纬线”，基于中央—省—地级市层面的政策文本聚类统计，制作京津冀大气污染协同治理机制的演化“经纬网”。在此基础上，挖掘出地区（政府）协同治理效果不尽如人意的“瓶颈”，并参照区域联防联控战略的内外部环境因素分析，立足于主体行动选择博弈与客体空间外溢维度，构建省—市—县联动的京津冀大气污染治理“协同-绩效”体系。兼顾梳理广度与深度，有利于各方利益相关主体更直观、全面地了解京津冀大气污染协同治理的演化历程与实情，为国家与区域层面的战略选择、政策研制等奠定有效基础。二是完成京津冀大气污染治理“协同-绩效”实证检验、国外经验借鉴与可行性优化路径探寻。以主体与客体考察层面相结合的动态空间视域为基点，有效参考中央及地方“绿色发展指标体系”、“生态文明建设考核目标体系”等，构建京津冀大气污染协同治理绩效评价“共性+个性”的指标体系与理论模型。通过大数据定量分析与稳健性验证，分层、分域、分类归纳出关键“症结点”及相关原因，结合国外大气污染治理“协同-绩效”模式的聚类比较与经验借鉴，探寻提升京津冀大气污染治理同盟稳定性与绩效评价科学性的路径，为府际联防联控的组织建设、政策工具组合应用等提供有效参考。

第二节 相关概念及其研究范畴

一、京津冀及周边地区

京津冀是我国“首都经济圈”和最先施行大气污染协同治理战略的区域之一。按地级市及以上层级的划分标准，包括北京市、天津市和河北省的11个地级市（石家庄、承德、张家口、秦皇岛、唐山、邯郸、邢台、保定、沧州、廊坊、衡水）。根据大气污染物空间集聚格局与地区之间经济社会互动关系的演化，我国于2017年发布的《京津冀及周边地区大气污染防治工作方案》，进一步明确了“2+26”联防联控的范围，包括北京市、天津市、河北省的8个地级市（石家庄、唐山、邯郸、邢台、保定、沧州、廊坊、衡水）、山西省的4个地级市（太原、阳泉、长治、晋城）、山东省的7个地级市（济南、淄博、济宁、德州、聊城、滨州、菏泽）、河南省的7个地级市（郑州、开封、安阳、鹤壁、新乡、焦作、濮阳）。现阶段，根据“十四五”规划、党的十九届六中全会及国务院《政府工作报告》（2022）等提出的“强化多污染物控制与区域协同治理”战略方向，京津冀及周边地区大气污染深化治理联盟的地域范围将会进一步有序扩宽。但参照长三角、珠三角区域的发展经验可知，对于任何一个新区域协同圈而言，其“战略制定—政策实施—实践反馈—成效评价—路径优化”需要经历一个相对较长的运行过程。因此，本书将选取当前京津冀行政区划边界与“2+26”联防联控地域范围的并集（2+26+3市）作为研究对象，以探寻出更适配的实践路径。

二、协同治理

治理是使相互冲突或不同的利益得以调和并且采取联合行动的持续过程，它包括有权迫使人们服从的正式制度和规则，以及各种被人们同意或认为符合其自身利益的非正式制度安排①。

融合协同学等理论与“善治”目标的协同治理，是指个人、公共或私人机构携手管理共同事务的方式总和，即通过具有法律约束效力的正式与非正式制度，调和与引导存在相互冲突的利益主体之间的联合行动。其实质特征体现于三个方面：一是以系统性视角看待经济、社会、生态等的发展，要求跨越公私界限、聚焦于公共价值与目的。二是基于自愿原则、权力结构与成本计算体系的资源整合，通过治理理念、方式、路径及机制等创新，促进利益相关主体之间的利益协同。三是通过多元主体默契配合、多个子系统结构耦合与资源共享的自组织集体行动，有效弥补政府、市场及单一治理主体的局限性，消除社会公共事务处理过程中的隔阂与冲突，实现资源配置的效用最大化目标。现阶段，世界各国已基于跨区域、跨组织、跨部门等维度，制定了整体性治理、多中心治理、网格化治理等措施。根据各类主体有限理性约束特征与我国社会主义市场经济发展实情，本书以跨区域府际协同为研究核心，将多元利益主体协同、多领域要素协同等，内含于地方政府的行动策略选择与调整范畴。

三、绩效评价

评价是对一项正在进行或已完成项目、计划或政策的设计、实施与结果的系统和客观性考察，其目的是评判目标的相关性与完成情况，发展的效率、效果、影响和可持续性。我国《国际金融组织贷款项目绩效评价管理暂行办法》(财际〔2008〕48号)明确提出，绩效评价是通过运用一定的评价准则、量化指标和测度方法等，对项目或政策的相关性、效率、效果、影响及可持续性等进行客观、公正的评价②③。

随着在行政服务、环境治理、应急管理等领域的应用，政府绩效评价逐步呈现出三大特征：一是评价主体多元化，外部评价力量日益发挥重要作用。二是评价技术成熟化，与先进的网络和信息技术结合日益紧密。三是将全面质量管理理

① 唐贤兴.大国治理与公共政策变迁——中国的问题与经验［M］.上海：复旦大学出版社，2020.

② 施青军.政府绩效评价：概念、方法与结果运用［M］.北京：北京大学出版社，2016.

③ 曹堂哲，罗海元，孙静.政府绩效测量与评估方法：系统、过程与工具［M］.北京：经济科学出版社，2017.

念融入绩效管理体系，确立以质量为核心、以顾客为导向、以服务为目标的绩效评价模式[①]。在此基础上，我国相继建设起典型的青岛模式——目标责任制、福建模式——综合效能考核制、杭州模式——公民导向制、甘肃模式——第三方评价制等[②]。目前，针对地方政府环境治理的绩效评价实践，我国聚焦于公共价值创造与生态福利水平提升的成本－收益考核，构建了涵盖经济增长、城镇发展、产业升级、人口流动、能源置换、国际贸易、绿化建设等内容的量化指标体系。因此，本书将参照现有学术研究与实践成果，根据京津冀及周边地区大气污染集聚演化的影响因素集合，构建地方政府综合治理的绩效评价体系。

四、动态空间视域

大气污染无界性流动与复合性外溢格局瞬息万变，集多元利益目标/诉求于一体的地方政府行动策略选择及其调整也具有明显的时间演化特征。因此，基于大气污染本质属性、协同学等相关理论及地方政府治理实践，本书提炼出研究基点（方法集合）——动态空间视域。其核心内涵是：在一定地域空间范围内，污染物的非均质性排放与分布格局随着时间演变而不同，区域大气污染治理与各领域发展因素的相互影响兼具时间与空间维度的动态化特征。在不同阶段，污染物空间集聚态势与影响因素互动格局的差异性，会促使各地方政府“利益导向型”行动策略选择的调整。

具体而言，本书的动态空间视域剖析将分为两个层面：一是主体行动选择层面，基于演化博弈理论，考察成本－收益约束下大气污染治理主体（地方政府）行动策略的调整趋势与均衡路径。二是客体空间联动层面，基于多维动态空间计量实证模型，分析不同发展领域因素与大气污染治理的相关关系。最终，通过构建融合主、客体层面的影响因素集合，为地区多元系统耦合协同程度与地方政府综合性绩效情况考核的指标体系设计、测度工具选取、评价标准制定等，奠定有效基础。

① 马海涛，曹堂哲，王红梅.预算绩效管理理论与实践［M］.北京：中国财政经济出版社，2020.

② 蓝志勇，胡税根.中国政府绩效评估：理论与实践［J］.政治学研究，2008（3）：106-115.

第三节 研究内容及技术路径

本书融合借鉴公共价值理论①、协同治理理论②、演化博弈理论③、空间计量经济理论④、以公共价值为基础的政府绩效治理理论⑤，以地方政府为研究主体（主责者），立足于中央—省—地级市层面的京津冀大气污染协同治理体制机制建设进度与问题分析，基于各地区（府际）非对称性利益演化博弈趋势、各发展领域空间关联效应与区域联防联控逻辑脉络，提炼出实现"常态化"大气污染协同治理的关键性影响因素，进而设计出适配的绩效评价指标体系与理论模型，并通过大数据定量分析、多维度稳健性检验与国外"协同-绩效"模式的经验借鉴，探寻出有效提升京津冀大气污染协同治理绩效水平的可行性路径（见图5、图6）。

第一章：国内外研究现状综述。基于研究主题的内容分解，拟从"协同治理理论缘起及其演化脉络""预算约束下京津冀大气污染协同治理现状""跨区域环境治理绩效评价情况""动态空间视域应用及其拓展体系"维度，通过检索Academic Search Complete、Regional Business News、中国知网等数据库，系统归纳、梳理已有的学术研究成果，挖掘出可进一步创新探寻的方向。

第二章：动态空间视域下京津冀大气污染治理"协同-

① ［美］马克·H.穆尔.创造公共价值——政府战略管理［M］.伍满桂，译.北京：商务印书馆，2016.

② ［德］赫尔曼·哈肯.协同学——大自然构成的奥秘［M］.凌复华，译.上海：上海译文出版社，2005.

③ Weibull J W. Evolutionary Game Theory［M］. Cambridg: the MIT press，1995.

④ Anselin L. Model Validation in Spatial Econometrics: A Review and Evaluation of Alternative Approaches［J］.International Regional Science Review，1988，11（3）：279-326.

⑤ 包国宪，王学军.以公共价值为基础的政府绩效治理——源起、架构与研究问题［J］.公共管理学报，2012，9（2）：89-97，126-127.

绩效”逻辑框架构建。一是根据中央—省—地级市层面相关法律法规、政策文件、新闻报道等的搜集与聚类梳理，剖析预算约束下京津冀大气污染协同治理机制的演化历程及建设“瓶颈”。二是基于公共价值创造的内、外部战略环境因素分析，明确京津冀大气污染治理“协同-绩效”的科学内涵。三是结合现有“瓶颈”挖掘与动态空间视域主体-客体层面分解的执行本质、操作流程、机制架构等内容，设计省—市—县联动的京津冀大气污染治理“协同-绩效”逻辑框架，并明确实现“协同-绩效”与“绩效-协同”双向循环促动的关键路径。

第三章：不同情境下京津冀大气污染治理的府际“行动”博弈与协同因素分析。一是基于地方政府的“有限理性人”假设，分别从治理成本、短期经济增长损失、交易成本、治理收益、外部性效应等12个维度设置相关参数。二是构建无中央政府约束和有中央政府约束的属地治理与协同治理的三维“行动”博弈模型，并通过支付矩阵、动态复制方程、雅各比矩阵推导，探讨出各方主体行动选择的演化态势与均衡策略。三是运用Matlab仿真技术，比较不同情境中各类因素变动对区域协同治理联盟达成及运行的影响。

第四章：京津冀及周边地区大气污染的空间集聚演化特征与外溢因素分析。一是借助于GeoDA拟合技术，从局部与全局维度，分析2013—2018年京津冀及周边地区（2+26+3市）AQI和$PM_{2.5}$、PM_{10}、SO_2等污染物的集聚演化特征，揭示其存在复合型大气污染难题的核心诱因。二是构建动态空间计量模型（D-SAR），探寻区域大气污染演化的“时空尺度效应”[①]（时间惯性+空间外溢性），并通过调整空间权重矩阵的测度口径，验证各类相关因素对大气污染治理的影响方向、强度及稳健性。

第五章：动态空间视域下京津冀及周边地区大气污染协同治理绩效评价。一是结合京津冀大气污染治理“协同-绩效”逻辑框架设计与主体行动选择演化博弈、客体空间关联效应分析所提炼的影响因素集合，基于“五位一体”战略布局与成本-收益考核视角，设计出地区多元系统耦合协同程度与地方政府综合性绩效情况评价的指标体系与理论模型。二是基于有效性面板数据（依次完成相关性检验、可鉴力检验、信/效度检验等筛选环节），运用Stata等软件与耦合协同评价模型、静态交叉效率评价模型、动态窗口评价模型，从局域与全域、主体与客体层面，完成京津冀及周边地区（2+26+3市）的大气污染协同治理绩效水平测度与比较，进而总结出核心问题。

---

① 刘海猛，方创琳，黄解军，朱向东，周艺，王振波，张蔷.京津冀城市群大气污染的时空特征与影响因素解析［J］.地理学报，2018，73（1）：177-191.

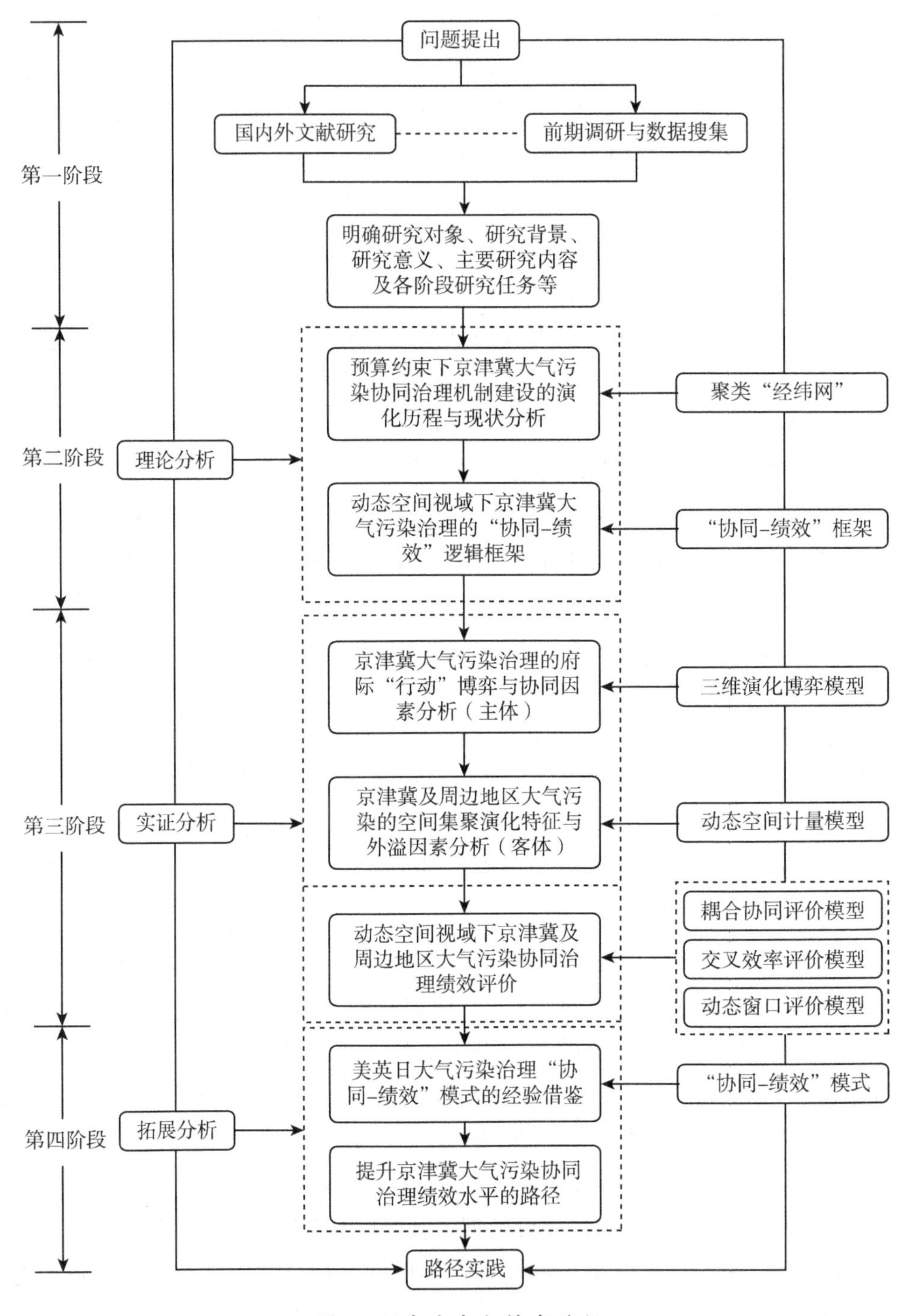

图5　研究内容与技术路径

第六章：美国、英国与日大气污染治理“协同-绩效”模式的经验借鉴。立足于府际协同、政策工具协同、政府环境治理绩效评价的考察维度，全面剖析美国、英国与日本大气污染治理“协同-绩效”模式的核心内容，并针对京津冀可持续性深化治理的切实需求，提炼出具有本土化创新应用价值的经验启示。

第七章：预算约束下推进京津冀大气污染协同治理绩效的可行性路径。基于全书探究的梳理，根据分析结论与国外经验启示，以全面强化京津冀大气污染联防联控稳固水平为目标，从区域协同治理与地方政府绩效评价层面，探索可行性实践路径。

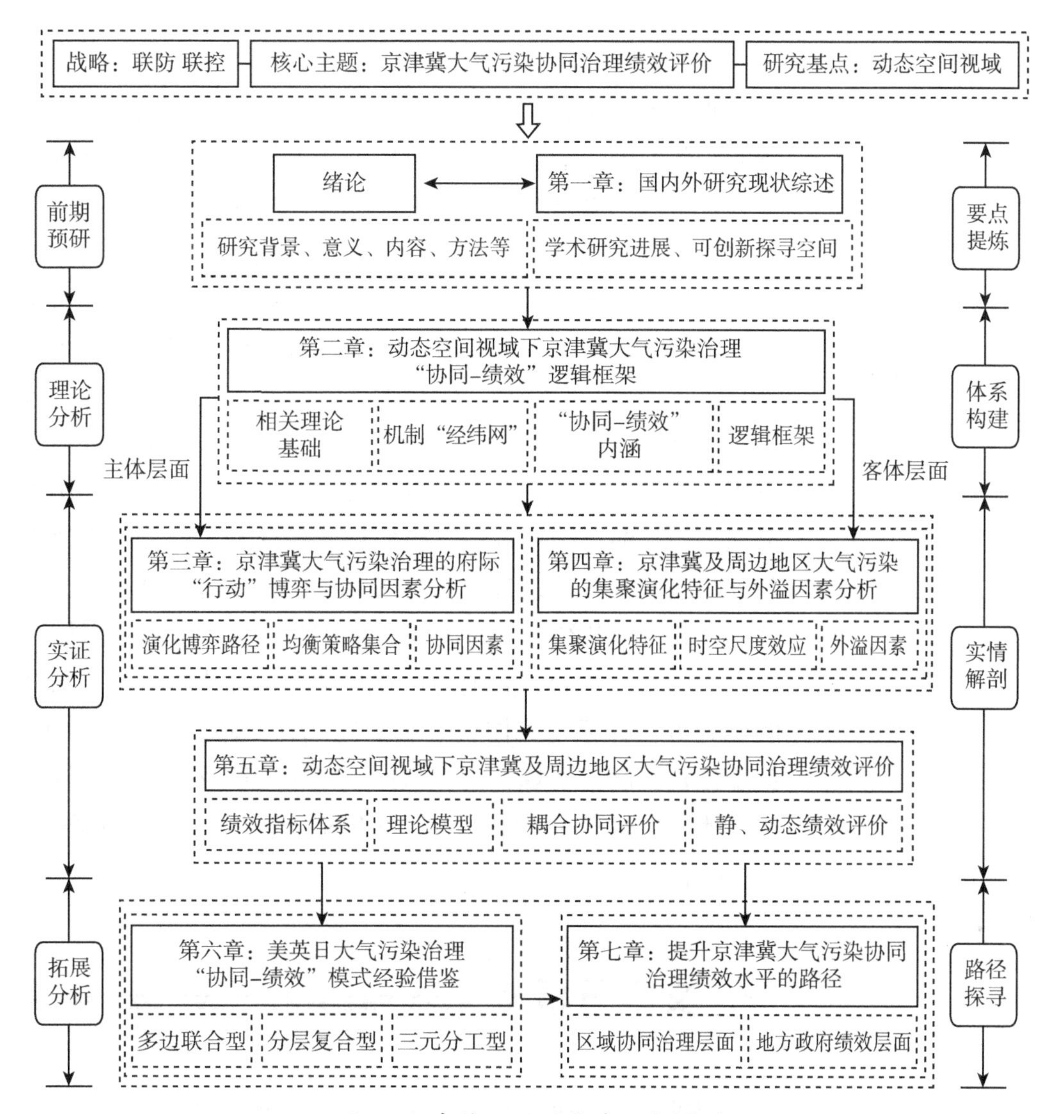

图6　各章节之间的内在逻辑关系

第四节 研究方法及其应用

研究方法是设置合理研究路径的重要基础，更是研究质量的有效保障。通过对理论应用方式的规则化处理，可有效性拟合主观与客观情境。随着以综合性应用为主的现代科学方法体系不断完善，研究方法在注重适配性、完整性的基础上，更加关注多学科的交融、开拓与创新。而由于研究对象的复杂性，往往需要将社会、人文及自然科学等方法有机结合，以实现“统筹全局、对症下药、量体裁衣”的目标。因此，本书将基于京津冀复合型大气污染现状与多中心、多层级协同治理的探寻视角，注重融合借鉴复杂系统理论、协同治理理论、演化博弈理论、新经济地理理论、以公共价值为基础的政府绩效治理理论等相关基础，充分融合经济学、管理学、政治学及社会学的探讨思维，形成定性与定量相结合、历史与逻辑相结合、归纳与比较相结合、规范与实证相结合的研究方法体系（见图7），有效完成内涵阐释、演化梳理、模型构建、因素提炼、指标筛选、实证分析及经验归纳等探究步骤，全面实现“历史社会经纬网”与“经济管理矿物质”有机结合。

一、文献分析法

通过检索Academic Search Complete、Regional Business News及中国知网等中英文数据库，系统归纳、梳理、总结出国内外关于“协同治理理论”“京津冀大气污染协同治理”“跨区域环境协同治理绩效”“演化博弈”“空间计量”等研究内容的学术成果，并从万方数据库、中央政府各部委、各省（市）政府部门等网站，收集相关政策文件、新闻报道及统计数据，循序渐进地导入核心主题，以全面了解京津冀大气污染协同治理与政府绩效评价的研究脉络与最新动态，为后续探讨奠定基础。

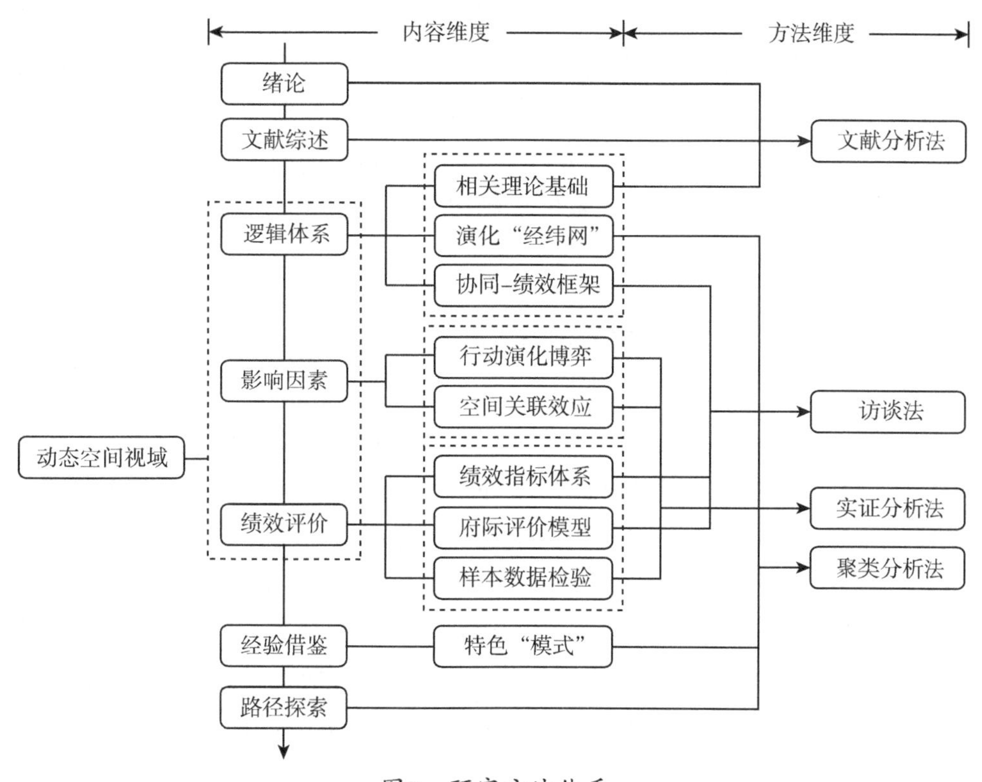

图7　研究方法体系

二、聚类分析法

一是以时间为“经线”，以战略规划、顶层设计、法律法规、配套政策、机制建设等实践内容为“纬线”，从中央与地方层面，分别构建出涵盖目标、规划、模式、组织、运行动力、保障机制、评价监督等内容的“经纬网”，以充分反映2010年以来京津冀大气污染协同治理机制的建设进程与现状，挖掘出预算约束下的关键性症结。二是基于府际协同、政策工具协同、环境治理绩效评价的聚类比较，剖析美国、英国及日本的大气污染治理“协同-绩效”模式，并针对京津冀经济社会发展基础、科学技术水平、污染源结构及环境承载力等实情与需求，提炼出适配的经验启示。

三、访谈法

基于京津冀大气污染协同治理困境与政府绩效评价现状的分析，设置合理的问题提纲，通过实地座谈、在线交流等方式，对京津冀及周边地区“2+26”市的政府相关部门工作人员、专家学者等进行半结构化访谈。在全面收集相关资料与权威数据的同时，汇总经专家高水平视角分析与学理沉淀得出的前瞻性思考内容，为“协同-绩效”内涵及逻辑框架构建等探究提供切实的依据。

四、实证研究法

一是绩效指标体系构建。在主体层面，基于三维动态演化博弈分析，探究京津冀各地区（政府）在不同情境的行动选择演化路径及均衡态势，考察治理收益、治理/交易成本、短期性经济社会损失、中央奖惩等因素变动的影响情况。在客体层面，基于动态空间计量检验（D-SAR），在揭示京津冀及周边地区（2+26+3市）核心大气污染物集聚演化特征的同时，考察经济增长、社会进步、生态保护等对协同治理成效的影响方向与强度。在此基础上，提炼出京津冀大气污染协同治理绩效评价的关键因素集合，并参照中央与地方层面的实践情况，细化出“共性+个性”的指标体系。

二是协同绩效评价及其结果验证。基于多元权威途径获取的面板数据库，利用耦合协同评价模型、静态交叉效率评价模型、动态窗口评价模型，完成地区多元系统互动共生与地方政府投入-产出情况测度。通过选取效能相同（或相近）的实证评估模型、更换中介效应路径与调整相关约束条件等方式，开展多维度的稳健性检验，以切实增强“协同-绩效”指标体系的适用性、评价过程的科学性、评价结果的可应用性。

第五节 可能的创新与不足

一、可能的创新之处

本书立足于政府治理视角，将京津冀大气污染协同治理的主要症结，凝练为身负辖区整体性利益目标/诉求的地方政府之间的合作挑战。将合作挑战融入绩效管理语境，从全域与局域层面诠释“协同-绩效”的科学内涵、执行本质、操作流程等内容，并探索出有效提升京津冀大气污染协同治理绩效水平的可行性路径。因此，本书可能的创新之处主要体现在以下两个方面。

一是基于多学科融合的动态空间视域，构建统筹地区联防联控脉络与全过程绩效管理链条的“协同-绩效”体系。从区域协同治理与政府绩效评价层面的相关理论研究切入，根据京津冀大气污染协同治理机制演化进程与建设现状“经纬网”的聚类分析，尝试从主体行动选择博弈与客体空间关联效应的“双层”考察维度，同步深入进行领域面上、地域面上的纵向与横向分解，进而构建出区域大气污染治理“协同-绩效”逻辑框架、因素集合与理论模型等，有助于推动多元条件耦合的理论交融探讨。

二是聚焦于提升京津冀大气污染协同治理绩效水平的路径探索，强调多元学术方法体系的应用价值。基于已有研究成果，以地方政府作为研究主体（主责者），通过“实证—理论—实证”思路，综合运用演化博弈、动态空间计量、聚类分析、访谈等方法，有序完成京津冀大气污染治理“协同-绩效”因素提炼、指标体系设计、定量评估与稳健性检验、国外经验借鉴等步骤，可使探究的“协同组织完善”“府际协同模式转型”“动力机制建设”等实践路径具备良好的可操作性。

二、研究存在的不足

目前，本书存在两个方面的不足。

一是客体空间联动效应分析的数据量不够充足。一方面，$PM_{2.5}$作为京津冀及周边地区大气污染的核心成分，我国于2013年才开始发布其监测数据。为了确保不同污染物数据统计口径与浓度等级评定的一致，本书不选用哥伦比亚大学国际地球科学信息网络中心（CIESI）提供的“栅格数据”，故而数据收集的时间相对较短。另一方面，河北省部分地级市的数据发布不全，统计口径也存在一定程度的出入。受新冠疫情防控等的影响，2019年以来各类年鉴发布时间延迟且统计口径变化大，难以开展全面的实地调研，故样本收集广度相对有限。

二是主体行动选择演化博弈的定量验证尚有不足。目前，许多学者采用数值仿真技术描述多元主体互动情境的演化博弈路径及其均衡态势，但针对如何有效确定相关参数的基础数值及相对变动幅度等问题，未探寻出统一性标准与科学测度方法，即存在一定的主观偏好约束。本书虽已尽可能地通过地区生产总值、一般公共预算收入、节能环保支出等客观数据的多维比较，制定Matlab仿真数值集，并拟合得出与演化博弈模型推导相一致的结果，但关于各类因素在不同情境的影响强度评定与比较，还存在一定程度的不确定性。因此，在未来研究中，将继续关注京津冀大气污染协同治理的相关信息，不断丰富样本数据，以完善地方政府协同绩效评价的指标体系及权重赋值方法等，探寻出更稳健且精准的政策建议。

▶ 第一章 国内外研究现状综述

内容提要

当前，国内外关于“大气污染协同治理”与“政府绩效评价”的学术成果很多，而聚焦于“区域大气污染协同治理绩效评价”的可直接性借鉴成果甚少，即协同治理问题与绩效管理语境的融合型研究，尚存在一定的可创新性探讨空间。因此，为全面厘清大气污染动态空间演化情境中京津冀协同治理绩效评价的内在逻辑关系、关键症结、可行性路径等内容，本章将从协同理论缘起及其演化、京津冀大气污染协同治理现状、区域环境协同治理绩效情况、动态空间视域应用现状四个维度进行剖析，以有效归纳出理论、实践层面的探究进展与可进一步深化探寻的方向。

第一节 协同治理理论的缘起及其演化脉络

一、协同治理理论的缘起

协同理论渊源于1971年德国物理学家赫尔曼·哈肯（Hermann Haken）创立的协同学，他认为，系统各组成部分的协调合作行为会产生集体或整体效应（即协同效应），促使系统整体在自组织演化进程中由无序状态发展为具备一定结构、功能的有序状态，集体行为和自组织行为，是形成系统协同效应的两大推力[①]。因此，协同理论以自组织原理为核心，强调系统内部的各子系统会按照某种规则，自动形成有序的结构和功能[②]。系统由非稳态演化为稳态的过程中，主要受两类变量的影响：第一类是快变量，因其衰减速度较快，对系统的影响可忽略；第二类是慢变量（又称序参量），代表了系统的有序程度，主导系统变化进度，当系统中同时存在多个序参量时，可通过彼此之间的合作与竞争关系来确定其结构[③]。协同治理研究缘起于公共事务治理需求与治理能力的“落差”探讨，它是以协同学为基础，将相关理论和方法应用于实践，以有效实现“善治”或提升系统整体效应的目标[④]。总体而言，协同治理理论主张通过不同利益相关主体的有效协调与整合，提升整体性资源配置效率，推进组织与制度体系改革，满足治理需求。

---

① ［德］赫尔曼·哈肯.协同学：大自然构成的奥秘［M］.凌复华，译.上海：上海译文出版社，2005.

② 王得新.我国区域协同发展的协同学分析——兼论京津冀协同发展［J］.河北经贸大学学报，2016，37（3）：96-101.

③ 郑季良，郑晨，陈盼.高耗能产业群循环经济协同发展评价模型及应用研究——基于序参量视角［J］.科技进步与对策，2014，31（11）：142-146.

④ 王贵友.从混沌到有序——协同学简介［M］.武汉：湖北人民出版社，1987.

二、协同治理理论的内涵与外延

（一）探索的内容范畴

协同治理研究的首要任务，就是廓清“协同合作”相关近义术语的真实内涵与演化特征。国内外学者提出的“协同治理”并不是与“中央控制”相对立，而是将二者视为一条线段的两端，相互之间分布着众多治理或管理形态[①]。例如，联合国全球治理委员会（1995）认为，协同治理是个人、公共或私人机构携手管理其共同事务的方式的总和，即通过具有法律约束效力的正式与非正式制度，使存在相互冲突的利益主体之间得以调和并采取联合行动[②]。Ansell和Gash(2008）指出，协同治理是由一个或多个公共与非公共的利益相关者，以某种发展共识为导向，一起参与集体性事务决策过程的相关制度安排[③]。何水（2008）立足于协同学和治理理论的研究范畴强调，协同治理是指政府、非政府组织、企业、社会公众等利益相关者，在公共管理活动中借助网络信息技术支持，共同实现管理效能最大化，从而最大限度地维护和增进社会公共利益[④]。Johnston等（2010）基于制度设计对协作过程与结果的影响分析提出，协作的复杂性可在一定程度上增强参与者相互间的信任[⑤]。Emerson等（2012）突破传统公共部门和公共管理的研究范围，强调协同治理应涵盖跨域性公共治理维度，并针对区域整体治理效果，对各利益相关者的行动策略选择等问题进行全面评估[⑥]。李辉和任晓春（2010）基于“善治”视角提出，协同治理包含但不局限于合作治理的内容，其通过不同主体之间资源与能力的协调互补，可形成相互依存、风险共担、运作有序的治理结构，从而维持良好的社会秩序、公共利益等，是从治理升华为善治的重要途径[⑦]。杨志军（2010）将多中心概念和协同治理内涵相融合，认为多中心协同治理是指联合政党、政府、商业、公民及利益

---

① Kettl, Donald F. Reinventing Government: A Fifth-Year Report Card [M]. Center for Public Management, 1998.

② Commission on Global Governance. Our Global Neighbourhood: The Report of the Commission on Global Governance [M]. Oxford: Oxford University Press, 1995.

③ Ansell C, Gash A. Collaborative Governance in Theory and Practice [J]. Journal of Public Administration Research and Theory, 2008, 18 (4): 543-571.

④ 何水.协同治理及其在中国的实现：基于社会资本理论的分析［J］.西南大学学报（社会科学版），2008（3）：102-106.

⑤ Johnston E W, Hicks D, Nan J, Auer J C. Managing the Inclusion Process in Collaborative Governance [J]. Journal of Public Administration on Research and Theory, 2010, 21 (4): 699-721.

⑥ Emerson K, Nabatchi T, Balogh S. An Integrative Framework for Collaborative Governance [J]. Journal of Public Administration Research and Theory, 2012, 22 (1): 1-29.

⑦ 李辉，任晓春.善治视野下的协同治理研究［J］.科学与管理，2010，30（6）：55-58.

团体等多元主体，通过对话、协商、谈判、妥协等集体行动方式，构建社会网络组织结构、形成相互信任关系，以实现共同治理目标[①]。杨宏山和石晋昕（2018）强调，相较于区域一体化治理，立足于地方自主与协商民主诉求的区域协同治理，更关注地方政府之间的深化协作和“政策网”有序发展，其包含四层含义：协商、同意、决策与集体行动[②]。

（二）核心目标及本质

由上可知，协同治理是以问题为导向，由多元利益相关者共同参与公共事务治理并共同承担责任的实践活动，即“多主体协同式治理”[③]，其蕴藏着多元主体、自组织、子系统之间竞争、合作及规则制定等内涵[④]。从而衍生出联合治理、协调治理、协作治理、网络治理、多中心治理等近义术语[⑤⑥⑦⑧]。协同治理的本质内容是：以系统性视角看待经济、社会、生态等的发展脉络，它要求跨越公私界限、聚焦于公共价值创造与管理目的，基于自愿原则、权力结构与成本计算的资源整合，通过治理理念、方式、路径及机制创新等促进相关主体之间的利益协同，形成多元主体默契配合、多个子系统结构耦合与资源共享的自组织集体行动，有效解决政府、市场及单一治理主体的局限性问题，从而从根本上消除社会公共事务处理过程中的隔阂与冲突，实现资源配置效用的最大化和协同功能的有效提升[⑨⑩⑪⑫⑬⑭]。与此同时，

① 杨志军.多中心协同治理模式研究：基于三项内容的考察［J］.中共南京市委党校学报，2010（3）：42-49.

② 杨宏山，石晋昕.从一体化走向协同治理：京津冀区域发展的政策变迁［J］.上海行政学院学报,2018,19（1）：65-71.

③ Freeman J. Collaborative Governance in the Administrative State［J］. UCLA Law Review，1997，45（2）：1-2.

④ 刘伟忠.我国协同治理理论研究的现状与趋向［J］.城市问题，2012（5）：81-85.

⑤ Huxham C. The Challenge of Collaborative Governance［J］. Public Management an International Journal of Research and Theory，2000，2（3）：37-57.

⑥ Vangen S，Huxham C. The Tangled Web：Unraveling the Principle of Common Goals in Collaborations［J］. Journal of Public Administration Research and Theory，2012（4）：731-760.

⑦ Boardman C. Organizational Capital in Boundary-Spanning Collaborations：Internal and External Approaches to Organizational Structure and Personnel Authority［J］. Journal of Public Administration Research and Theory，2012（3）：497-526.

⑧ 闫亭豫.国外协同治理研究及对我国的启示［J］.江西社会科学，2015，35（7）：244-250.

⑨ Emerson K，Nabatchi T，Baloghm S. An Integrative Framework for Collaborative Governance［J］. Journal of Public Administration Research and Theory，2012（1）：1-29.

⑩ Morales F，Wittek R，Heyse L. After the Reform：Change in Dutch Public and Private Organizations［J］. Journal of Public Administration Research and Theory，2013（3）：735-754.

⑪ 周学荣，汪霞.环境污染问题的协同治理研究［J］.行政管理改革，2014（6）：33-39.

⑫ 范如国.复杂网络结构范型下的社会治理协同创新［J］.中国社会科学，2014（4）：98-120，206.

⑬ Gash A.Cohering Collaborative Governance［J］.Journal of Public Administration Research and Theory，2017（1）：213-216.

⑭ 庄贵阳，周伟铎，薄凡.京津冀雾霾协同治理的理论基础与机制创新［J］.中国地质大学学报（社会科学版），2017，17(5)：10-17.

在“主体论”“过程论”及“价值论”等研究基础上，Johnston等（2011）从原始状态、制度设计、合作过程、促进性领导等维度构建出协同治理的框架模型[①]。

三、协同治理理论的演化

协同治理理论作为解决多规合一、大气治理、大都市圈建设等公共问题的基础，伴随公共事务内容、作用规律、影响因素及治理方式等变化，衍生出“跨区域、跨组织、跨部门、跨政策领域”等维度，并形成三大理论流派——以行政权威建立“巨型政府”的“传统区域主义”、以市场机制为手段的“公共选择理论”[②]、以综合性网络合作为体系的“新区域主义”[③]（见图1-1）。

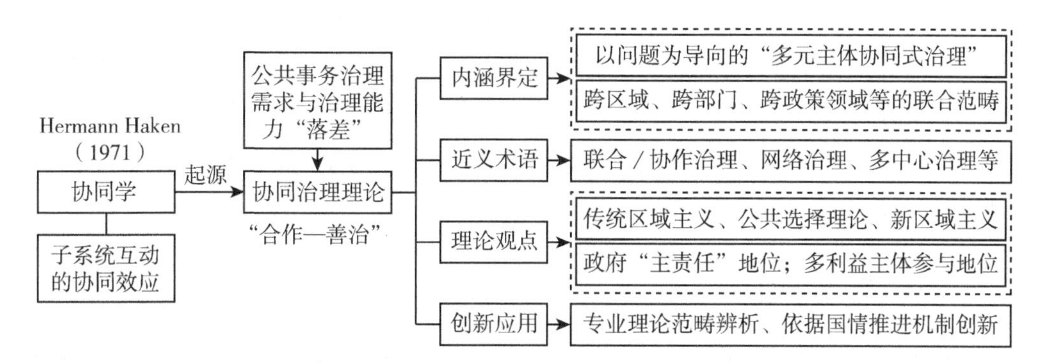

图1-1 协同治理理论缘起与演化的研究体系

（一）主流学派发展

伴随协同治理实践的逐步推进，主要形成了两种主要观点。

第一，政府的“主责人”地位日益重要。因为它既能引导宏观资源有效配置，也具备提供有效型对话机制、沟通平台、维系信任机制等的能力，从而可以召集企业、非政府组织和社会公众等主体积极有序地参与，保证跨域性协同治理的稳定有序。对此，Weiss（1987）提出，在一个强有力、超越组织的力量要求或引领合作时，通常会更容易达成共识[④]。Halachmi（2005）在探寻“统治”向“治理”转型时，

① Johnston E，Hicks D，Nan N. Managing the Inclusion Process in Collaborative Governance［J］. Journal of Public Administration Research and Theory，2011（4）：699-721.

② ［美］曼瑟尔·奥尔森（Mansell O）. 集体行动的逻辑［M］. 陈郁等，译. 上海：上海人民出版社，1995.

③ Savitch H V，Vogel R K. Paths to New Regionalism［J］. State and Local Government Review，2000，32（3）：158-168.

④ Weiss J A. Pathways to Cooperation among Public Agencies［J］. Journal of Policy Analysis and Management，1987，7（1）：94-117.

将协同性公共管理视为"政府统治"，协同治理则是其发展方向[①]。Lasker和Weiss（2003）认为，政府治理能力对区域经济、社会、环境发展至关重要，需坚持以协同理念和方法为引导，通过自身积极融入与全方位规制，提升合作联盟的广度、深度及稳定性[②]。姬兆亮等（2013）等基于主体行动视角指出，因其他主体易受资源禀赋、组织结构等条件的约束，自主性行动效率不足，地方政府协同是实现跨域治理目标的有效途径，"协同型政府"应是未来政府的角色定位[③]。

第二，企业、非政府组织、社会公众等利益主体的参与地位不容忽视。Agrawal和Lemos（2007）研究强调，跨域协同治理是国家（地区）、私营部门、民间社会机构、社区组织等多元主体合作行动[④]。Freeman（2011）进一步指出，政府组织内部和外部全部利益相关者均是协同治理主体，都应积极、有序地参与区域协同治理决策、监督及执行[⑤]。杨宏山（2012）[⑥]，王俊敏和沈菊琴（2016）[⑦]强调，协同治理不只是政府、社会组织及第三方机构的协同行动，更应该是多元主体之间的宽领域、多维度、多方式的全面、有序型协调合作，并总结出政府主导型综合性治理模式。在此基础上，韩兆柱和单婷婷（2014）提出整体性治理框架——以预防和结果为导向，注重整体协调与融合，提倡信息技术整合、网络简化和一站式服务，并重视信任、责任感和有效的制度化[⑧]。

（二）应用转化探讨

协同治理概念源于西方特定的政治文化背景，相较于理论研究层面，应用探索受到的关注越来越高，尤其是伴随公共治理不断复杂化与多样化、政府财政力量不足、非政府组织成长、社会公众发育等的推进，国内外诸多学者开始探讨如何全面推动这个"舶来品"的本土化创新及应用问题。如Esteve等（2013）[⑨]，Choi和

---

① Halachmi A. Governance and Risk Management：Challenges and Public Productivity［J］. International Journal of Public Sector Management，2005，18（4）：300-317.

② Lasker R D，Weiss E S. Broadening Participation in Community Problem Solving：A Multi-Disciplinary Model to Support Collaborative Practice and Research［J］. Journal of Urban Health，2003，80（1）：14-47.

③ 姬兆亮，戴永翔，胡伟. 政府协同治理：中国区域协调发展协同治理的实现路径［J］. 西北大学学报（哲学社会科学版），2013，43（2）：122-126.

④ Agrawal A，Lemos M C. A Greener Revolution in the Making？Environmental Governance in the 21st Century［J］. Environment：Science and Policy for Sustainable Development，2007，49（5）：36-45.

⑤ Freeman J. Collaborative Governance in the Administrative State［J］. Social Science Electronic Publishing，2011，45（1）：1-98.

⑥ 杨宏山. 构建政府主导型水环境综合治理机制——以云南滇池治理为例［J］. 中国行政管理，2012（3）：13-16.

⑦ 王俊敏，沈菊琴. 跨域水环境流域政府协同治理：理论框架与实现机制［J］. 江海学刊，2016（5）：214-219.

⑧ 韩兆柱，单婷婷. 基于整体性治理的京津冀府际关系协调模式研究［J］. 行政论坛，2014，21（4）：32-37.

⑨ Esteve M，Boyne G，Sierra V. Organizational Collaboration in the Public Sector：Do Chief Executives Make a Difference［J］. Journal of Public Administration Research and Theory，2013（4）：927-952.

Robertson（2014）[①]均强调，从现实案例剖析各国协同过程的领导行为、治理共识、权利分配等问题。杨清华（2011）指出，虽然协同治理有其理论和实践优势，但存在主体理性及能力有限性、行动统一性、路径多样性及利益协调公平性等严格约束条件，在我国的实践中必然会面临诸多的两难困境[②]。张振波（2015）强调，协同治理是我国与社会关系重塑的路径和对后工业社会公共性扩散的有效回应，其重视通过多中心体系构建，实现治理主体的自我管理[③]。因此，需要对"协同治理""协作治理""协调治理""合作治理""网格化治理"等概念和相关理论展开多维度比较和辨析，而不能直接将西方协同治理的理论和实践移植到国内[④]。

关于有效推动协同治理理论的本土化创新及应用策略探寻，周伟（2015）提出，各类主体因利益复杂性引致的目标离散性、权责分化性、行动规范非正式性等，是现阶段区域协同治理难题的内生性根源[⑤]。徐嫣和宋世明（2016）根据主体构成、运行方式、机制运作、适用范围等维度的延展性研究强调，国家事务、社会事务及公共服务供给是协同治理理论应用的主要领域，其具体运行机制需结合内容、服务领域特性等而定[⑥]。魏向前（2016）立足于制度设计视角认为，在当前中国特色社会主义市场经济体系建设尚不完善、发展尚不成熟的情况下，需要全面统筹好政府"干预型"协调模式运用与协同体制机制创新的步调，有效克服行政管理、绩效考核、监督问责及补偿等困难，妥善解决好市场失灵、政府权威及社会诚信问题[⑦]。Park（2018）[⑧]，Ansell 和 Gash（2018）[⑨]则进一步指出，中国可以借鉴政策平台创新的实践经验，充分发挥人大、法院、政协等相关行政管理主体的职能，从立法、司法、执行、监督等维度，构建多层次多脉络的法治化体系，以全面兼顾刚性的法律筑基、规范的运作程序与机制、合理的弹性空间，确保协同治理富有张力。

---

① Choi T，Robertson P. Deliberation and Decision in Collaborative Governance：A Simulation of Approaches to Mitigate Power Imbalance［J］. Journal of Public Administration Research and Theory，2014（2）：495–518.

② 杨清华. 协同治理的价值及其局限分析［J］. 中北大学学报（社会科学版），2011，27（1）：6–9.

③ 张振波. 论协同治理的生成逻辑与建构路径［J］. 中国行政管理，2015（1）：58–61，110.

④ 季曦，程倩. 国内外协同治理研究比较分析与展望——以《中国行政管理》与《公共行政研究与理论》的相关文献为样本［J］. 南京邮电大学学报（社会科学版），2018，20（4）：35–46.

⑤ 周伟. 跨域公共问题协同治理：理论预期、实践难题与路径选择［J］. 甘肃社会科学，2015（2）：171–174.

⑥ 徐嫣，宋世明. 协同治理理论在中国的具体适用研究［J］. 天津社会科学，2016（2）：74–78.

⑦ 魏向前. 跨域协同治理：破解区域发展碎片化难题的有效路径［J］. 天津行政学院学报，2016，18（2）：34–40.

⑧ Park C. Cross–Sector Collaboration for Public Innovation［J］. Journal of Public Administration Research and Theory，2018（2）：293–295.

⑨ Ansell C，Gash A. Collaborative Platforms as a Governance Strategy［J］. Journal of Public Administration Research and Theory，2018（1）：16–32.

第二节 预算约束下京津冀大气污染协同治理现状

“十四五”规划、党的十九届六中全会、国务院《政府工作报告》(2022)等均明确提出，要强化多污染物与多区域协同治理，切实提高生态环境治理成效。针对京津冀及周边地区的大气污染物连片排放与跨域迭代传输问题，分散性属地治理的成效有限，协同合作成为攻克这一难题的共识。现阶段，以地方政府为“主责者”，中央与地方双重推动的“七省区八部委”联防协作机制不断完善，但行政区划分割主导的属地治理模式与特殊任务推动的合作治理模式，依然并存于京津冀大气污染治理实践中，致使“奥运蓝”“阅兵蓝”“APEC蓝”及“两会蓝”等区域整体性大气质量改善未能可持续化。

一、京津冀大气污染治理效果

随着社会对绿色发展政策实施效果的关注度不断提升，学术界从多元维度就“京津冀及周边地区大气污染协同治理效果何以不尽如人意”问题提出了相关观点。

第一，主体参与意愿方面。孙涛和温雪梅(2018)通过社会网络分析发现，京津冀协同治理参与程度具有“空间与势能耦合”型递减特征，而合作程度则以北京为中心向四周减弱[①]。基于Bryson等(2006)的“起始条件—过程—结构和治理—偶然事件与约束条件—结果与责任”分析框架[②]、Ansell

① 孙涛，温雪梅.动态演化视角下区域环境治理的府际合作网络研究——以京津冀大气治理为例[J].中国行政管理，2018(5)：83-89.

② Bryson J M, Crosby B C, Stone M M. The Design and Implementation of Cross-Sector Collaborations: Propositions from the Literature [J]. Public Administration Review, 2006, 66(6): 44-55.

和Gash（2008）等的SFIC探讨模型[①]，魏娜和孟庆国（2018）立足于"结构—过程—效果"链探讨得出，协同立法模糊、协同结构"位势差异"、协同过程"非均衡性"及协同取向的定向思维，使京津冀大气污染治理实质上属于一种应急式的"任务驱动型"模式[②]，虽然其能在短期之内取得显著性效果，但运行成本巨大且存在明显的反弹效应[③④]。赵新峰和袁宗威（2019）基于对"体制—机制—工具"框架的剖析得出，因属地化治理格局、压力型政治体制、协同立法缺失、碎片化"信息孤岛"、政策权威分散等，引致京津冀大气污染协同治理困境[⑤]。卢文超（2018）基于"区域—地方—邻里"治理范式探讨揭示出，政治晋升锦标赛、财政"分灶吃饭"、行政区划分割等滋生的"本位主义"理念与制度约束，使府际集体行动预期收益降低、交易成本增加，从而引致京津冀大气污染协同治理"意愿困境"[⑥]。Flinders（2002）[⑦]，王红梅等（2016）[⑧]通过多元化地方利益体系分析得出，难以协调的非对称多层复合型利益关系，致使京津冀地区难以达成稳定、可持续的大气污染合作治理联盟。

第二，体制机制建设。参照新中国成立以来京津冀协同发展脉络与阶段性特征[⑨]，李牧耘等（2020）从联防联控机制演进历程中探究出，领导组织及机制不完善、地区"位势差异"、政策工具类型失衡，导致地方政府缺乏实质长效的横向联合与沟通路径[⑩]，从而使其治理理念、资源和权力分配结构、政策制定与执行等存在严重的"碎片化"困境[⑪]。杨丽娟和郑泽宇（2018）的均衡责任机制研究表明，

---

① Ansell C，Gash A. Collaborative Governance in Theory and Practice [J]. Journal of Public Administration Research and Theory，2008，18（4）：543-571.

② 魏娜，孟庆国.大气污染跨域协同治理的机制考察与制度逻辑——基于京津冀的协同实践[J].中国软科学，2018（10）：79-92.

③ Schleicher N，Norra S，Chen Y，et al. Efficiency of Mitigation Measures to Reduce Particulate Air Pollution—A Case Study During the Olympic Summer Games 2008 in Beijing，China [J]. Science of the Total Environment，2012，146：427-428.

④ Wang H B，Zhao L J，Xie Y J，et al. "APEC Blue" — The Effects and Implications of Joint Pollution Prevention and Control Program [J]. Science of the Total Environment，2016，553：429-438.

⑤ 赵新峰，袁宗威.京津冀区域大气污染协同治理的困境及路径选择[J].城市发展研究，2019，26（5）：94-101.

⑥ 卢文超.区域协同发展下地方政府的有效合作意愿—以京津冀协同发展为例[J].甘肃社会科学，2018（2）：201-208.

⑦ Flinders M. Governance in Whitehall [J]. Public Administration，2002，80（1）：51-75.

⑧ 王红梅，邢华，魏仁科.大气污染区域治理中的地方利益关系及其协调：以京津冀为例[J].华东师范大学学报（哲学社会科学版），2016，48（5）：133-139，195.

⑨ 魏丽华.建国以来京津冀协同发展的历史脉络与阶段性特征[J].深圳大学学报（人文社会科学版），2016，33（6）：143-150.

⑩ 李牧耘，张伟，胡溪，姜玲，蒋洪强.京津冀区域大气污染联防联控机制：历程、特征与路径[J].城市发展研究，2020，27（4）：97-103.

⑪ 崔伟.京津冀大气污染治理中政府间协作的碎片化困境及整体性路径选择[J].哈尔滨学院学报，2016，37（8）：19-23.

立法建设缺失、信息不完全与不对称、多元主体有序参与不足等，导致京津冀大气污染联防联控机制的职能未能有效发挥[①]。根据O' Leary等（2008）[②]的制度壁垒研究，刘卫平（2013）[③]，臧雷振和翟晓荣（2018）[④]通过壁垒类型分析提出，京津冀各地区之间的技术、经济及环境等多重壁垒，以相互叠加的作用方式阻碍着协同治理进程。王恰和郑世林（2019）运用双重差分检验发现，“2+26”城市在治理目标、治理力度、财政支持力度和执行严苛性等方面的不均衡，致使联合防治行动效果有限[⑤]。杨慧（2020）通过耦合协调度检验得出，各地区的各类基础设施建设差距大，约束了区域协同治理成效[⑥]。根据Thomson和Perry（2006）的“协同多维度模型”[⑦]思路，李金龙和武俊伟（2017）运用张力模型进行探索后强调，引力（共同利益）有限、压力（政治晋升）失衡、推力（协同环境）不足与阻力（地方保护主义）偏大，导致京津冀大气污染协同治理动力机制的效用无法充分发挥[⑧]。韩兆柱和卢冰（2017）基于整体性治理视角提出，参与主体单一、首要目标不一致、“应急性”执行，使府际合作机制建设难以持续[⑨]。贺璇和王冰（2016）关于京津冀大气污染协同治理模式演进的研究表明，环境承载约束与治理需求差异，致使央、地财政转移支付可能违背市场原则，引发寻租等“X-低效率”问题[⑩]。

二、深化京津冀大气污染协同治理的对策

京津冀大气污染协同治理，是一个涉及平衡经济、政治、文化、社会、生态“五位一体”发展步调、协调府际利益矛盾、公平分摊责任等的长周期、多维度、

① 杨丽娟，郑泽宇.大气污染联防联控法律责任机制的考量及修正——以均衡责任机制为视角［J］.学习与实践，2018（4）：74-82.

② O'Leary，Bingham，Lisa B. Big Ideas in Collaborative Public Management［M］. New York：Sharpe Publisher，2008.

③ 刘卫平.社会协同治理：现实困境与路径选择——基于社会资本理论视角［J］.湘潭大学学报（哲学社会科学版），2013，37（4）：20-24.

④ 臧雷振，翟晓荣.区域协同治理壁垒的类型学分析及其影响——以京津冀为例［J］.天津行政学院学报，2018，20（5）：29-37.

⑤ 王恰，郑世林.“2+26”城市联合防治行动对京津冀地区大气污染物浓度的影响［J］.中国人口·资源与环境，2019（9）：51-62.

⑥ 杨慧.基于耦合协调度模型的京津冀13市基础设施一体化研究［J］.经济与管理，2020，34（2）：15-24.

⑦ Thomson A M，Perry J L. Collaboration Processes：Inside the Black Box［J］. Public Administration Review，2006，66（s1）：20-32.

⑧ 李金龙，武俊伟.京津冀府际协同治理动力机制的多元分析［J］.江淮论坛，2017（1）：73-79.

⑨ 韩兆柱，卢冰.京津冀雾霾治理中的府际合作机制研究——以整体性治理为视角［J］.天津行政学院学报，2017，19（4）：73-81.

⑩ 贺璇，王冰.京津冀大气污染治理模式演进：构建一种可持续合作机制［J］.东北大学学报（社会科学版），2016，18（1）：56-62.

复杂性问题。立足于既有预算存量约束，针对如何全面、有效地促进京津冀大气污染协同治理实践的深化，国内外学者主要从四个层面进行探讨并提出相关对策建议。

（一）协同模式选择

针对应选择什么样的协同模式问题，通过融合借鉴“市场式、参与式、弹性化、解制型”政府治理模式①与“科层式、协作式、网络式、整体性”公共治理协调模式②，赵新峰等（2019）③分别从价值理念、组织架构、实现机制、利益平衡四个方面，探讨了促进京津冀大气污染协同治理的对策选择问题，且通过市场型、科层型、网络型政策协调模式的多维度聚类比较，提出整体性政策协调模式的建设蓝图。楼宗元（2015）基于府际行政分割困境、经济困境及社会困境分析，总结出单边合作、双边合作与多边合作协同模式的特征④。郑晓霞等（2014）⑤，王占山等（2015）⑥，高文康等（2016）⑦探寻了各类大气污染物的时空分布特征。王振波等（2017）通过国家与地方大气污染防治措施的聚类梳理，构建出由“国家—城市群—城市”构成，涉及产业准入、能源结构调整、跨区援助、联合执法、监测预警和会商问责等内容的分层跨区型多向联动（HCML）治理模式⑧。傅京燕和李丽莎（2010）⑨，卢宁（2014）⑩的灰色关联实证分析表明，因空气污染源异质性和管制多维性，需建立多元协同和立体垂直相结合的区域治理模式。陶品竹（2014）从复合型污染现状与法治视角提出，应基于区域联合立法、统一执法等层面，有效推动京津冀大气污染协同治理模式的转型⑪。姜晓萍和焦艳（2015）⑫，高明和曹海丽

---

① ［美］B.盖伊·彼得斯.政府未来的治理模式［M］.吴爱明、夏宏图，译.武汉：武汉大学出版社，2013.

② 曾凡军.基于整体性治理的政府组织协调机制研究［M］.武汉：武汉大学出版社，2013.

③ 赵新峰，袁宗威，马金易.京津冀大气污染治理政策协调模式绩效评析及未来图式探究［J］.中国行政管理，2019（3）：80-87.

④ 楼宗元.京津冀雾霾治理的府际合作研究［D］.华中科技大学，2015.

⑤ 郑晓霞，李令军，赵文吉，赵文慧.京津冀地区大气NO_2污染特征研究［J］.生态环境学报，2014，23（12）：1938-1945.

⑥ 王占山，李云婷，陈添，张大伟，孙峰，潘丽波.2013年北京市$PM_{2.5}$的时空分布［J］.地理学报,2015,70（1）：110-120.

⑦ 高文康，唐贵谦，辛金元，王莉莉，王跃思.京津冀地区严重光化学污染时段O_3的时空分布特征［J］.环境科学研究，2016，29（5）：654-663.

⑧ 王振波，梁龙武，林雄斌，刘海猛.京津冀城市群空气污染的模式总结与治理效果评估［J］.环境科学，2017，38（10）：4005-4014.

⑨ 傅京燕，李丽莎.环境规制、要素禀赋与产业国际竞争力的实证研究——基于中国制造业的面板数据［J］.管理世界，2010（10）：87-98，187.

⑩ 卢宁.城市空气污染来源、环境管制强度与治理模式研究——基于我国部分城市的实证分析［J］.学习与实践，2014（2）：27-37.

⑪ 陶品竹.从属地主义到合作治理：京津冀大气污染治理模式的转型［J］.河北法学，2014，32（10）：120-129.

⑫ 姜晓萍，焦艳.从“网格化管理”到“网格化治理”的内涵式提升［J］.理论探讨，2015（6）：139-143.

（2019）[①]等强调从“责任—信息—公众参与—合作”维度，建立健全网格化区域大气污染协同治理模式。孟庆国等（2019）基于制度环境与资源禀赋的双重约束提出，通过优化协同制度和结构、提升协同立法的合法性、增强具体细节设定等，建立健全区域协同过程中的“利益差”核算与补偿机制体系，进而促使京津冀大气污染治理由“被动式应对型协同”模式向“主动式常态型协同”模式转变[②]。

（二）体制机制完善

聚焦于现有体制机制完善问题，学者们从理论和实践层面探索可行性路径。

第一，理论层面。通过借鉴耗散结构、协同、博弈及突变理论，孙健夫和闫东彬（2016）[③]，方创琳（2017）[④]等总结出京津冀城市群“博弈—协同—突变—再博弈—再协同—再突变”的非线性螺旋式发展规律，并提炼出增强综合承载力系统耦合的动力机制，具体包括资源环境约束机制、科技进步促动机制、产业升级驱动机制、制度创新引领机制、系统演化恢复机制等内容。受范永茂和殷玉敏（2016）的“科层—契约—网络”三元机制启发[⑤]，锁利铭和阚艳秋（2019）通过共享型（SG）、领导型（NLO）与行政型（NAO）网络治理结构的比较[⑥]，提出建设数据驱动型联防联控模式的新思路，即“因地制宜”优化相关府际合作机制，切实提升关联区域的各项协同治理效益指数[⑦]。刘秉镰和孙哲（2017）基于资源整合视角，提出空间协同、产业协同、市场协同、治理协同“四维”体系[⑧]。

第二，实践层面。姜玲和乔亚丽（2016）根据对区域内共同但有差别的“责任共担、明确划分、成本分担”机制体系的分析，提出建立责任协调谈判机制与正式区域组织机制等相关建议[⑨]。段铸和程颖慧（2016）通过2004—2013年生态足迹与

---

① 高明，曹海丽.网格化管理视阈下大气污染协同治理模式探析［J］.电子科技大学学报（社科版），2019，21（5）：1-7.

② 孟庆国，魏娜，田红红.制度环境、资源禀赋与区域政府间协同——京津冀跨界大气污染区域协同的再审视［J］.中国行政管理，2019（5）：109-115.

③ 孙健夫，阎东彬.京津冀城市群综合承载力系统耦合机理及其动力机制［J］.河北大学学报（哲学社会科学版），2016，41（5）：72-78.

④ 方创琳.京津冀城市群协同发展的理论基础与规律性分析［J］.地理科学进展，2017，36（1）：15-24.

⑤ 范永茂，殷玉敏.跨界环境问题的合作治理模式选择——理论讨论和三个案例［J］.公共管理学报，2016，13（2）：63-75，155-156.

⑥ 锁利铭，阚艳秋.大气污染政府间协同治理组织的结构要素与网络特征［J］.北京行政学院学报，2019（4）：9-19.

⑦ 锁利铭.关联区域大气污染治理的协作困境、共治体系与数据驱动［J］.地方治理研究，2019（1）：57-69，80.

⑧ 刘秉镰，孙哲.京津冀区域协同的路径与雄安新区改革［J］.南开学报（哲学社会科学版），2017（4）：12-21.

⑨ 姜玲，乔亚丽.区域大气污染合作治理政府间责任分担机制研究——以京津冀地区为例［J］.中国行政管理，2016（6）：47-51.

承受力计算，设计出京津冀横向生态补偿核算体系与相关机制[①]。李雪松和孙博文（2014）基于目标、政策、主体、区域、技术等发展维度的经济属性分析，构建起区域大气污染协同治理的机制体系[②]。谢宝剑和陈瑞莲（2014）按"制度—主体—机制"联动思路，进一步细化了信息共享和通报机制、联合检查交叉执法机制、税收约束机制、应急联动机制等[③]。徐继华和何海岩（2015）[④]，孙久文（2016）[⑤]等根据我国的多元合作一体化目标导向提出，需通过构建多层联动型组织体系，建立生态保护、产业升级、交通运输、公共服务的"多位一体"治理模式，健全多方位协同发展的行政保障机制，以完善"城市病"治理体系。乔花云等（2017）在对对称性互惠共生治理模式进行探究后强调，应始终坚持以共生责任目标为中心，健全统筹性领导与协调机制、多元主体信息共享机制、一体化生态绩效评估与问责机制、生态补偿机制[⑥]。孔伟等（2019）基于生态资产视角提出，通过成立专门协调机构、拓宽融资渠道、完善法律法规等，推动京津冀生态补偿机制建设[⑦]。目前，部分学者正在深入探究京津冀绿色创新发展与精准执行"双碳"目标的机制改革问题。

（三）影响因素剖析

聚焦于厘清大气污染治理与其他发展领域的互动关系，杨立华和张柳（2016）基于11个国家14个大气污染协同治理典型案例的聚类比较，归纳出行动者参与、协同规模、协同网络、协同主体关系及合作性质等关键影响因素[⑧]。参照Henry等（2013）[⑨]，Ambrey等（2014）[⑩]，Schikowski等（2015）[⑪]的研究成果，李茜和姚慧琴

① 段铸，程颖慧.基于生态足迹理论的京津冀横向生态补偿机制研究［J］.工业技术经济，2016，35（5）：112-118.

② 李雪松，孙博文.大气污染治理的经济属性及政策演进：一个分析框架［J］.改革，2014，（4）：17-25.

③ 谢宝剑，陈瑞莲.国家治理视野下的大气污染区域联动防治体系研究——以京津冀为例［J］.中国行政管理，2014（9）：6-10.

④ 徐继华，何海岩.京津冀一体化过程中的跨区域治理解决路径探析［J］.经济研究参考，2015（45）：65-71.

⑤ 孙久文.京津冀协同发展的目标、任务与实施路径［J］.经济社会体制比较，2016（3）：5-9.

⑥ 乔花云，司林波，彭建交，孙菊.京津冀生态环境协同治理模式研究——基于共生理论的视角［J］.生态经济，2017，33（6）：151-156.

⑦ 孔伟，任亮，治丹丹，王淑佳.京津冀协同发展背景下区域生态补偿机制研究——基于生态资产的视角［J］.资源开发与市场，2019，35（1）：57-61.

⑧ 杨立华，张柳.大气污染多元协同治理的比较研究：典型国家的跨案例分析［J］.行政论坛，2016，23（5）：24-30.

⑨ Henry H，Anthopolos R，Maxson P. Traffic-Related Air Pollution and Pediatric Asthma in Durham County，North Carolina［J］. International Journal on Disability and Human Development，2013，12（4）：467-471.

⑩ Ambrey C L，Fleming C M，Chan A Y C. Estimating the Cost of Air Pollution in South East Queensland：An Application of the Life Satisfaction Non-Market Valuation Approach［J］. Ecological Economics，2014，97：172-181.

⑪ Schikowski T，Vossoughi M，Vierkötter A，et al. Association of Air Pollution with Cognitive Functions and Its Modification by APOE Gene Variants in Elderly Women［J］. Environmental Research，2015，142：10-16.

（2018）通过超效率DEA面板模型检验得出，产业结构、技术创新、区域经济发展水平、土地扩张等，是京津冀大气污染治理效率变动的显著影响因素[①]。孙静等（2019）运用Super-SBM与Tobit模型检验出，京津冀及周边地区的财政分权对大气污染治理效率具有显著的负向影响，而政策协同的正向影响不显著，经济水平、环境规制及受教育水平的影响均显著[②]。景熠等（2019）在进行基于生命周期理论的结构方程模型检验后强调，大气污染治理能力、上级政府与社会公众支持，对协同治理的"形成"有显著影响，而治理主体的相互信任程度、预期收益、公众支持等，则对其"维系"有显著影响[③]。孙久文和罗标强（2016）通过修正引力模型探讨出，就中心职能强度Kei与联系强度而言，京津冀各地区的空间经济联系均存在显著的差异性，从而影响到区域协同治理的整体和谐程度[④]。张伟等（2017）根据京津冀大气污染的空间集聚特征分析得出，要有效发挥区域排污权交易、绿色金融、产业结构等发展因素的效能，全面治理钢铁冶炼、电力热力、非金属制品以及基础化工行业的核心污染物排放[⑤]。余璐和戴祥玉（2018）在对经济协调发展与区域合作共治维度进行双重考察后发现，地方政府协同治理的阻滞因素，主要源自治理资源的非均衡性短缺、配套制度建设滞后、治理流程不畅、组织结构失衡和权责分散等[⑥]。

（四）可行性策略探究

第一，围绕如何完善京津冀大气污染协同治理体制机制，构建出多层次的逻辑脉络体系。Andreas（2012）通过规范化分析，提炼出多元主体有序参与、公共协商等实践途径[⑦]。王洛忠和丁颖（2016）融合"构建者—协调者—监督者"多元角色定位与"信任—信息—技术"多类资源应用层次，探讨了强化区域合作共识与规则的策略[⑧]。唐湘博和陈晓红（2017）基于区域"上层"管理部门和"下层"所辖地区的双层博弈模型分析，提出区域大气污染协同治理补偿费的制定标准和设立协

① 李茜，姚慧琴.京津冀城市群大气污染治理效率及影响因素研究［J］.生态经济，2018，34（8）：188-192.

② 孙静，马海涛，王红梅.财政分权、政策协同与大气污染治理效率——基于京津冀及周边地区城市群面板数据分析［J］.中国软科学，2019（8）：154-165.

③ 景熠，敬爽，代应.基于结构方程模型的区域大气污染协同治理影响因素分析［J］.生态经济，2019，35（8）：200-205.

④ 孙久文，罗标强.基于修正引力模型的京津冀城市经济联系研究［J］.经济问题探索，2016（8）：71-75.

⑤ 张伟，张杰，汪峰，蒋洪强，王金南，姜玲.京津冀工业源大气污染排放空间集聚特征分析［J］.城市发展研究，2017，24（9）：81-87.

⑥ 余璐，戴祥玉.经济协调发展、区域合作共治与地方政府协同治理［J］.湖北社会科学，2018（7）：38-45.

⑦ Andreas K. Democratizing Regional Environmental Governance：Public Deliberation and Participation in Transboundary Ecoregions［J］. Global Environmental Politics，2012，12（3）：79-99.

⑧ 王洛忠，丁颖.京津冀雾霾合作治理困境及其解决途径［J］.中共中央党校学报，2016，20（3）：74-79.

同减排基金的行动路径[①]。何磊（2015）[②]，李燕云等（2018）[③]通过梳理京津冀大气重污染联防联控模式的演化历程及成功案例，提出创新区域总体规划、加强多污染物协同管控、强化政府间的垂直管理与横向联动、建立落实政府环境绩效考核、设立区域生态环保专项资金等措施。王喆和周凌一（2015）在比较府际合作模式、市场调节模式与协同治理模式的基础上提出，通过制定严格的区域生态红线控制制度、健全多维生态补偿机制、完善政绩考核评价与责任追究制度等，有效推动多元主体与府际协同[④]。

第二，立足于公共价值创造、利益相关主体博弈、国别实践模式比较视角，提炼出各方利益协调、市场互惠驱动、政策工具应用等路径。王丽和宫宝利（2018）对价值逻辑链进行分析后指出，通过优化公共权力顶层设计的系统运行功能、完善利益互惠型市场运营机制、健全多元化主体和多环节参与衔接机制等，促进京津冀的生态空间协同治理[⑤]。邢华（2014）[⑥]，汪伟全（2014）[⑦]，藏秀清（2015）[⑧]等通过纵向与横向型地区利益博弈与协调问题研究，提出通过建立健全纵向嵌入式协同机制体系来解决横向属地之间的合作治理困境难题（自主意愿不足、专项责权不均、信息共享路径不通等），探寻出政治动员、法律和行政命令、战略规划、制度激励、项目评估、省部际联席会议等协调模式的内容、特征及工具体系。吴芸和赵新峰（2018）基于整体性治理思维，强调以引入市场、非政府组织、企业、社会公众等多元利益相关主体的力量，切实提升管制型、市场型、自愿型政策工具组合及创新应用的协同程度，破解“碎片化”治理困境[⑨]。郭施宏和齐晔（2016）的伙伴型府际治理模式分析表明，京津冀大气污染协同治理的关键，是构建良好的伙伴关系、协调横向府际间利益、制定权威性法律法规、共享实时性治理信息[⑩]。汪泽波

---

① 唐湘博，陈晓红.区域大气污染协同减排补偿机制研究［J］.中国人口·资源与环境，2017，27（9）：76-82.

② 何磊.京津冀跨区域治理的模式选择与机制设计［J］.中共天津市委党校学报，2015（6）：86-91.

③ 李云燕，王立华，殷晨曦.大气重污染预警区域联防联控协作体系构建——以京津冀地区为例［J］.中国环境管理，2018，10（2）：38-44.

④ 王喆，周凌一.京津冀生态环境协同治理研究——基于体制机制视角探讨［J］.经济与管理研究，2015，36（7）：68-75.

⑤ 王丽，宫宝利.京津冀区域生态空间协同治理研究［J］.天津行政学院学报，2018，20（5）：38-44.

⑥ 邢华.我国区域合作治理困境与纵向嵌入式治理机制选择［J］.政治学研究，2014（5）：37-50.

⑦ 汪伟全.空气污染的跨域合作治理研究——以北京地区为例［J］.公共管理学报，2014，11（1）：55-64，140.

⑧ 臧秀清.京津冀协同发展中的利益分配问题研究［J］.河北学刊，2015，35（1）：192-196.

⑨ 吴芸，赵新峰.京津冀区域大气污染治理政策工具变迁研究——基于2004—2017年政策文本数据［J］.中国行政管理，2018（10）：78-85.

⑩ 郭施宏，齐晔.京津冀区域大气污染协同治理模式构建——基于府际关系理论视角［J］.中国特色社会主义研究，2016（3）：81-85.

和王鸿雁（2016）[①]，王欣（2017）[②]等基于多中心、多层次协同治理视角提出，根据不同地区、主体的角色定位，以"五位一体"理念破除"本位主义"、以市场机制主导强化经济协同、围绕行政机制创新强化公共服务协同、以政府功能转化引导多元共享型社会参与。吕天宇等（2017）针对一体化合作困境提出，要打造"三个一体"型服务模式，建立共商、共建、共治、共享格局，制定行政部门"连坐"责任制度，出台经济环境补偿政策，搭建G2G电子政府信息共享平台[③]。叶堂林和毛若冲（2019）通过分析"联系度—均衡度—融合度"提出，要通过高标准的非首都功能区谋划、"四个中心"建设、公共服务均等化发展等，促进高质量的均衡发展[④]。苏黎馨和冯长春（2019）基于对京津冀地区与德国柏林-勃兰登堡地区、日本东京首都圈、法国巴黎等地区的协同治理模式的比较，强调要全面厘清主体权责关系、优先加强立法建设、加快健全多边协商机制[⑤]。张晓涛和易云峰（2019）基于价值链视角的探讨得出，针对梯度性职能专业化水平，各地区要有选择、有重点地承接与自身资源禀赋、比较优势、发展远景等适配的产业，以增强区域内部发展的互补性与向心力[⑥]。

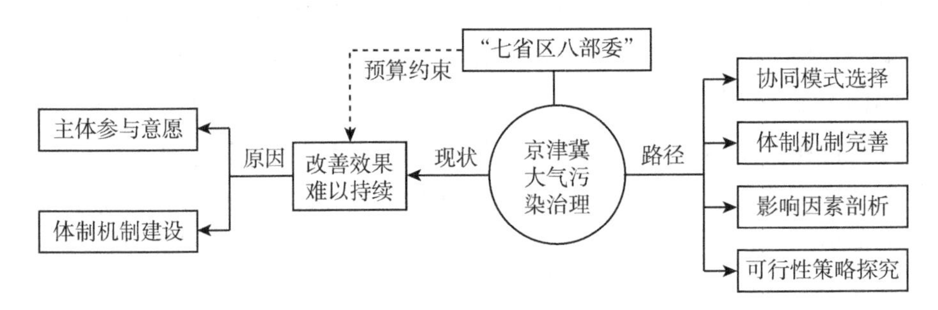

图1-2　京津冀大气污染协同治理的研究体系

① 汪泽波，王鸿雁.多中心治理理论视角下京津冀区域环境协同治理探析［J］.生态经济，2016，32（6）：157-163.

② 王欣.京津冀协同治理研究：模式选择、治理架构、治理机制和社会参与［J］.城市与环境研究，2017（2）：16-33.

③ 吕天宇，李晓莲，卢珊.京津冀雾霾治理中的府际合作研究［J］.环境与健康杂志，2017，34（4）：371-375.

④ 叶堂林，毛若冲.基于联系度、均衡度、融合度的京津冀协同状况研究［J］.首都经济贸易大学学报，2019，21（2）：30-40.

⑤ 苏黎馨，冯长春.京津冀区域协同治理与国外大都市区比较研究［J］.地理科学进展，2019，38（1）：15-25.

⑥ 张晓涛，易云锋，王淳.价值链视角下的京津冀城市群职能分工演变：2003—2016——兼论中国三大城市群职能分工水平差异［J］.宏观经济研究，2019（2）：116-132，160.

第三节　跨区域环境协同治理绩效评价情况

一、跨区域环境协同治理绩效范畴

随着社会经济不断发展，生态环境治理问题的关注度日益提升，我国强调生态观与绩效观协同的发展理念，并将生态因子视为政府绩效考核不可或缺的组成部分。基于生态环境公共性与外部性特征，区域环境协同治理及其绩效评估成为近年来学术界的重要研讨方向。例如，胡志高等（2019）基于集体行动理论，从经济关联、地理邻近、气象关联、污染物分布、污染源分布等角度提炼出有效施行区域性生态环境联合治理政策的五大要素[①]。黄小卜等（2016）[②]，王婷和袁增伟（2017）[③]通过“压力—状态—响应”（PSR）模型探讨出，单位GDP用水量、大气质量等级、一般工业固体废弃物利用率、工业用水重复利用率及秸秆综合利用率等，是区域环境治理绩效评估结果的主要限制性指标。Christophe和Tina（2018）的双元模型分析表明，区域环境协同治理伙伴关系建立成本的提升，阻碍了远距离、差异化潜在伙伴之间协作的拓展，从而影响了协同治理及其绩效评估的广度与深度[④]。罗文剑和陈丽娟（2018）基于多维“成长上限”视角的京津冀大气环境协同治理因果链条分析，明确了区域协同治理

---

① 胡志高，李光勤，曹建华.环境规制视角下的区域大气污染联合治理——分区方案设计、协同状态评价及影响因素分析［J］.中国工业经济，2019（5）：24-42.

② 黄小卜，熊建华，王英辉，林卫东.基于PSR模型的广西生态建设环境绩效评估研究［J］.中国人口·资源与环境，2016，26（S1）：168-171.

③ 王婷，袁增伟.基于“压力－状态－响应”模型的江苏省环境绩效评估研究［J］.中国环境管理，2017，9（3）：59-65.

④ Christophe B，Tina R. Collaborative Environmental Governance and Transaction Costs in Partnerships：Evidence from a Social Network Approach to Water Management in France［J］. Journal of Environmental Planning and Management.2018，61（1）：105-123.

绩效评估体系对动态过程监督、多方利益协调、多重责任分担的重要性[①]。韩永辉（2017）运用Bootstrap-DEA与σ收敛模型检验出，我国生态环境治理效率区际差异较大，东—中、西—东分别呈现出阶梯式下降的"L"型与先收敛后发散的"U"型特征[②]。基于Sieber、Tolston等的耦合评估模型构建思路，吴传清和黄磊（2018）[③]，彭昕杰和成金华等（2021）[④]运用熵权–TOPSIS协同评估模型检验出，长江经济带工业绿色发展绩效区际差异大，但整体协同效应强劲。张怡梦和尚虎平（2018）针对中国西部45个城市生态脆弱性与政府绩效的耦合协同评估模型的研究揭示出，狭隘化的绩效法律法规、泛经济化的绩效目标、离散化的绩效主体行为、技术与制度弊端等，是限制区域生态环境协同治理绩效的关键约束要素[⑤]。李旭辉和朱启贵（2017）根据二次加权的"纵横向"拉开档次的实证分析提出，环境资源作为科技创新、经济社会发展、民生改善等的基础，应成为我国生态主体功能区可持续性发展绩效评估的核心内容[⑥]。此外，高小平和陈新明（2014）[⑦]，邬彩霞（2021）[⑧]通过探讨统筹型绩效范式，强调区域协同发展要坚持立足于结构—过程—方式等，妥善处理好内外部生态环境共生与非线性最优的协同绩效问题。

二、跨区域环境协同治理绩效方法

随着相关理论研究与应用实践的不断深入，如何在保护环境的前提下，全面实现区域内居民福利的可持续性增进，日益成为社会关注的焦点。为此，国内外学者主要从生态福利绩效测度与相关影响因素提炼方面进行了探讨（见图1–3）。

---

① 罗文剑，陈丽娟.大气污染政府间协同治理的绩效改进："成长上限"的视角［J］.学习与实践，2018（11）：43–51.

② 韩永辉.中国省域生态治理绩效评价研究［J］.统计研究，2017，34（11）：69–78.

③ 吴传清，黄磊.长江经济带工业绿色发展绩效评估及其协同效应研究［J］.中国地质大学学报（社会科学版），2018，18（3）：46–55.

④ 彭昕杰，成金华，方传棣.基于"三线一单"的长江经济带经济–资源–环境协调发展研究［J］.中国人口·资源与环境，2021，31（5）：163–173.

⑤ 张怡梦，尚虎平.中国西部生态脆弱性与政府绩效协同评估——面向西部45个城市的实证研究［J］.中国软科学，2018（9）：91–103.

⑥ 李旭辉，朱启贵.生态主体功能区经济社会发展绩效动态综合评价［J］.中央财经大学学报，2017（7）：96–105.

⑦ 高小平，陈新明.统筹型绩效管理初探［J］.中国行政管理，2014（2）：29–33，86.

⑧ 邬彩霞.中国低碳经济发展的协同效应研究［J］.管理世界，2021，37（8）：105–117.

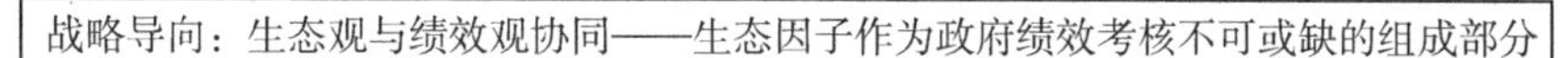

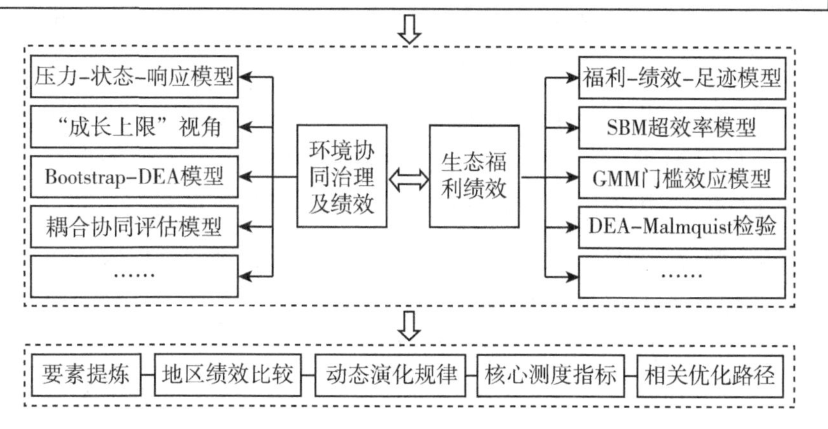

图1-3　跨区域环境协同治理绩效的研究体系

第一，基于定量检验思路与综合性测度准则。Yew（2008）[①]，Kubiszewski等（2013）[②]，Jorgenson（2014）[③]等研究提出，可以通过社会福利与生态足迹或资源消耗的比值测度区域生态环境协同治理的福利绩效。Abdallah和Common等（2007）通过运用快乐地球指数（快乐寿命指数/生态足迹）与人均预期寿命的乘积，实现了主观、客观福利测度的结合[④]。Dietz等（2009）[⑤]，Dimaria（2009）[⑥]运用随机前沿模型和数据包络分析，揭示出样本区域环境治理福利水平的变动态势。韩瑾（2017）[⑦]，方时姣和肖权（2019）[⑧]，龙军亮（2019）[⑨]等分别运用超效率SBM模型、超效率DEA模型、两阶段考虑非合意产出的Super-NSBM模型及DEA窗口分析法，测度出我国特定时段、特定区域的生态环境福利绩效水平。针对具体测度指标的选取与运用方法，Bjornskov（2010）提出以下两个层面的核心内容：一是以地区生产总值（GDP）、产业结构、城镇化等客观福利为基础构建的绩

① Yew K. Environmentally Responsible Happy Nation Index: Towards an Internationally Acceptable National Success Indicator [J]. Social Indicators Research, 2008, 85 (4): 425-446.

② Kubiszewski I, Costanza R, Francoc C, et al. Beyond GDP: Measuring and Achieving Global Genuine Progress[J]. Ecological Economics, 2013, 93 (3): 57-68.

③ Jorgenson A K. Economic Development and the Carbon Intensity of Human Well-Being [J]. Nature Climate Change, 2014, 4 (3): 186-189.

④ Abdallah S, Common M. Measuring National Economic Performance Without Using Prices [J]. Ecological Economics, 2007, 64 (1): 92-102.

⑤ Dietz T, Rosa E, York R. Environmentally Efficient Well-being: Rethinking Sustainability as the Relationship between Human Well-being and Environmental Impacts [J]. Human Ecology Review, 2009, 16 (1): 114-123.

⑥ Dimzria C. An Indicator for the Economic Performance and Ecological Sustainbility of Nations [J]. Environmental Modeling and Assessment, 2018 (2): 1-16.

⑦ 韩瑾.生态福利绩效评价及影响因素研究——以宁波市为例[J].经济论坛，2017（10）：49-53.

⑧ 方时姣，肖权.中国区域生态福利绩效水平及其空间效应研究[J].中国人口·资源与环境,2019,29(3)：1-10.

⑨ 龙亮军.基于两阶段Super-NSBM模型的城市生态福利绩效评价研究[J].中国人口·资源与环境，2019，29（7）：1-10.

效指标，如ISEW、GPI等；二是以幸福感、生活满意度等为代表的主观福利绩效指标[①]。田秀杰和符建华（2018）[②]等分别从综合影响力、基本公共职能、功能定位等维度，构建了生态功能区治理的福利绩效指标体系。李春瑜（2016）[③]，王婷和袁增伟（2017）[④]，陈涛和王长通（2019）[⑤]运用“压力－状态－响应”（PSR）模型与主成分分析法、目标渐进法，构建了大气环境绩效指标体系。郑秀良等（2015）依照系统序参量分析，构建出高耗能产业循环经济协同发展的绩效指标体系[⑥]。吴丹（2019）[⑦]，邵超峰等（2021）[⑧]从经济发展、科教进步、资源环境及民生服务维度构建出国家现代化治理福利的绩效指标体系。此外，诸多学者也常用兼具主、客观福利维度的HDI（人类发展）指标体系进行评估。

第二，生态福利水平比较与影响因素提炼。臧漫丹、诸大建等（2013）根据“福利－绩效－足迹”类型体系，比较了G20国集团的生态福利绩效水平，发现多数发达国家的生态福利绩效呈上升趋势[⑨]。郭炳南和卜亚（2018）基于松弛变量的SBM超效率模型测算了长江经济带110个地级及以上城市的生态福利绩效情况，并发现东、中、西部地区存在较大差距[⑩]。冯吉芬和袁键红（2016）运用HDI与人均生态足迹绩效指标，分析了2005—2010年中国30个省市生态环境福利绩效变化趋势，并通过对数平均迪氏分解法检验出技术效应具有促进作用，而服务效应则为抑制作用[⑪]。

在此基础上，部分学者基于不同检验视角与测度方法，多维度提炼出相关影响因素。例如，Dietz等（2010）利用58个国家的面板数据验证发现，人均GDP与

① Bjornskov C. How comparable are the gall up world poll life satisfaction data?［J］.Journal of happiness studies，2010，11（1）：41-60.

② 田秀杰，符建华.生态功能区经济发展绩效评价研究——基于黑龙江省的实例［J］.统计与信息论坛，2018，33（3）：87-92.

③ 李春瑜.大气环境治理绩效实证分析——基于PSR模型的主成分分析法［J］.中央财经大学学报，2016（3）：104-112.

④ 王婷，袁增伟.基于“压力－状态－响应”模型的江苏省环境绩效评估研究［J］.中国环境管理，2017，9（3）：59-65.

⑤ 陈涛，王长通.大气环境绩效审计评价指标体系构建研究——基于PSR模型［J］.会计之友，2019（15）：128-134.

⑥ 郑季良，陈春燕，王娟，吴桐.高耗能产业群循环经济发展的多绩效协同效应调控研究［J］.中国管理科学，2015，23（S1）：794-800.

⑦ 吴丹.国家治理的多维绩效贡献及其协调发展能力评价［J］.管理评论，2019，31（12）：264-272.

⑧ 邵超峰，陈思含，高俊丽，贺瑜，周海林.基于SDGs的中国可持续发展评价指标体系设计［J］.中国人口·资源与环境，2021，31（4）：1-12.

⑨ 臧漫丹，诸大建，刘国平.生态福利绩效：概念、内涵及G20实证［J］.中国人口·资源与环境，2013，23（5）：118-124.

⑩ 郭炳南，卜亚.长江经济带城市生态福利绩效评价及影响因素研究——以长江经济带110个城市为例［J］.企业经济，2018（8）：30-37.

⑪ 冯吉芳，袁健红.中国区域生态福利绩效及其影响因素［J］.中国科技论坛，2016（3）：100-105.

生态福利绩效水平具有“U”型关系[①]。借鉴Daly（2005）[②]，Common（2007）[③]，Jorgenson和Dietz（2015）[④]等思路，龙亮军等（2017）[⑤]，杜宇等（2020）[⑥]，李凯杰等（2020）[⑦]，许可和王雅琼（2021）[⑧]基于Tobit回归与空间杜宾模型，逐步验证出政府竞争、经济贡献率、产业结构、城市化率、技术进步等因素，对区域生态福利绩效水平的变动具有显著性影响。进而，肖黎明和吉荟茹（2018）[⑨]，王婧和杜广杰（2021）[⑩]，解学梅和朱琪玮（2021）[⑪]等通过省域尺度的实证研究发现，绿色技术创新效率对地区生态福利绩效具有正向促进作用，人口效应则呈现负向影响。与此同时，经济发展基础差异导致人口迁移的影响发挥存在门槛约束效应（王兆华等，2021）[⑫]。林春等（2019）[⑬]，汪克亮等（2021）[⑭]等根据系统GMM及门槛效应检验出，财政分权对生态福利绩效存在显著的区际差异与单一门槛效应，在东部地区具有显著的促进作用，而在中部、西部地区具有显著的抑制作用，且随着分权程度高低变化所产生的影响不同。郑义和赵晓霞（2014）采用DEA方法测算的生态福利绩效指数与省级面板数据验证了“重组假说”与EKC曲线的存在情况[⑮]。杨钧（2016）运用DEA-Malmquist指数与省级面板数据检验得出，户籍城镇化对生态福利绩效具

① Dietz T，Rosa E A，York R. Environmentally Efficient Well-being：Is There a Kuznets Curve?［J］. Applied Geography，2010，32（1）：21-28.

② Daly H E. Economics in a Full World［J］. Scientific American，2005，293（3）：100-107.

③ Common M. Measuring National Economic Performance Without Using Prices［J］. Ecological Economics，2007，64（1）：92-102.

④ Jorgenson A K，Dietz T. Economic Growth does Not Reduce the Ecological Intensity of Human Well-being［J］. Sustainability Science，2015，10（1）：149-156.

⑤ 龙亮军，王霞，郭兵.基于改进DEA模型的城市生态福利绩效评价研究——以我国35个大中城市为例［J］.自然资源学报，2017，32（4）：595-605.

⑥ 杜宇，吴传清，邓明亮.政府竞争、市场分割与长江经济带绿色发展效率研究［J］.中国软科学，2020（12）：84-93.

⑦ 李凯杰，董丹丹，韩亚峰.绿色创新的环境绩效研究——基于空间溢出和回弹效应的检验［J］.中国软科学，2020（7）：112-121.

⑧ 许可，王雅琼.时空统计建模方法探讨［J］.统计与决策，2021，37（22）：11-14.

⑨ 肖黎明，吉荟茹.绿色技术创新视域下中国生态福利绩效的时空演变及影响因素——基于省域尺度的数据检验［J］.科技管理研究，2018，38（17）：243-251.

⑩ 王婧，杜广杰.中国城市绿色创新空间关联网络及其影响效应［J］.中国人口·资源与环境，2021，31（5）：21-27.

⑪ 解学梅，朱琪玮.企业绿色创新实践如何破解“和谐共生”难题？［J］.管理世界，2021，37（1）：128-149，9.

⑫ 王兆华，马俊华，张斌，王博.空气污染与城镇人口迁移：来自家庭智能电表大数据的证据［J］.管理世界，2021，37（3）：19-33，3.

⑬ 林春，孙英杰，刘钧霆.财政分权对中国环境治理绩效的合意性研究——基于系统GMM及门槛效应的检验［J］.商业经济与管理，2019（2）：74-84.

⑭ 汪克亮，赵斌，丁黎黎，吴戈.财政分权、政府创新偏好与雾霾污染［J］.中国人口·资源与环境，2021，31（5）：97-108.

⑮ 郑义，赵晓霞.环境技术效率、污染治理与环境绩效——基于1998-2012年中国省级面板数据的分析［J］.中国管理科学，2014，22（S1）：767-773.

有显著的提升作用，产业城镇化则显著降低了生态福利绩效，而建设城镇化的正向影响不显著[①]。吴明琴和周诗敏（2017）基于倍差分析（DID）揭示出，“两控区”政策的施行，使污染治理总投资增加46%，工业二氧化硫去除量增加44.1%，即明显提升了污染治理的绩效水平[②]。

---

① 杨钧.城镇化对环境治理绩效的影响——省级面板数据的实证研究［J］.中国行政管理，2016（4）：103-109.

② 吴明琴，周诗敏.环境规制与污染治理绩效——基于我国“两控区”的实证研究［J］.现代经济探讨，2017（9）：7-15.

第四节　动态空间视域的应用及其拓展体系

动态空间视域，是本书参照学术界探讨各类发展要素对区域环境协同治理关联方向及影响程度的相关成果，所提炼的研究方法集合的统称。其核心内涵是：在一定区域空间范围内，污染物的非均质性排放与分布随着时间演变而不同，环境污染治理与各领域发展要素的相互影响兼具时间与空间维度的动态化特征。立足于“新常态”发展背景，环境治理、经济增长、政治建设、社会建设、文化传承及创新等，都是一个国家（地区）可持续发展的必要组成部分，彼此间形成复合交错的互动网络。为此，国内外学者分别从主体行动选择与客体空间联动层面进行了探讨（见图1-4）。

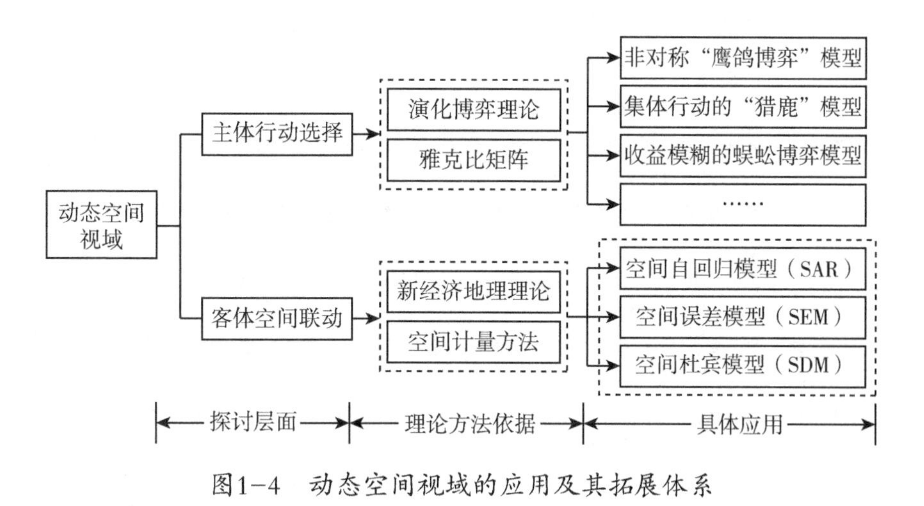

图1-4　动态空间视域的应用及其拓展体系

一、主体行动选择层面

基于演化博弈理论考察“成本-收益”约束下环境治理主体行动选择策略的动态趋势与路径。在国家（地区）资源配置、环境保护博弈方面，Frisvold和Caswell（2000）①，Kucukmehmetoglu和Guldmann（2004）②基于合作博弈理论，探讨了多个国家之间在跨境水资源分配与防治过程中的行动选择演化问题。李胜（2011）通过跨区域水污染治理演化博弈分析指出，相较于经济增长、产业结构、环境执法、管制体制，府际非理性博弈均衡才是引发地区协同困境的深层次原因③。在此基础上，李芳等（2020）④，宋妍等（2020）⑤等构建出了非对称性"鹰鸽博弈"模型。高明等（2016）通过府际合作联盟行动策略的演化博弈分析，揭示了无、有中央政府约束下区域大气污染治理的动态均衡路径及协同因素⑥。初钊鹏等（2017）⑦，王红梅等（2019）⑧分别运用集体行动猎鹿模型、三维"行动"博弈模型及Matlab仿真技术，研究了不同情境下京津冀大气污染协同治理中地方政府环境规制策略选择的演化及均衡情况。Jergensen等（2010）⑨，薛俭等（2014）⑩，许光清和董小琦（2017）⑪，刘海英和王钰（2020）⑫，王树强等（2021）⑬等构建了地区间合作治污博弈模型，并通过Shapley值法求解出收益公平分配值。刘力源等（2015）运用微分博弈模型，从流量和存量的视角研究了非对称国家合作、非合作的污染物质排放和越境污染问题⑭。李斌和李拓（2015）基于财政分权的完全信息动态博弈分析，揭示出土地财政引起的环境污染直接效应

① Frisvold G B，Caswell M F. Transboundary Water Management Game-theoretic Lessons for Projects on the US-Mexico Border［J］. Agricultural Economics，2000，24（1）：101-111.

② Kucukmehmetoglu M，Guldmann J. International Water Resources Allocation and Conflicts：The Case of the Euphrates and Tigris［J］. Environment and Planning A，2004，36（5）：783-801.

③ 李胜，陈晓春.基于府际博弈的跨区流域水污染治理困境分析［J］.中国人口·资源与环境，2011，21（12）：104-109.

④ 李芳，吴凤平，陈柳鑫，许霞.非对称性视角下跨境水资源冲突与合作的鹰鸽博弈模型［J］.中国人口·资源与环境，2020（5）：157-166.

⑤ 宋妍，陈赛，张明.地方政府异质性与区域环境合作治理——基于中国式分权的演化博弈分析［J］.中国管理科学，2020，28（1）：201-211.

⑥ 高明，郭施宏，夏玲玲.大气污染府际间合作治理联盟的达成与稳定——基于演化博弈分析［J］.中国管理科学，2016，24（8）：62-70.

⑦ 初钊鹏，刘昌新，朱婧.基于集体行动逻辑的京津冀雾霾合作治理演化博弈分析［J］.中国人口·资源与环境，2017，27（9）：56-65.

⑧ 王红梅，谢永乐，孙静. 不同情境下京津冀大气污染治理的"行动"博弈与协同因素研究［J］.中国人口·资源与环境，2019，29（8）：20-30.

⑨ Jergensen S，Martin-Herran G，Zaccour G. Dynamic Games in the Economics and Management of Pollution［J］. Environmental Modeling and Assessment，2010，15（6）：433-467.

⑩ 薛俭，谢婉林，李常敏.京津冀大气污染治理省际合作博弈模型［J］.系统工程理论与实践，2014，34（3）：810-816.

⑪ 许光清，董小琦.基于合作博弈模型的京津冀散煤治理研究［J］.经济问题，2017（2）：46-50.

⑫ 刘海英，王钰.基于历史法和零和DEA方法的用能权与碳排放权初始分配研究［J］.中国管理科学，2020，28（9）：209-220.

⑬ 王树强，刘赫，徐娜，孟娣.大气污染物排放权初始分配的区际协调方法研究［J］.中国管理科学，2021，29（3）：37-48.

⑭ 刘利源，时政勗，宁立新.非对称国家越境污染最优控制模型［J］.中国管理科学，2015，23（1）：43-49.

及环境规制效应[①]。潘峰等（2014）约束型演化博弈分析表明，引入中央约束可有效促进地方政府在环境规制过程中往“帕累托改进”方向演进[②]。

在不同利益相关主体的“行动”博弈探究方面，Krawczyk（2005）应用进化博弈理论，研究了控制污染的环境管理过程中监管机构的生态索赔及其税收费用标准[③]。Suzuki 和Iwasa（2009）从湖泊污染问题研究中提炼出相关影响因素及其对不同利益群体合作演化的影响[④]。Damania（2001）[⑤],Zenkevich和Zyatchin（2007）[⑥]以重复博弈模型，系统分析了环境综合防治过程中政府规制与企业排污之间的博弈行为。Wang等（2011）[⑦]，曹柬等（2021）[⑧]基于SD仿真模型，研究了环境污染治理中政府与企业的混合演化博弈策略。吴瑞明等（2013）从描述上游排污群体、政府监管方和下游受害群体的考察维度，构建出三方演化博弈的动态复制方程与雅各比矩阵[⑨]。张乐等（2014）基于收益模糊条件的蜈蚣博弈机理，构建了突发水灾害应急管理中异质性主体之间合作行动博弈模型[⑩]。贾敬全等（2014）[⑪]，赵荧梅等（2017）[⑫]，李冬冬等（2020）[⑬]通过构建（非）完全信息披露演化博弈模型，探讨出政府监管部门、经销商及企业行动策略选择的静态和动态演化特征。Yanase

---

① 李斌，李拓．环境规制、土地财政与环境污染——基于中国式分权的博弈分析与实证检验［J］.财经论丛，2015（1）：99-106.

② 潘峰，西宝，王琳.地方政府间环境规制策略的演化博弈分析［J］.中国人口·资源与环境，2014，24（6）：97-102.

③ Krawczyk J B. Coupled Constraint Nash Equilibria in Environmental Games［J］. Empirica，2005（27）：157-181.

④ Suzuki Y，Iwasa Y. Conflict between Groups of Players in Coupled Socioeconomic and Ecological Dynamics［J］. General Information，2009，68（4）：1106-1115.

⑤ Damania R. Environmental Regulation and Financial Structure in an Oligopoly Super-game［J］. Environmental Modelling and Software，2001，16（2）：119-129.

⑥ Zenkevich N，Zyatchin A. Strong Nash Equilibrium in a Repeated Environmental Engineering Game with Stochastic Dynamics［C］. Proceedings of Second International Conference on Game Theory and Applications，Qingdao，2007：17-19.

⑦ Wang H W，Cai L R，Zeng W. Research on the Evolutionary Game of Environmental Pollution in System Dynamics Mode［J］. Journal of Experimental and Theoretical Artificial Intelligence，2011，23（1）：39-50.

⑧ 曹柬，赵韵雯，吴思思，张雪梅等.考虑专利许可及政府规制的再制造博弈［J］.管理科学学报，2020，23（3）：1-23.

⑨ 吴瑞明，胡代平，沈惠璋.流域污染治理中的演化博弈稳定性分析［J］.系统管理学报，2013，22（6）：797-801.

⑩ 张乐，王慧敏，佟金萍.突发水灾应急合作的行为博弈模型研究［J］.中国管理科学，2014，22（4）：92-97.

⑪ 贾敬全，卜华，姚圣.基于演化博弈的环境信息披露监管研究［J］.华东经济管理，2014，28（5）：145-148.

⑫ 赵荧梅，郭本海，刘思峰.不完全信息下产品质量监管多方博弈模型［J］.中国管理科学，2017，25（2）：111-120.

⑬ 李冬冬，吕宏军，李品，杨晶玉.基于双重信息非对称的排污权交易机制与最优环境政策设计［J］.中国管理科学，2020，28（11）：219-230.

（2009）[1]，王明喜等（2021）[2]通过排放税和命令控制型规制工具的比较得出，由于"搭便车"现象存在，更严格的排污政策会促使外国公司竞争力提升，且排放税博弈对污染、社会福利的影响更为扭曲。Li等（2016）提出，内含辖区多元主体利益诉求的地方政府应通过谈判和建立共识来解决环境冲突，寻求公平对待各方利益的双赢解决方案，从而将环境冲突从零和博弈转变为零加博弈[3]。值得关注的是，除数值模拟技术外，目前针对演化博弈结果定量检验的探讨尚有不足。

二、客体空间联动层面

基于多维空间计量实证模型分析不同因素与环境治理的相关关系。目前，空间计量模型主要分为三类：一是空间自回归模型（SAR），旨在探讨因变量本身是否有"外溢效应"，如本地区大气污染演化对邻近地区的影响；二是空间误差模型（SEM），重点度量误差冲击的空间外溢程度；三是空间杜宾模型（SDM），主要考察本地区观察变量对邻近地区因变量的影响。在融入"时间惯性"效应的考察后，进一步分为静态与动态两大类，从而形成六类基准模型。

在已有研究实践中，Zodrow和Mieszkowski等（1986）曾借助于税收竞争理论规范模型思路，揭示出不同地区之间为争取流动税基比较优势而竞相降低税负的"逐底"竞争现象[4]。Bucovetsky（1991）则根据区域之间流动与非流动要素的互动特征，通过调整标准税收竞争的相关约束条件，构建了非对称税收竞争模型[5]。Economides和Philippo-poulos（2008）基于公共投入成本的考量，构建出经济增长与环境污染联动的内生增长模型[6]。Bujari和Francinso（2016）通过研究拉丁美洲国家技术创新与经济增长的相互作用关系发现，技术创新对地区经济增长具有积极影响[7]。

---

① Yanase A. Global Environment and Dynamic Games of Environmental Policy in an International Duopoly [J]. Journal of Economics, 2009, 97 (2): 121-140.

② 王明喜，胡毅，郭冬梅，曹杰.碳税视角下最优排放实施与企业减排投资竞争[J].管理评论，2021，33（8）：17-28.

③ Li Y, Koppenjan J, Verweij S. Governing Environmental Conflicts in China: Under What Conditions do Local Governments Compromise? [J]. Public Administration, 2016, 94 (1): 806-822.

④ Zodrow G R, Mieszkowski P. Piebout, Property Taxation and the Under-Provision of Local Public Goods [J]. Journal of Urban Economics, 1986, 19 (3): 356-370.

⑤ Bucovetsky S. Asymmetric Tax Competition [J]. Journal of Urban Economics, 1991, 30 (2): 167-181.

⑥ Economides G, Philippopoulos A. Growth Enhancing Policy is the Means to Sustain the Environment [J]. Review of Economic Dynamics, 2008, 11 (1): 207-219.

⑦ Bujari A A, Francinso V M. Technological Innovation and Economic Growth in Latin American [J]. Journal of Economics and Finance, 2016, 11 (2): 77-89.

近年来国内学者主要在三个方面运用了空间计量模型。

一是环境污染物的集聚演化态势及其相关影响因素探讨。例如，赵桂梅等（2020）通过融合STIRPAT和EKC模型检验得出，我国省际碳排放强度具有很强的“俱乐部收敛”型演进特征①。而马丽梅等（2016）②、唐登莉等（2017）③、刘军等（2017）④、彭丽思等（2017）⑤、马黎和梁伟（2017）⑥，冯颖等（2017）⑦，姜磊（2018）⑧，李光勤等（2018）⑨，邵帅等（2022）⑩运用静、动态空间面板模型及LM检验等方法，描绘出我国地级及以上城市大气污染的局部与全局时空集聚演化态势，并在不同约束条件下检验了经济发展、所有制结构、人口密度/结构、科技进步、能源消耗、交通状况、绿化建设等影响因素的作用方向及强度。

二是某特定领域发展对环境质量影响的探寻。例如，Yu和Yi（2016）基于2013年中国73个城市面板数据的空间实证研究发现，$PM_{2.5}$和人均地区生产总值（PGDP）之间具有显著的倒“U”型演化关系⑪。何枫等（2016）⑫，刘华军和裴延峰（2017）⑬，艾小青等（2017）⑭通过EKC、SARAR模型检验得出，经济增长与$PM_{2.5}$、PM_{10}、SO_2、工业废气、烟（扬）尘等大气污染物变化之间存在强劲的“库兹涅茨

---

① 赵桂梅，耿涌，孙华平，赵桂芹.中国省际碳排放强度的空间效应及其传导机制研究［J］.中国人口·资源与环境，2020，30（3）：49-55.

② 马丽梅，刘生龙，张晓.能源结构、交通模式与雾霾污染——基于空间计量模型的研究［J］.财贸经济，2016，37（1）：147-160.

③ 唐登莉，李力，洪雪飞.能源消费对中国雾霾污染的空间溢出效应——基于静态与动态空间面板数据模型的实证研究［J］.系统工程理论与实践，2017，37（7）：1697-1708.

④ 刘军，王慧文，杨洁.中国大气污染影响因素研究——基于中国城市动态空间面板模型的分析［J］.河海大学学报（哲学社会科学版），2017，19（5）：61-67，91-92.

⑤ 彭丽思，孙涵，聂飞飞.中国大气污染时空格局演变及影响因素研究［J］.环境经济研究，2017，2（1）：42-56.

⑥ 马黎，梁伟.中国城市空气污染的空间特征与影响因素研究——来自地级市的经验证据［J］.山东社会科学，2017（10）：138-145.

⑦ 冯颖，屈国俊，李晟.基于空间面板数据模型的人口聚集与环境污染的关系研究［J］.经济问题，2017（7）：7-13，45.

⑧ 姜磊.论LM检验的无效性与空间计量模型的选择——以中国空气质量指数社会经济影响因素为例［J］.财经理论研究，2018（5）：37-50.

⑨ 李光勤，秦佳虹，何仁伟.中国大气$PM_{2.5}$污染演变及其影响因素［J］.经济地理，2018，38（8）：11-18.

⑩ 邵帅，范美婷，杨莉莉.经济结构调整、绿色技术进步与中国低碳转型发展——基于总体技术前沿和空间溢出效应视角的经验考察［J］.管理世界，2022（2）：46-69.

⑪ Yu H，Yi M L. The Influential Factors of Urban $PM_{2.5}$ Concentrations in China：A Spatial Econometric Analysis［J］. Journal of Cleaner Production，2015，112：1443-1453.

⑫ 何枫，马栋栋，祝丽云.中国雾霾污染的环境库兹涅茨曲线研究——基于2001—2012年中国30个省市面板数据的分析［J］.软科学，2016，30（4）：37-40.

⑬ 刘华军，裴延峰.我国雾霾污染的环境库兹涅茨曲线检验［J］.统计研究，2017，34（3）：45-54.

⑭ 艾小青，陈连磊，朱丽南.空气污染排放与经济增长的关系研究——基于中国省际面板数据的空间计量模型［J］.华东经济管理，2017，31（3）：69-76.

曲线”特征。冷艳丽等（2015）[①]，施震凯等（2017）[②]，严雅雪和齐绍洲（2017）[③]，屈小娥和骆海燕（2021）[④]，杨果和郑强（2021）[⑤]则采用联立方程、SpVAR等空间实证模型，揭示了外商直接投资对雾霾污染具有显著的双重影响。陈碧琼和张梁梁（2014）基于STIRPAT模型扩展的空间动态面板模型，运用系统GMM估计方法探究了金融规模及效率对我国碳排放量、碳排放强度的空间关联作用[⑥]。而罗能生和王玉泽（2017）[⑦]，洪源等（2018）[⑧]，李力等（2021）[⑨]以收支双维度考察视角的动态空间（门槛效应）实证模型，检验出省级财政分权、不同类型环境规制工具及其敏感性策略互动对区域生态效率变动的影响。韩峰等（2018）[⑩]，张可（2019）[⑪]，王班班和齐绍州（2021）[⑫]等则分别以动态空间杜宾模型、广义空间面板两阶段估计模型，验证出生产性服务业集聚、市场一体化建设对区域环境质量的影响。

三是其他领域发展之间的空间联动关系探析。例如，李成刚等（2019）通过构建动态空间杜宾模型并结合中介效应分析，总结出经济增长过程中技术创新的直接效应与产业结构转型升级的间接效应[⑬]。王鹤和周少君（2017）运用地级市房地产价格动态空间模型，测度了我国城镇化发展的直接与间接效应，并探讨出其对区域经济增长空间效应的差异化现象[⑭]。程中华等（2017）以地理距离权重为测度

---

① 冷艳丽，冼国明，杜思正.外商直接投资与雾霾污染——基于中国省际面板数据的实证分析［J］.国际贸易问题，2015（12）：74-84.

② 施震凯，邵军，王美昌.外商直接投资对雾霾污染的时空传导效应——基于SpVAR模型的实证分析［J］.国际贸易问题，2017（9）：107-117.

③ 严雅雪，齐绍洲.外商直接投资对中国城市雾霾（$PM_{2.5}$）污染的时空效应检验［J］.中国人口·资源与环境，2017，27（4）：68-77.

④ 屈小娥，骆海燕.中国对外直接投资对碳排放的影响及传导机制——基于多重中介模型的实证［J］.中国人口·资源与环境，2021，31（7）：1-14.

⑤ 杨果，郑强.中国对外直接投资对母国环境污染的影响［J］.中国人口·资源与环境，2021，31（6）：57-66.

⑥ 陈碧琼，张梁梁.动态空间视角下金融发展对碳排放的影响力分析［J］.软科学，2014，28（7）：140-144.

⑦ 罗能生，王玉泽.财政分权、环境规制与区域生态效率——基于动态空间杜宾模型的实证研究［J］.中国人口·资源与环境，2017，27（4）：110-118.

⑧ 洪源，袁莙健，陈丽.财政分权、环境财政政策与地方环境污染——基于收支双重维度的门槛效应及空间外溢效应分析［J］.山西财经大学学报，2018，40（7）：1-15.

⑨ 李力，孙军卫，蒋晶晶.评估中国各省对环境规制策略互动的敏感性［J］.中国人口·资源与环境，2021，31（7）：49-62.

⑩ 韩峰，秦杰，龚世豪.生产性服务业集聚促进能源利用结构优化了吗？——基于动态空间杜宾模型的实证分析［J］.南京审计大学学报，2018，15（4）：81-93.

⑪ 张可.市场一体化有利于改善环境质量吗？来自长三角地区的证据［J］.中南财经政法大学学报，2019（4）：67-77.

⑫ 王班班，齐绍洲.市场型和命令型政策工具的节能减排技术创新效应——基于中国工业行业专利数据的实证［J］.中国工业经济，2016（6）：91-108.

⑬ 李成刚，杨兵，苗启香.技术创新与产业结构转型的地区经济增长效应——基于动态空间杜宾模型的实证分析［J］.科技进步与对策，2019，36（6）：33-42.

⑭ 王鹤，周少君.城镇化影响房地产价格的“直接效应”与“间接效应”分析——基于我国地级市动态空间杜宾模型［J］.南开经济研究，2017（2）：3-22.

依据的动态空间面板模型研究表明，基于产业结构升级的全局正相关关系和局部空间集聚效应，环境规制能显著促进城市结构升级，但其促进效应的显著性受区域经济发展水平约束[①]。时乐乐（2017）运用非线性面板门槛模型，分析了我国环境综合治理阶段下环境规制对产业结构升级的动态作用路径及特征[②]。焦国伟、冯严超（2019）对SAR、SEM、SAC三类空间计量检验结果的比较表明，环境规制对区域生态效率的动态影响具有负向空间溢出效应，且在不同地区之间存在明显的空间异质性[③]。

---

① 程中华，李廉水，刘军.环境规制与产业结构升级——基于中国城市动态空间面板模型的分析［J］.中国科技论坛，2017（2）：66-72.

② 时乐乐.环境规制对中国产业结构升级的影响研究［D］.新疆大学，2017.

③ 焦国伟，冯严超.环境规制与中国城市生态效率提升——基于空间计量模型的分析［J］.工业技术经济，2019，38（5）：143-151.

第五节　相关研究成果评述

如前所述，国内外学者在“协同理论缘起及其演化、京津冀协同治理现状、区域环境治理绩效情况、动态空间视域应用”方面已取得一定的研究进展，可为相关问题探讨奠定有效的基础。但如何将区域联防联控战略目标精准落实到地区（政府）协同行动层面，有效内化到大气污染治理与绩效管理全生命周期，尚存在可进一步探讨的三点内容（见图1-5）。

一是区域环境协同治理与政府绩效管理/评价仍处于相对分离的两大研究集合。虽然已拓展出整体性治理、共生治理、多中心治理等新思路，但未探寻出有效的“协同-绩效”逻辑体系、理论模型、绩效指标及考核标准等，致使“如何将生态因子充分融入政府绩效管理语境”的研究深度不足。二是作为区域协同实践动态空间演化态势/网络剖析的“一体两面”，主体行动选择博弈与客体空间联动效应的融合性分析尚有不足。这导致提炼出来的影响因素较为分散（多体现为一对一关系），且对于分域、分类、分层的博弈互动差异，缺乏有效的甄选标准与聚类比较口径，从而对政府战略选择与政策制定的参考意义相对有限。三是针对大气污染等跨区域环境治理“协同-绩效”模式的国外经验借鉴与本土化创新应用探究有待完善。因尚未研制出适配的“参照系”（基于地区、多元利益主体、污染物及政策工具等维度），许多实证检验假设、优化路径设计等缺乏有效的“试点”依据，从而难以科学预测及规避相应的实践风险。

对于京津冀大气污染协同治理的“主责者”而言，由于地方政府身负辖区整体利益诉求，在现阶段财政分权与以经济发展为主导的复合型绩效管理/评价体系下，因“公地悲剧”“囚徒困境”“搭便车”“跨域约束”“绩效信息模糊”等产生的地区之间成本-收益失衡问题，是导致地区（政府）之间难以形成常态化、稳定性、有效性联防联控同盟的现实“瓶颈”。因此，根据我国“五位一体”可持续发展战略目标导向，基于有限理性主体行动选择演化博弈与多元领域要素空间外溢影响的考察视角，在“中央+地方”联防联控机制体系建设现状剖析的基础上，研究京津冀地方政府在大气污染治理实践过程中的“协同联动”问题，厘清“协同-绩效”逻辑脉络，构建全面、科学的绩效评价模型及指标体系，并结合多维度实证检验结果与国外先进经验借鉴，探寻出能有效增强区域协同治理凝聚力与向心力的可行路径，是进一步完善京津冀大气污染联防共治机制体系、持续深化推动协同发展进程的重要方向。

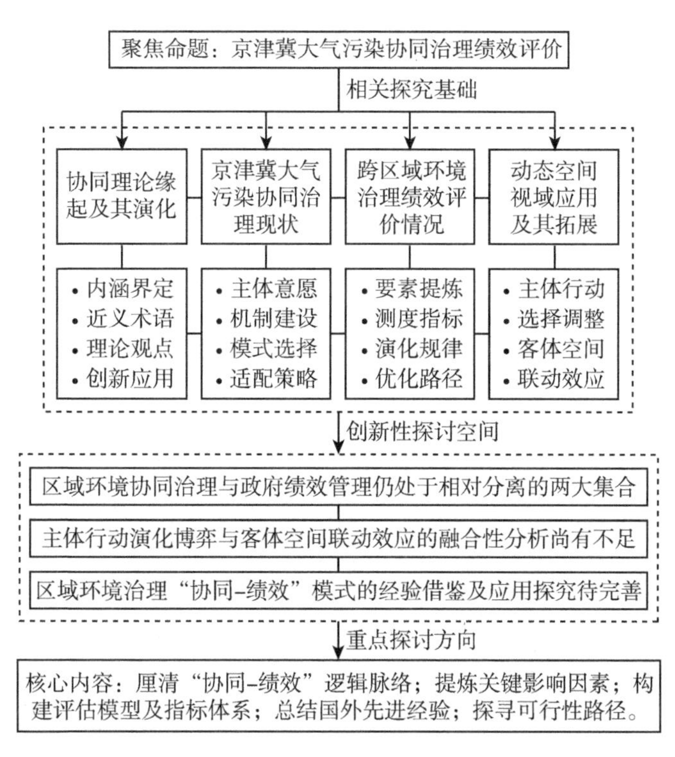

图1-5　现有研究基础与进一步探寻方向

第二章
动态空间视域下京津冀大气污染治理“协同－绩效”逻辑框架构建

内容提要

国内外关于京津冀大气污染协同治理效果检验、区域环境协同治理绩效评估与动态空间视域应用等内容的研究已取得一定的进展。然而，如何有效协调解决多元要素复合影响下京津冀大气污染协同治理的地区（府际）非对称性利益博弈？如何全面衡量与科学比较不同地区、不同层级政府的“协同－绩效”水平？如何推动“有效协同提绩效”与“科学绩效促协同”的双向统一？目前针对这些实质问题的探讨尚有不足。同时，整体预算存量有限、资源产权不明晰、污染物多向交叉流动、利益诉求纷繁混杂等实情，决定着京津冀大气污染协同治理必然是一个需要不断突破行政阻隔、要素分割、利益冲突等多重界限的区域发展空间塑造与完善的过程。因此，本章将在融合借鉴协同治理理论、以公共价值为基础的政府绩效治理理论、空间计量经济理论的基础上，根据中央与地方层面大气污染协同治理机制建设进程及“瓶颈”的聚类考察，全面剖析地区（政府）“行动”博弈困境、多元要素空间联动效应与区域联防联控的内在逻辑脉络，识别出京津冀大气污染深化治理全过程的动态性与空间性症结，进而构建出动态空间视域下省—市—县纵横联动的“协同－绩效”与“绩效－协同”双向循环框架。

▶ 第一节 核心理论基础

目前，学术界立足于大气污染本质属性、区域复杂系统演化格局与地方政府（或多元主体）治理实践等探寻维度，已提炼出诸多相关性理论，如复杂系统理论、利益相关者理论、协同治理理论、集体行动理论、委托–代理理论、以公共价值为基础的政府绩效治理理论、新经济地理理论等。在此，本书重点融合借鉴以下三个理论。

一、协同治理理论

1971年德国物理学家赫尔曼·哈肯（Hermann Haken）创立的“协同学”提出，协同是系统内各组成部分之间的协调合作行为所产生的集体效应，它能促使系统整体由无序状态发展为具备一定结构和功能的有序状态。其中，集体行为和自组织行为是促成系统协同效应的两大重要推力[①]。作为协同理论与治理理论的交叉融合型探讨产物，协同治理是将协同学的理念和方法，应用于治理理论的研究与实践过程，以有效实现治理视角下“善治”或协同视角下提升系统整体效应的目标。

协同治理理论的特征主要体现在三个方面：一是治理系统开放性，包括子系统之间和对整体系统外部的开放性，强调“内外兼修”“引进来”与“走出去”相结合。二是治理主体多元化与权威分散化，通过纵横双向权责分解，促进政府、企业、非政府组织和社会公众等利益相关主体有序参与，衍生出跨区域、跨组织、跨部门等协同形式。三是自组织行为

① ［德］赫尔曼·哈肯.协同学——大自然构成的奥秘［M］.凌复华，译.上海：上海译文出版社，2005.

协同性，以会议共商、共享联动、科技协作等集体性行动，逐步构建起“网格化”协同组织结构，进而有效发挥社会系统的整体统筹功能。

二、以公共价值为基础的政府绩效治理理论

基于制度变迁与新公共管理改革背景下美国、日本等实践案例的考察与比较，包国宪等学者（2012）认为，公共价值对政府绩效合法性应具有本质的规定，并提出以公共价值为基础的政府绩效治理（PV-GPG）理论[①]。总体而言，PV-GPG理论蕴含着以下两个基本命题：一是政府绩效是一种社会价值建构，即只有根植于社会发展的政府绩效测度，才能获得合法性存在的基础，从而产生促使其可持续性增殖或提升的需求[②]。二是在以公共价值为基础的政府绩效治理范畴里，“产出即绩效”。

PV-GPG分析模型包含了三个层面的内容：一是政府绩效的价值建构，反映了不同社会体制、政治制度、经济环境和文化背景下政府与公民、社会之间的对话和协商过程。二是政府绩效的组织管理，重点探讨立足于公共资源与权力投入、政府战略管理等基础的绩效最大化目标实现方式。三是政府绩效的协同领导系统，连接着绩效管理的过程与产出，并通过价值领导、愿景领导、绩效领导等途径，有效强化公共价值创造过程的协调与沟通，以提升政府治理效能。

三、空间计量经济理论

由Paelinck提出、Anselin等根据新经济地理理论完善的空间计量经济理论，是在借用统计学和计量经济学基本分析框架的基础上，研究如何通过恰当的约束设定、参数估计、效果评估与预测检验等方法，有效处理区域科学模型统计分析中由于空间差异化所引起的外溢效应问题。多元要素空间联动效应研究，是空间计量经济理论区别于传统计量理论体系的重要内容，共包括空间相关性和异质性两个方面[③]。其中，空间相关性指因溢出效应等所引起的变量相互性影响，空间异质性指变量因地理位置等不同而存在的差异性。

① 包国宪，王学军.以公共价值为基础的政府绩效治理——源起、架构与研究问题［J］.公共管理学报，2012，9（2）：89-97，126-127.

② Bao G X，Wang X J，Larsen G L，et al. Beyond New Public Governance：A Value Based Global Framework for Performance Management，Governance and Leadership［J］. Administration and Society，2013，45（4）：443-467.

③ 周建，高静，周杨雯倩.空间计量经济学模型设定理论及其新进展［J］.经济学报，2016，3（2）：161-190.

空间计量经济理论可划分为四个层面：一是空间效应模型及其约束条件设定；二是空间效应参数的置信估计；三是空间效应结果分析与稳健性检验；四是空间效应演化趋势及其未来路径预测。近年来，空间计量经济理论与地理信息系统相结合，已被广泛应用于房地产经济学、资源环境经济学、公共经济学及地区财政学等研究领域。

第二节 预算约束下京津冀大气污染协同治理机制演化分析

迄今为止，京津冀大气污染协同治理战略的实施已近10年，相继完成了结构性协同机制体系（包含“七省区八部委”式协作/领导小组）与程序性协同机制体系（总体目标确定、纵向任务分解、横向职责共担等）的建设与完善。为全面了解区域协同治理机制的建设现状与运行成效，本书基于万方数据库、政府官网（专栏）、百度新闻网页等途径的政策文本检索及整理，从中央与地方（省、地级市）层面进行聚类统计分析，在此基础上，归纳出相应的演化规律与现有“闭环”体系存在的问题。

一、中央层面大气污染协同治理机制的演化情况

中央政府作为京津冀大气污染协同治理的引导者、协调者及护航者，于2010年开始探索区域协同机制体系建设，并发布了《关于推进大气污染联防联控工作改善区域空气质量的指导意见》（国办发〔2010〕33号）。2013年发布的《大气污染防治行动计划》明确提出，建立由省级政府和国务院相关部门共同参与的京津冀大气污染防治协作机制。2015年审议通过的《京津冀协同发展纲要》标志着京津冀协同治理顶层设计基本完成，正式步入区域一体化发展的实施阶段。截至目前，我国已从产业结构优化、污染物防治、清洁能源置换、大气质量监管等维度建设起多元联防联控机制。在此，通过对中央政府2012—2020年发布的111份政策文件、208条新闻报道提取“最大公约数”，提炼出4个聚类维度——产能结构调整、污染物排放管控、监测预警应急、区域联防协作，

以系统性考察中央层面大气污染协同治理机制的演化情况（见表2–1、图2–1）。

表2–1　　中央层面大气污染协同治理机制演化情况

时间	聚类维度			
	产能结构调整	污染物排放管控	监测预警应急	区域联防协作
2012年	①区域性差异化控制标准与防治策略；②“两高一资”行业准入门槛提升机制；③重点行业特别排放限值制度；④产能升级与工业布局优化机制。	①清洁能源开发机制；②区域煤炭消费总量分解控制机制；③“热–电–冷”三联供机制；④多元化污染源协同控制机制；⑤排污许可证制度。	①区域统一化空气质量监测机制；②区域信息实时公开与共享机制；③区域—省—市一体化联动的应急响应机制；④区域重点污染源监控能力建设机制。	①定期性区域联防联控联席会议制度；②区域联防联控工作领导小组运行机制；③重大项目环境影响评价会商机制；④区域联合执法监管机制。
2013年	①重点地区污染物特别排放限值制度；②主体功能区规划制度；③面源污染产业综合治理机制；④产能过剩行业新增项目禁审批与现有产业整顿制度。	①固体废物全过程控制机制；②“黄标车”淘汰与新能源汽车推行机制；③区域煤炭消费总量控制与清洁能源替代机制；④挥发性污染物综合治理机制。	①“天地一体化”监控机制；②重点污染源在线监测机制；③机动车排污监控平台建设机制；④区域重污染天气监测、分级预警与应急响应机制。	①整体目标按区域、层级与类型分解机制；②环评及应急预案编制等会商机制；③联合执法机制；④不定期、多元评估主体综合绩效考核机制。
2014年	①环境信用评价与负面清单管理机制；②项目能评和环评制度；③节能低碳技术遴选、评定及推广机制；④煤炭等资源税从价计征改革与取消相关收费基金机制。	①煤炭消费目标责任管理评价机制；②节能减排降碳工程建设机制；③“车船路港”低碳交通运输专项机制；④差异化、阶梯化电价制度，⑤碳排放权、节能量和排污权交易制度。	①实时性统计与分析预警机制；②重点用能单位能耗在线监测机制；③省—市—县三级节能动态监察机制；④差别化监管等级与网格划分机制。⑤大气环境质量定期公布机制。	①“重心下移、力量下沉”工作机制；②地方政府节能减排分层主责机制；③行政执法与刑事司法联动机制；④煤炭消费减量替代协调小组运行机制；⑤年度与终期考核机制。
2015年	①企业环境综合信用评估与“黑名单”监管机制；②绿色银行评级制度；③分类、分级环保守信激励、失信惩戒机制。④循环经济产业结构调整机制。	①生态环境监测市场培育与运行机制；②节能减排收益权与排污权质押融资机制；③全覆盖、差别化排污收费机制；④绿色低碳消费模式推广机制。	①“天地一体化”遥感监测机制；②污染物排放自行监测与信息公开责任机制；③监测数据集成共享机制；④区域生态保护红线监管、评估及预警机制。	①联合监测监管与交叉执法机制；②监测机构职责履行分级管理机制；③重点污染源监管重心下移机制；④专项资金拨付与绩效考核挂钩机制。
2016年	①资源消耗总量与消费强度“双控”机制；②重污染产能退出与过剩产能化解机制；③区域环境“三线”管控目标分解与行业准入机制；④产业规划环评清单式管理机制。	①煤炭占能源消费比重与减量控制机制；②排污许可证全覆盖制度；③区域生态保护“红线”补偿机制；④自愿减排价格激励机制；⑤重点污染物排放等量或减量置换机制。	①智慧型“天地一体化”生态监测机制；②“三线一单”监测与预警数据集成应用机制；③全过程统一的监测预警评估信息发布机制；④分层级综合监控平台运行机制。	①地方政府“红线”管控绩效考核机制；②区域规划环评与项目环评联动机制；③分级、分类审批和监管职责动态调整机制；④区域空间治理体系“多规合一”监管机制。

续表

时间	聚类维度			
	产能结构调整	污染物排放管控	监测预警应急	区域联防协作
2017年	①传统燃料消耗量限值与“黑名单”制度；②“散乱污”企业分类综合治理机制；③淘汰型企业“两断三清”取缔机制；④工业企业差异化错峰生产制度。	①区域VOCs排放等量或倍量削减替代机制；②机动车尾气与燃油蒸发排放控制机制；③全面型排污许可证制度；④环保“领跑者”优惠政策激励机制。	①区域各类污染源自动监测机制；②企业环境信息强制公开制度；③“谁出数谁负责、谁签字谁负责”追溯制度；④全过程环境监测预警质量管理制度。	①乡—镇—街道“网格长”监管机制；②区域工作领导小组运作机制；③定期调度政策执行绩效考核与通报机制；④区域行政执法与刑事司法衔接机制。
2018年	①绿色产业链体系运作机制；②“两高”行业全生命周期绿色化管理机制；③“散乱污”企业及集群拉网式排查和清单式、台账式、网格化动态管理机制。	①“一证式”动态管理机制；②排污许可证变更制度；③碳排放交易、可再生能源强制配额及绿证交易制度；④散煤治理和煤炭消费减量替代机制。	①“天地车人”一体化遥感网络监测机制；②统一化预警分级标准、信息发布与应急响应机制；③生态环境新闻发布机制；④风险监测与预评估机制。	①地区、部门责任分解清单制度；②生态资源防护考核与离任审计制度；③领导小组引导下地区联合奖惩机制；④专项预算资金全过程绩效管理机制。
2019年	①联合招商、共同开发、利税共享的产业合作发展机制；②工程机械定期抽查与及时淘汰机制；③各类工业窑炉综合整治机制。	①机动车排放装置全面抽检、核准机制；②常态化燃油品质监管机制；③各类污染源自动监控机制。④分类差异化电、水价机制。	①全覆盖网格化监测管控机制；②定点和压茬式进驻、随机与“热点网络”抽查相结合机制；③应急预案、减排措施清单机制。	①风险联合处置机制；②灾害事件预防处理、紧急救援联动机制；③综合防治与利益协调机制；④党政同责、一岗双责机制。
2020年	①新“限塑令”；②“散乱污”企业分类处置机制；③区域重点污染物差异化限值标准与排放总量控制机制；④信用等级评价机制。	①排污许可申请与核发制度；②污染源排放清单式管控机制；③燃煤锅炉淘汰与改造机制；④“煤改电”低谷电价机制。	①污染物实时性自动监测机制；②“天地空”一体化监测机制；③“点穴”式分级预警与应急机制；④多元化监测数据共享机制。	①“互联网+统一指挥+综合执法”机制；②专项任务考察与问责机制；③大数据联动执法监管机制；④分类保护、分级管理机制。

资料来源：根据政策文件及新闻报道等梳理所得。

基于中央层面大气污染协同治理机制演化的聚类梳理与数量统计，可归纳出三点重要特征：一是聚类“经度”演化具有良好的传承性与创新性。产能置换、行业准入、排放许可、监测预警、区域共商等精细化机制的建设与完善，均基于已有相关机制实施效果的专项考察，运用有序的渐进改革方式，实现了有据可循、创新有度。二是聚类“纬度”发展具备明晰的互补性与联结性。同一时期各类协同机制的内涵边界、作用对象及方式、相互联动路径及特征等内容清晰，以不断完善的机制网络，推进寓个于共、兼容并包。三是整体性联防联控理念始终贯穿于协同治理机制建设实践。衍生出部门协同、行业协同、地区（府际）协同、多元利益相关主体协同等具象化维度，以日益严密的战略布局，推动统筹规划、齐头并进。

与此同时，存在以下三点亟待解决的问题：一是协同战略布局的广度到位、深度不足。在内涵细化与外延拓展的基础上，每类协同机制的建设均存在一定短板。例如工业企业错峰生产（聚类占比为3.07%）、“领跑者”优惠（聚类占比为4.25%）、合同能源管理（聚类占比为3.50%）、执行重心下移（聚类占比为3.33%）、风险联合处置（聚类占比为3.99%）等内容的深化不足，致使在短期治理成效中潜藏着诸多内生性问题，影响长期效力的持续性发挥。二是对协同机制建设的普适性关注度高，专项性扎根程度尚有欠缺。联合执法、市场运作、成效考核、主体问责等机制针对京津冀“阶梯性”政治位势、经济结构、市场环境、技术水平等实情的适用性不足、落地难，致使相关政策的引导与约束效用有限，且存在明显的阶段性弊端。三是以结果型考核为主（聚类占比为81.39%）、任务型绩效不足（聚类占比为18.61%），内生性症结挖掘不够。主要将考核重心置于一定时期的大气质量变化，而对不同地区、层级政府专项任务执行情况的分类评定不足，“协同-绩效”机制建设尚存在一定的“空白域”，未探索出全面、权威、可操作的考察要素、评价标准/流程、奖惩问责方法等。因此，现阶段尚不能有效平衡好各地区大气污染协同防治成本与属地经济、社会发展效益之间的非对称性行动博弈，导致对地方政府参与区域协同治理内在驱动力的激发不足，难以有效解决责任分散效应、“搭便车”效应、邻避效应等失灵问题。

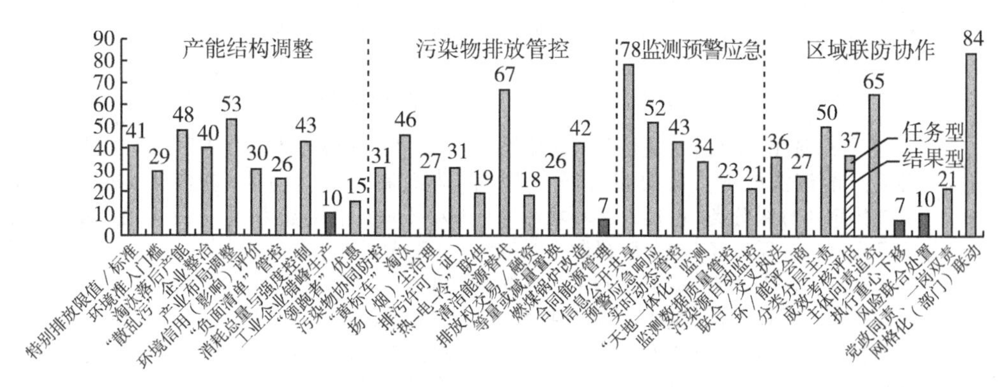

图2-1　中央层面大气污染协同治理机制聚类统计情况

资料来源：根据政策文件与新闻报道统计所得。

二、地方层面大气污染协同治理机制的演化情况

根据不同类型利益相关主体在资源禀赋、组织特性、利益偏好等现实约束下的“理性”行为比较，我国将地方政府确定为区域大气污染协同治理的“主责人”，并实行垂直化监测督察考核问责制度（如于2016年启动的中央环境保护督察制度等）。2013年以来，京津冀地方政府（省、市、县）积极遵循中央的顶层设计与引导方向，结合自身各阶段大气污染治理的实际挑战，不断推进集体行动协同机制建设。例如，签订《共同推进京津冀协同发展林业生态率先突破框架协议》（2016）、召开京津冀节能监察一体化工作联席会议（2017），制定京津冀“多规合一”、“天–地–人”整体监测、交叉联合执法细则等。在此，继续沿用中央层面大气污染协同治理机制建设进程的聚类梳理框架，通过对2013—2020年京津冀辖区内所发布的172份政策文件、609条新闻报道进行聚类梳理与统计[①]，以“合并同类项”方式，考察地方层面（省、地级市）大气污染协同治理机制的演化情况（见表2–2、图2–2）。

表2–2　　地方层面大气污染协同治理机制演化情况

时间	聚类维度			
	产能结构调整	污染物排放管控	监测预警应急	区域联防协作
2013年	①节能评估审查与绿色能源配送机制；②企业“领跑者”优惠机制；③绿色施工和门前三包责任机制；④新、改、扩建项目产能等量或减量置换机制。	①行业非道路移动机械使用监管机制；②“减二增一”削减量替代审批制度；③扬尘污染防治保证金制度；④激励与约束并举性节能减排新机制。	①政府主导、部门联动、属地管理、社会参与性应急管理机制；②重点区域预警信息接收、发布机制；③污染控制分区、预警分级、应急措施分类机制。	①省会大气污染防治联席会议制度；②环境保护目标责任分解、追究机制；③专项资金重大决策会商制度；④区域联防联控综合治理小组运作机制。
2014年	①过剩产能化解与落后产能淘汰机制；②减排企业分级分类监管机制；③循环经济与清洁生产工业园建设机制；④耗煤建设项目煤炭减量替代机制。	①重点大气污染物排放总量与浓度控制制度；②环境污染举报奖励机制；③排污许可证制度；④煤炭消费总量管控机制；⑤机动车强行报废制度。	①预警与应急响应联动机制；②重污染天气应急会商机制；③重大污染事项通报制度；④污染源监控数据记录与存储机制；⑤“四不两直”检查制度。	①区域生态环境保护联合投入机制；②城乡污染统筹防治机制；③专项资金使用与管控机制；④年度评价与终期考核制度；⑤网格化责任监管机制。

① 地方层面（省、地级市）聚类统计分析的资料详情：政策文件——北京市54份、天津市45份、河北省71份（其中，石家庄市30份）、京津冀及周边地区防治协作/领导小组办公室3份；新闻报道——北京市188条、天津市102条、河北省319条（其中，石家庄市91条）。

续表

时间	聚类维度			
	产能结构调整	污染物排放管控	监测预警应急	区域联防协作
2015年	①落后产能淘汰和过剩产能转移机制；②能源消耗限额与污染物排放标准倒逼机制；③锅炉改造升级与能源梯级利用相结合机制；④企业环境行为报告和环境信用评价机制。	①污染物总量控制与排污许可证制度；②阶梯式、差别化污染物排污收费标准及动态调整机制；③"黄标车"淘汰与新能源汽车推行激励机制；④第三方专业化监察治理机制。	①"一厂一策"应急响应机制；②响应分级与污染损害评估机制；③大气环境承载能力监测及预警机制；④举报查处和舆情回应机制。⑤污染源自动监控与结果运用机制。	①区域联动执法联席会议、常设联络员和重大案件会商督办机制；②区域协同监管行政执法与刑事司法联动机制；③网格化的污染源动态排查、追踪与管控机制。
2016年	①在建项目"正负清单"管理机制；②污染企业淘汰退出财政补助机制；③企业环境信用评价与"黑名单"管控机制；④"三小"燃煤治理项目补贴机制。	①污染物排放总量"减二增一"环评审批制度；②面源与移动污染物综合防治机制；③差别化、阶梯式资源价格管理机制；④排污许可证和排污交易制度。	①重污染天气预警机制；②手工与自动方式相结合的监测网络运作机制；③生态监测与评估信息分类、分级发布机制；④监测数据质量管控机制。	①区域生态环境防护资料集合存储机制；②大气污染防治科研合作机制；③区域空气中和污染预警会商机制；④监测与监管执法联动快速响应机制。
2017年	①差异化、惩罚性行业管理机制；②产城功能一体化协调发展机制；③重点行业与领域第三方管理机制；④"散乱污"企业清理整治机制；⑤动态化企业环保标准评估机制。	①机动车总量控制与结构调整机制；②资源消耗协同控制机制；③主要污染物排污收费标准动态调整机制；④出租车"8改6"强制淘汰制度；⑤区域生态环境损害赔偿制度。	①环境风险源预警排查管理机制；②区域环境突发事件应急抢险机制；③环保监测系统垂直管理改革机制；④市一区一街道（乡镇）"天地一体化"生态遥感监测机制。	①生态保护红线分区、分级"负面清单"管控机制；②规划环评与环境影响跟踪评价机制；③环境污染事故应急联动机制；④定期会商、案件移送、联合检查与执法机制。
2018年	①"散乱污"企业退城搬迁与动态管理机制；②绿色环保产业培育机制；③重点行业超低排放标准管理制度；④企业错峰生产管理机制；⑤企业环境信用评价"黑名单"制度。	①燃煤锅炉改造与散煤市场管控制度；②污染物排放与替代总量和结构双管控机制；③交通运输结构动态调整机制；④挥发性有机物污染限值性排放与综合治理机制。	①环境监测数据实时共享机制；②空气重污染统一预警分级、信息发布与应急联动机制；③环境监测数据弄虚作假防范与惩治机制；④"一源一档"性环境风险源管理机制。	①党政同责、一岗双责机制；②城乡全覆盖联动型空气质量监管网络体系运作机制；③区域监管和监察信息联合共享机制；④生态涵养区集体性考核及综合化补偿机制。
2019年	①重点炼化企业改造升级引导机制；②"省一市一县一乡"过剩产能化解监管机制；③"两高"行业产能严控与限制性准入机制；④以电代煤、以气代煤等清洁能源置换机制。	①煤炭等量或减量替代机制；②企业VOCs无组织排放自动化监控与排查机制；③清洁能源督导检查、长效监管机制；④散装煤回收回购与生产流通领域监督管理机制。	①日常、集中、专项督查相结合监测管控机制；②生态环境监测大数据互联共通、实时分享机制；③"一厂一策"清单化应急管理机制；④"街乡吹哨、部门报到"信访调解机制。	①横向到边、纵向到底的网格化联动机制；②绩效考核奖惩和督查追责、问责机制；③联合会商、应急与监督执法闭环机制；④市、区、乡镇（街道）和企业"3+1"联合应急机制。

续表

时间	聚类维度			
	产能结构调整	污染物排放管控	监测预警应急	区域联防协作
2020年	①无证照"散乱污"企业动态摸排、动态清零机制；②企业环境影响信用评价与自纠自查机制；③环境准入"正面清单"机制；④节能改造与工艺升级机制。	①分类、全程管控机制车上路行驶机制；②台账管理-证照审批-量化评级机制；③一村一册污染源排放清单管控机制；④全覆盖式扬尘网格防治机制。	①"区—村—镇"三级检测网络与热点网格机制；②"一厂一策、一地一策"精细化应急管理机制；③重污染天气应急预案机制；④信息共享与风险交流机制。	①专项责任督察与终身追责机制；②联勤联动与综合执法机制；③联席会议机制；④"资金-产业-就业"同步帮扶机制；⑤分类保护、分级管理机制。

资料来源：根据政策文件与新闻报道梳理所得。

基于地方层面大气污染协同治理机制演化的聚类梳理与数量统计，可得出如下五点结论：（1）从全域共性而言，京津冀大气污染协同治理机制的设计、调整等，均与中央政府保持高度一致，即在建设广度与关注倾向上都呈现出显著的"纵向垂直化引导"特征。（2）从局域个性而言，受资源禀赋、经济结构、政治位势、市场环境、能源负荷及利用技术、监测预警响应技术设施等差异化因素的影响，京津冀各地区在大气污染协同治理进程中的功能定位与核心发展目标不同，如北京注重新能源市场建设，天津致力于产业布局优化，河北关注"散乱污"企业综合整治等，进而形成"共同但有差别"的机制体系结构，具备较好的属地适用性。（3）从建设深度而言，伴随协同实践的推进，京津冀规划环评、联席会商、资源共享、监测联动等机制的精细程度不断提升，且在网格化大气环境治理权责分解与目标考核机制深化的同时，探索出分层分类分域管理、监管重心下移、专项资金支持等内容，使大气污染联防联控的潜力增强。（4）从约束强度而言，京津冀大气污染协同治理机制建设全面融合了命令-控制型、经济激励型及自愿协议型政策工具的效能，有效汇聚了地区（府际）合作联盟过程中强制性管控、利益性驱动与灵活性参与的凝聚力和向心力，具备较好的优化升级动力。（5）从体系完善性而言，在各类协同机制建设短板逐渐凸显的同时，京津冀"协同-绩效"机制的缺位问题尤为突出——自上而下的重"结果型绩效"轻"任务型绩效"考核评价体系（聚类占比分别为85.97%、14.03%），使地区（府际）之间的成本-收益失衡矛盾难以协调；重"政治型约谈"轻"经济型激励"的问责奖惩机制（聚类占比分别为77.27%、22.73%），易导致地方政府的内在动力不断消磨、投机心理滋生，从而在"阶梯性"政治位势、显著性经济社会发展差距并存的条件下，难以厘清其他发展领域要素与大气污染治理的错综复杂型联动关系，无法有效解决属地非对称利益博弈难题。这成为稳步实现京津冀大气污染协同治理目标的巨大挑战。

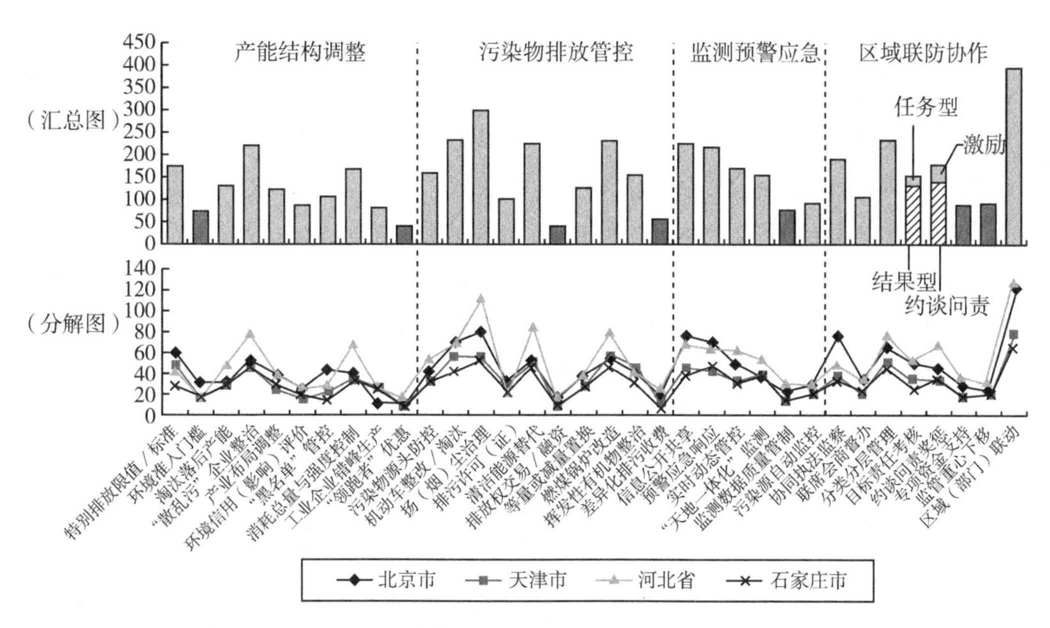

图2-2　地方层面大气污染协同治理机制聚类统计情况

资料来源：根据政策文件与新闻报道统计所得。

三、预算约束下京津冀大气污染协同治理机制建设的“瓶颈”

基于预算资源有限性约束，从中央与地方层面大气污染协同治理机制假设的演化分析可知：一是在垂直化监测督察考核问责制度情境下，京津冀已初步构建起一脉相承的地区（府际）协同机制集合，但存在明显的不平衡性——区域联防协作的重心在于生态协同范畴（聚类占比达90%以上），而关于经济协同、政治协同、社会协同、文化协同等的推进相对滞后，产生了要素流动、主体功能区划分、比较优势发挥、社会环境共识提升等机制建设短板，制约了有序空间发展格局的形成与完善。二是根据目标设定，京津冀已从权责分解、资源投入、过程管控、产出检验等环节提炼出相应的协同机制要素，但因“协同-绩效”机制建设的缺位，现有区域大气污染协同治理“闭环”体系存在断链问题，仅能反馈出集体性、阶段性治理成效，而未能有效揭示府际博弈与要素联动所引起的成本-收益差异，导致地方政府的协同行动与绩效评价脱节，从而无法探索出全周期优化的有效路径（见图2-3）。三是在京津冀现有的绩效考核体系中，由于“任务型”绩效与奖惩不足——中央层面的聚类占比为18.61%、地方层面的聚类占比为14.03%，地方政府难以突破政治位势差异导致的资源禀赋、经济结构、产业布局、环境承载力等约束，致使区域整体性大气污染治理导向与属地经济社会发展绩效目标异质性引起的利益矛盾不断凸显、行动选择离散化问题日益严重，难以有效推动地方政府通过集体性自组织行为结成稳固的联防联控同盟（图2-3中的开关①无法自动闭合），进而无法突破行政压力体制主导的"任务驱动型"治理模式。因此，基于我国"五位一体"可持续发展视角，切实扎根于地方政府博弈与多元要素空间联动实情，以建立健全区域动态空间战略布局为目标，有效引导"协同-绩效"要素提炼与机制建设，确保属地（部门）的专项权责执行到位，是推进京津冀大气污染深化治理所亟待解决的难题。

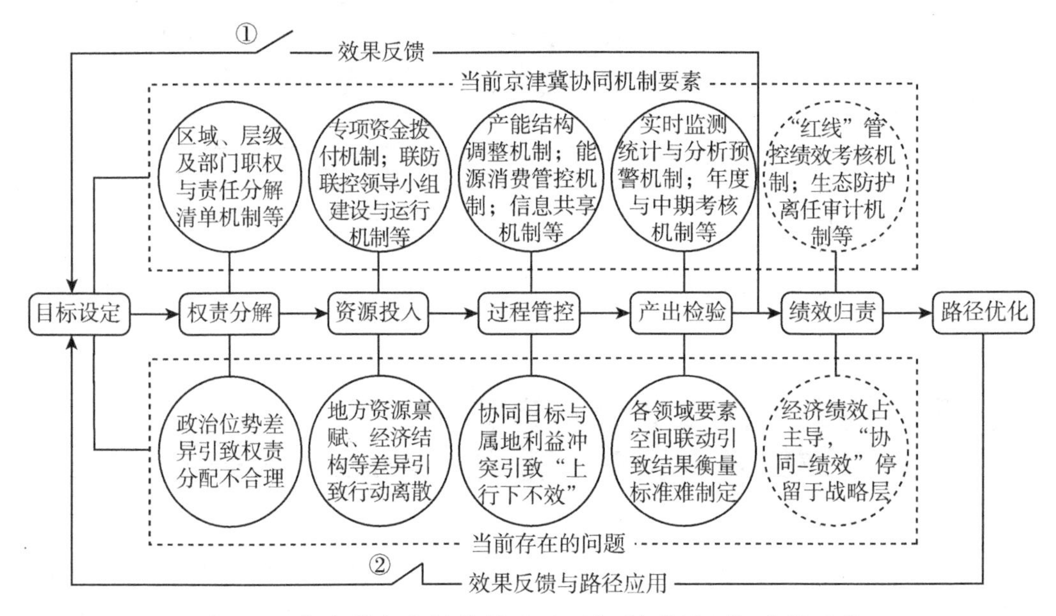

图2-3　京津冀大气污染协同治理机制"闭环"建设现状

第三节 基于动态空间视域的京津冀大气污染治理“协同－绩效”逻辑框架解析

一、环境因素催化的京津冀大气污染治理“协同－绩效”内涵

基于大气污染的公共属性，京津冀大气污染治理属于典型的公共价值创造与管理问题。作为“主责者”的地方政府，其行动选择因同时受内、外部战略环境因素的交叠影响而呈现出复杂性、差异性、变化性及互动性特征。其中，内部环境因素包括三类：组织结构，即涵盖沟通、权利及工作流等内容的人员关系安排；组织文化，即成员共同拥有的价值观与行为准则等；资源条件，即所拥有的人力、财力与物力等。外部环境因素共分为六大类：自然环境，即地理位置、自然资源禀赋、环境承载力等；社会环境，即人口数量、职业结构、伦理规范等的状况总和；政治环境，即政治制度、政治结构、政治关系和法治状态等；经济环境，即城镇化程度、行业发展水平、消费模式与结构等经济状态；文化环境，即历史背景、社会心理、科学技术、教育水平、人文关系等；国际环境，即国家、国际组织之间相互竞争、合作或冲突等形成相对稳定的世界性政治、经济及文化等运行的秩序与格局[①②③④]。在京津冀大气污染治理从目标协同到行动协同的

① ［美］马克·H.穆尔.创造公共价值：政府战略管理［M］.伍满桂，译.北京：商务印书馆，2016.

② 赵景华，李代民.政府战略管理三角模型评析与创新［J］.中国行政管理，2009（6）：47-49.

③ 赵景华，李宇环.公共战略管理的价值取向与分析模式［J］.中国行政管理，2011（12）：32-37.

④ 赵景华，马忻，李宇环.公共战略学的战略拐点理论［J］.中国行政管理，2014（1）：65-70.

过程中，多类因素的动态演化与复合型影响，衍生出“七元”协同体系——组织协同、要素协同、定位协同、任务协同、机制协同、视域协同、技术协同（见图2–4）。

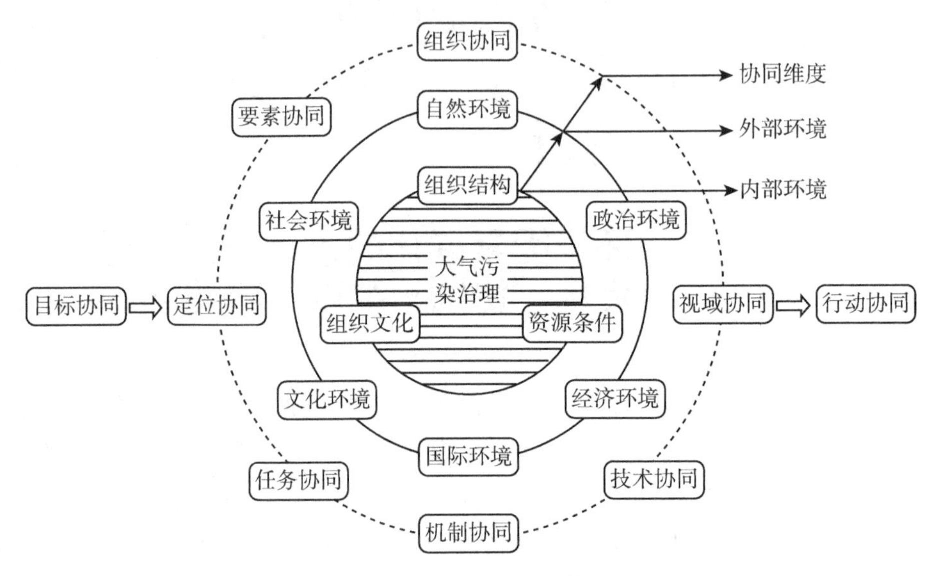

图2–4 京津冀大气污染治理的环境因素及“七元”协同体系

由于大气污染具有极强的流动性、外部性与不确定性，在内外部战略环境因素的共同作用下，京津冀协同治理的可持续推进，必然会涉及多地区、多部门、多主体及多重利益目标等的协调问题，需通过分类、分级精准施策，形成功能定位清晰、职责分工合理、比较优势互补的区域空间发展格局。因此，本书基于动态空间视域的京津冀大气污染治理“协同–绩效”，将辖区多元要素、多元利益主体等的互动与诉求，内含于府际协同的行动策略选择与调整范畴（见图2–5），从而在考察区域整体性大气环境防治效果的基础上，根据产能置换调整、专项资源投入、经济结构优化、污染物排放管控、监测预警响应及联合监管执法等专项责任目标的执行情况，对各地区、各层级政府实行自下而上的综合治理绩效评价与自上而下的问责奖惩。“协同–绩效”旨在有效挖掘大气环境防治与其他要素的空间联动效应，精准识别府际非对称利益博弈的症结，构建全面、科学的“约束–激励–协调–统筹”机制体系，以“同效不同绩”方式，促进区域内成本–收益平衡，推动外部性问题内部化，提升协同发展的生态福利水平。

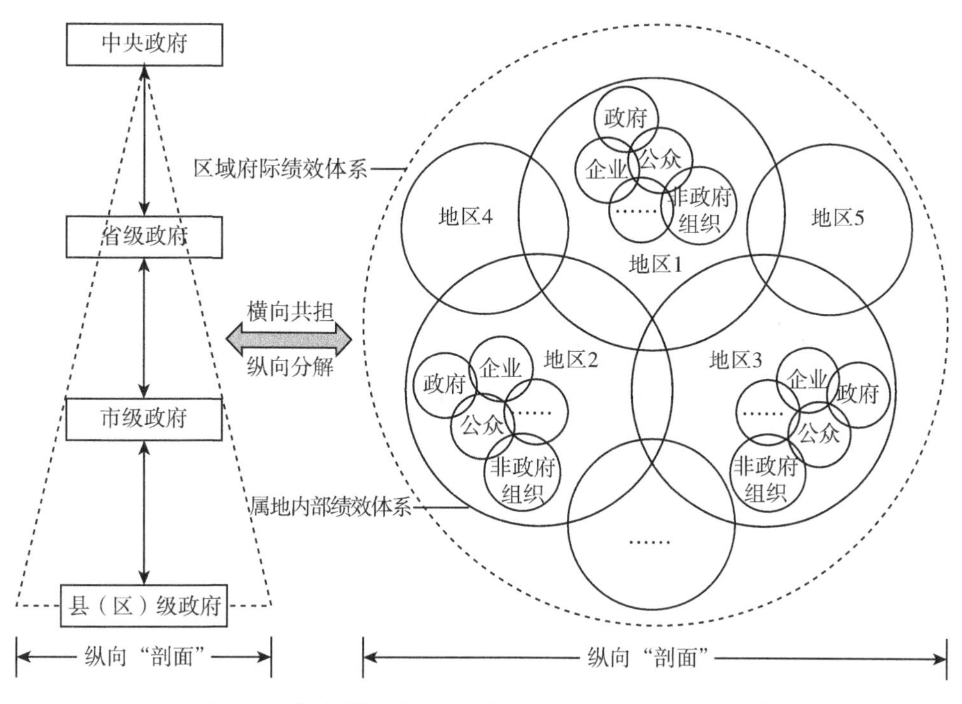

图2-5 京津冀大气污染府际协同治理的内涵范畴

二、京津冀大气污染治理“协同－绩效”逻辑框架的核心内容

动态空间视域下的京津冀大气污染治理“协同－绩效”，要求基于区域各阶段大气污染治理规划的目标协同，根据客观发展规律与总体战略布局，将主体层面的组织协同、职责协同、视域协同与客体层面的要素协同、定位协同、机制协同、技术协同，全面融入政府绩效管理语境，以细化出主体功能区定位、完善区域政策体系、促进属地间优势互补等措施，有效实现中央战略引导与宏观调控下省—市—县的多维行动协同。为此，本书根据“协同－绩效”内涵与机制“闭环”存在的问题，融合借鉴协同治理理论、以公共价值为基础的政府绩效治理（PV–GPG）理论与空间计量经济理论，尝试从省—市—县层级，按“治理规划—机构建设—过程管控—绩效评价—路径实践（结果应用）”脉络，构建出动态空间视域下京津冀大气污染治理“协同－绩效”逻辑框架（见图2–6）。

根据京津冀大气污染协同治理全周期“闭环”体系的运行特征可知，“协同－绩效”环节的核心是明确绩效对象、绩效内容与绩效方式。因此，为实现地方政府协同实践与绩效考核的双向促动，需着重从以下三个维度统筹推进。

（一）机构建设

基于地区（政府）之间以横向合作为主、纵向协同不足，且垂直化监察较分散的现状，需全面完善集权责分工、利益协调、督察考核等专项职能于一体的协同组织体系建设，以强化分级分类分域管控的整体性协调程度。为此，可参照2018年国务院与“七省八部委”联合成立的“京津冀及周边地区大气污染防治领导小组”架构，以相应的人员配备与职责分解体系，推进京津冀市、县级“大气污染联防联控工作小组”建设，将纵向垂直化引导及监察体系全面嵌入横向网格化协同平台，并通过定期工作会议、信息报送与不定期抽检考核等方式，确保战略任务“下达”与实践问题“上传”及时，有效破除不同层级之间的信息壁垒与不同地区、部门之间的行政壁垒，促进要素自由流动与优化配置，实现地方政府大气环境防治自主权合理发挥与区域集体性自组织行动有效协同的统一。

（二）过程管控

基于区域精细化治理与属地特色化发展的战略方向，要重点把握好以下三项内容：一是切实依托各地区资源禀赋、经济结构、政治位势、城镇化水平、市场环境、技术条件、主要污染源等要素及其空间联动效应，以精准的要素协同布局，全面推动京津冀省、市、县“经济-政治-社会-文化-生态”统筹主体功能分区的规划与建设，实现全域性大气污染协同治理布局引导的属地发展定位协同。二是根据纵横联动的组织结构与功能分化体系，推进京津冀大气环境协同防治权责与阶段性专项目标的梯度分解，形成“金字塔”式任务统筹与分工架构，推动网格化职责协同行动，以有效解决“搭便车”、分散效应、以邻为壑等地区（府际）非对称利益博弈问题。三是基于各阶段的切实需求，建立健全联合执法、实时监测、信息共享、环评共商、产能结构升级、污染物排放权交易及预警响应等联防协作机制，通过机制协同有效降低各地区、层级政府之间的交易成本，提升合作收益，激发内在驱动力。

（三）绩效评价

基于全面考察、科学评价与问责的要求，需关注以下两项内容：一是推动绩效视域协同。在考察京津冀全域大气环境质量的基础上，将产能调整、资源投入、经济结构优化、污染源管控、法制建设、监测预警响应等专项目标的执行情况，共同纳入地方政府绩效评价与问责奖惩的范畴，实现结果型与任务型“双绩融合”。二是推进绩效技术协同。根据区域战略规划与属地发展实情，建立“共性+个性”的绩效工具体系，包括绩效指标体系设计、评价模型与数域构建、考核流程与标准优化等，促使大气污染防治成本、收益充分融入经济社会绩效评价体系，全面衡量多元要素联动下属地经济—政治—社会—文化—生态等功能分区的发展成效。同时，积极参照各地区的资源禀赋、政治位势、经济发展基础等约束条件，设计适配性指标体系、理论模型等，开展综合绩效评价与奖惩问责，以推动“同效不同绩”考核结果在战略与政策制定、机制优化及任务分解方式改进等过程中的应用，促进京津冀大气污染治理的行动协同。

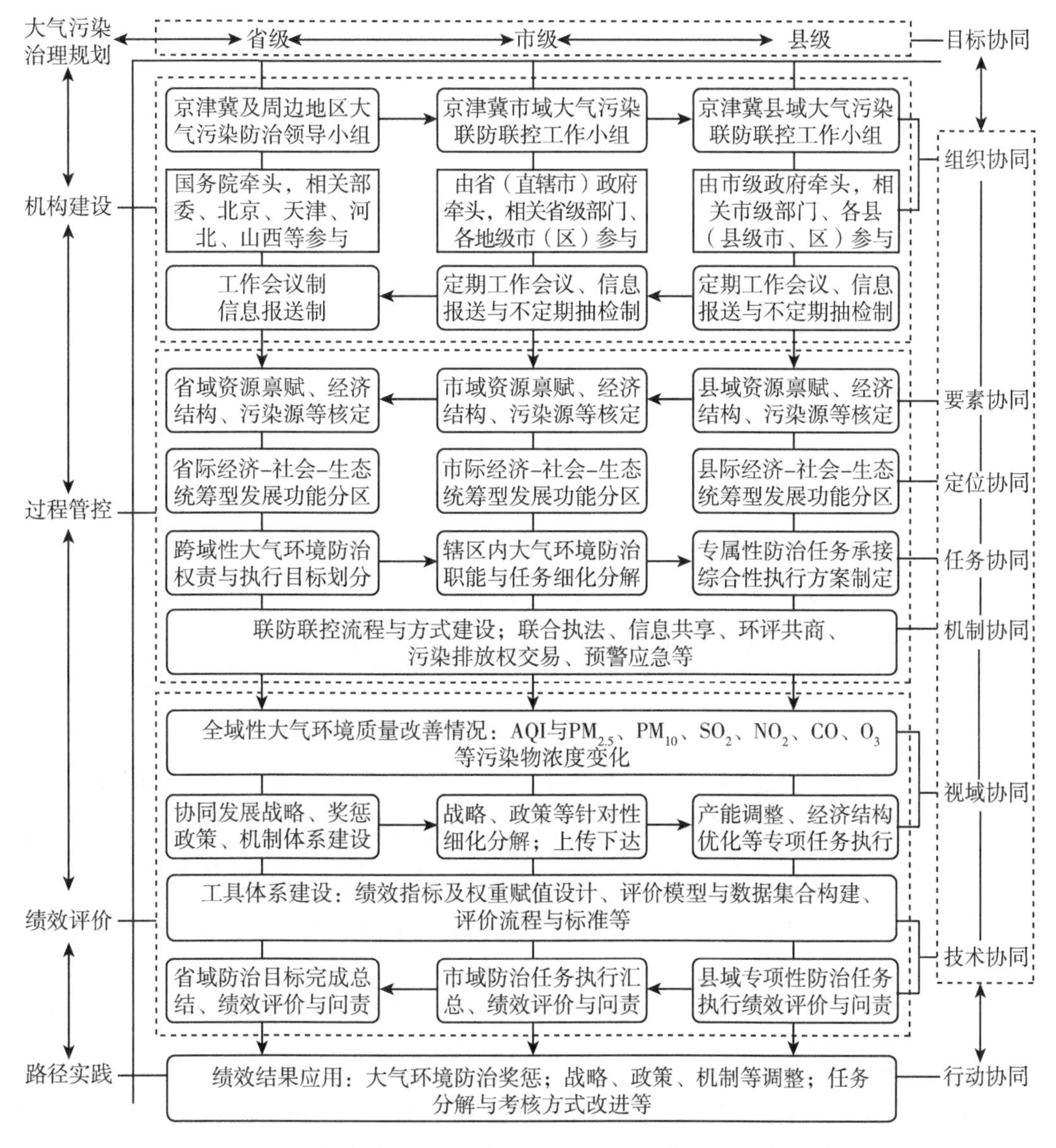

图2–6 京津冀大气污染治理“协同–绩效”逻辑框架

三、京津冀“协同–绩效”与“绩效–协同”的循环促动

根据“有效协同提绩效、科学绩效促协同”的问题导向与多元要素联动、多重利益博弈的现实约束，京津冀大气污染治理“协同–绩效”框架可分化为“协同–绩效”与“绩效–协同”的“双链”循环促动系统（见图2–7）。

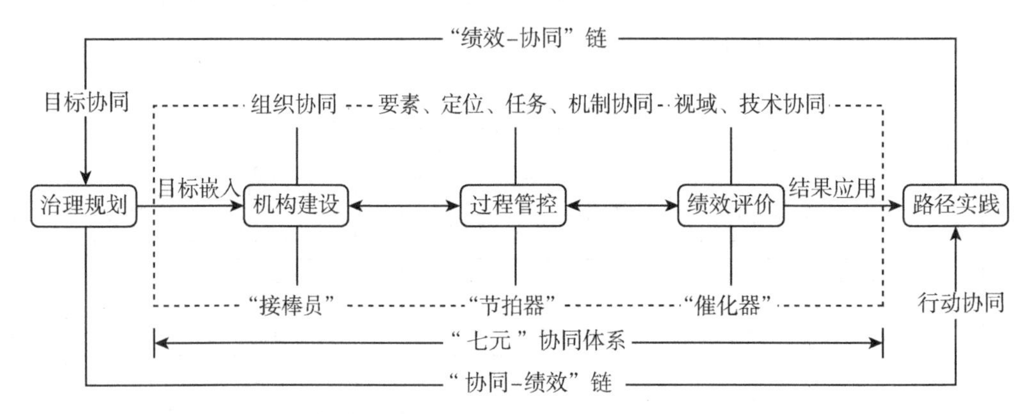

图2–7　京津冀大气污染治理“双链”循环促动系统

第一，机构建设是区域大气污染协同治理的“骨架”，也是协同目标嵌入后推动地方政府绩效持续增值的“接棒员”。通过省—市—县联动组织体系的构建与完善，促使区域协同布局与属地管辖分工的有效匹配，为权责主体界定、专项责任分解及绩效归责等奠定有效基础。第二，过程管控是推进区域全方位协同治理成效稳步提升的“节拍器”。既不简单要求各地区大气污染治理成效达到同一标准，也不一味追求大气环境防治成效快速提升，而是根据资源禀赋、经济基础、技术条件、污染源结构、环境容量等属地比较优势，按主体功能区的定位细分出专项任务的执行单元，并在实践过程中充分遵循经济、政治、社会及文化等客观演化规律，对生态脆弱区、重点开发区、经济落后区等进行分类精准施策，以因地制宜、因时制宜、循序渐进的方式，形成主体功能约束有效、资源开发有序、任务执行有质的职责体系，促使区域治理规划、任务分解与属地经济社会发展绩效目标的有效统一。第三，绩效评价是协调地区（政府）成本–收益矛盾、强化协同合力的“催化剂”。通过结果型、任务型绩效的融合运行，测度全域大气污染治理成效，有效明确多元要素联动条件下不同地区、层级政府的专项权责执行情况与利益博弈症结，为提升区域协同广度与深度的路径探讨提供方向引导与偏误纠正参考，推动京津冀大气污染治理由“各自为战”模式向“集团作战”模式转变。

四、京津冀大气污染治理“协同－绩效”的关键路径

根据以动态空间视域为研究基点的“协同－绩效”逻辑框架与“双链”循环运行系统的探讨可知，京津冀大气污染治理涉及“政府与其他利益相关主体”“长期目标与短期目标”“局域与全域”等症结的处理。为此，关键路径在于以下三个方面。

第一，促使大气防治与经济社会发展的效益趋同。一是要充分正视大气环境保护与经济社会发展的内含关联与博弈问题，明晰不同阶段属地发展诉求与区域协同治理目标的对立统一关系。通过组建专项领导/工作小组、强化府际/部门协同立法、细化督查考核制度设定等，完善环保利益差核算与转移支付（补偿）措施，有效破除既定行政管辖边界的约束，强化不同地区对于自身作为区域大气污染联防联控集体自组织成员的心理认同感。二是要不断优化地方政府综合性绩效考核结构。参照我国“五位一体”总体布局，以经济、政治、社会、文化、生态协同发展为目标导向，将大气污染治理绩效（如行动成本、经济损失、个体及共同收益等）充分融入稳增长、调结构、惠民生、防风险等综合型考评体系，矫正“唯环境论”与“唯GDP论”的错误绩效理念，促使地方政府能从治理大气污染、保护生态环境的公共价值创造过程中切实受益，助力其利益最大化目标的实现，从而促使大气污染防治发展成为一种自觉性行为。

第二，推进属地管理与区域联动的权责耦合。在中央政府嵌入式战略引导与宏观调控下，切实提升地区（政府）环境治理分权与内生职责执行的契合度。一是要积极推行垂直化监察体制改革，强化纵向引导与调控的效度。充分发挥法律法规等强制型政策工具的效能，建立健全京津冀省—市—县纵横联动的网格化大气污染治理“协同－绩效”机制体系，促使各级政府规范化、常态化、权威性地履行专项职责，实现区域内统一规划、统一监管、统一评价、统一协调的目标。二是要完善“共性＋个性”的区域协同战略运行机制集合。基于各地区的比较优势、大气环境实情及差异性发展诉求，优化“放管服”专项改革路径，借助经济激励型与自愿参与型政策工具的灵活组合与创新应用[①][②]，努力推行分域、分类、分级联动的地方政府环境治理权力分化与绩效归责机制，促进组织、要素、职责、技术等有效融合，以系统完整、权责清晰、监管有效的多边协作体系，妥善处理好同一绩效规制体系内的地区（政府）行动选择离散化与动态演化博弈问题。

---

① 赵新峰，袁宗威.区域大气污染治理中的政策工具：我国的实践历程与优化选择［J］.中国行政管理，2016（7）：107－114.

② 邢华，胡潆月.大气污染治理的政府规制政策工具优化选择研究——以北京市为例［J］.中国特色社会主义研究，2019（3）：103－112.

第三，把控先行先试与全面推进的节奏。需有效规避“差距悬殊”与“绝对同步”两大误区，明确渐进改革与“先行带后动”的可持续协同思路，统筹好全局与局部“共同但有差别”的联防联控步调。一是要全面分析区域内大气污染的空间集聚特征及演化态势。从固定或移动污染源分布结构、地缘衔接关系等维度，精准挖掘大气环境质量变动与各领域要素的互补、替代型联动效应，按点—线—面扩展步骤，以重点区域、重点行业、重点污染物治理“协同-绩效”为试点，逐步、有序地推进区域协同发展的新空间格局、新联动机制及新功能体系建设，为可持续性京津冀大气污染治理“协同-绩效”实践积累经验。二是要坚持因类、因域、因时进行施治与考核的准则。在协同立法及执行、专项任务分解与督察等过程中，不以短期绩效排名作为绝对评判依据，确保不同“位势阶层”地区的权益平等。在解决具体问题时，不是“强方”统胁“弱方”，而是各凭自身的比较优势获得相应的发言权，有序参与集体性商讨与决策。

▶ 第四节 本章小结

大气环境变化同时受多重因素的交叠影响，且存在很强的空间外溢效应，往往牵一发而动全身，这使得京津冀大气污染协同治理必然是一个不断试验与改进的过程，如何统筹好地区（政府）协同行动与绩效考核的双向促进，是进一步突破现有深化治理“瓶颈”的关键。从中央与地方层面的大气污染协同治理机制演化情况来看，伴随社会主义市场经济的深入发展，京津冀仅凭生态协同难以根治多元要素交叉复合联动的大气污染难题，建立健全经济、政治、社会、文化、生态齐步优化的协同机制体系，是实现区域治理成效可持续提升目标的必然要求。同时，根植于属地“阶梯性”政治位势与经济社会发展差距等现实约束，有效弥补“协同-绩效”机制建设的缺位，通过战略联动、主体联动、机制联动、效益联动，促进地方政府大气污染协同治理绩效的持续增值，是推动京津冀由临时性“任务驱动型”治理模式向常态化“利益促动型”治理模式全面转变的必然路径。为此，通过动态空间视域下的大气污染治理“协同-绩效”逻辑体系探寻得出，依据内、外部战略环境因素的复合性影响，立足于主体行动选择博弈与要素空间联动的双重考察视角，建设省、市、县纵横联动的“治理规划—机构建设—过程管控—绩效评价—路径实践”体系，稳步推进组织、要素、职责、技术等七元协同维度的有效融合，是京津冀强化全域心理认同、凝聚合力、培育向心力、激发内在驱动力的必备基础。此外，为不断完善有序的动态空间发展格局，在京津冀大气污染治理的“协同-绩效”进程中，须全面统筹好中央“五位一体”总体布局、区域主体功能区布局与属地利益最大化目标的诉求，平衡好大气防治与经济社会发展、属地管理与区域联动、先行先试与全面推进等的对立统一关系，推动地方政府主责体系中相关内生性问题的有效解决。

本章研究立足于绪论与第一章的宏观探讨，根据预算约束下中央与地方层面联防联控机制演化情况的聚类统计分析，明确了动态空间视域下京津冀大气污染治理"协同-绩效"的科学内涵、执行本质、操作流程、机制架构、关键症结等，为后续第三章、第四章、第五章的核心参数设置、影响因素提炼、绩效指标选取、实证模型构建、定量结果分析及稳健性检验等，提供了有效的理论依据。

▶ 第三章
不同情境下京津冀大气污染治理的府际“行动”博弈与协同因素分析

内容提要

从动态空间视域的主体层面而言，京津冀无法突破“任务驱动型”协同治理模式的原因，在于资源禀赋、经济结构、政治位势、市场环境、技术水平、生态承载容量等因素引致的地区（政府）非对称性利益博弈。发展利益目标的离散性，促使各方主体行动策略选择与调整的差异化，从而难以形成共商统筹、责任共担、信息共享、联防联控的协同合力。实践过程中，由于各地区基础条件的显著性差异，京津冀任何一方政府的行动，均会受到其他两方政府行动策略变化的不同程度影响（即各自产生的外部性效应不同）。为此，本章将基于大气环境“纯公共品”属性与“公地悲剧”“囚徒困境”“搭便车”等现实挑战，构建三维有限理性主体“行动”博弈模型，研究不同情境中京津冀省级政府（以下简称京津冀三方）大气污染治理的行动演化路径与均衡态势，并运用Matlab仿真技术，探寻相关因素变动的影响情况。

第一节 京津冀“行动”博弈问题描述与参数设定

一、“行动”博弈的渊源

“行动”博弈分析源自生物进化理论，生物进化理论把生物主体视为有限理性人。“行动”博弈理论认为，有限理性主体在一定时间内不能完全精确地计算出自身行动选择的收益-支付情况，即制定最优决策的能力有限，大多是通过反复性试错和对较高收益策略的复制或模仿，来不断调整与优化自身的行动选择，最终达到“稳态”①②③。具体而言，“行动”博弈演化的基本运行思想（见图3-1）是：假设一个行动策略一致的大群体与一个行动策略不一致的异质小群体，组成一个新混合策略群体。在博弈过程中，若异质小群体获得的收益-支付大于大群体，则该异质小群体便可以顺利侵入原有的大群体中，并逐渐影响新混合性大群体的行动策略选择与调整态势；反之，异质小群体会被迅速淘汰，或逐渐倾向于与原有大群体选择一致性的行动策略。当某一个混合群体完全不被任何异质小群体侵入时，则可判定它达到博弈稳态，其行动策略即为稳定策略。

---

① Fei L，Klimont Z，Qiang Z，Cofala J，et al. Ntegrating Mitigation of Air Pollutants and Greenhouse Gases in Chinese Cities：Development of GAINS-City Model for Beijing［J］. Journal of Cleaner Production，2013，58（1）：25-33.

② 潘峰，西宝，王琳.地方政府间环境规制策略的演化博弈分析［J］.中国人口·资源与环境，2014，24（6）：97-102.

③ 高明，郭施宏，夏玲玲.大气污染府际间合作治理联盟的达成与稳定——基于演化博弈分析［J］.中国管理科学，2016，24（8）：62-70.

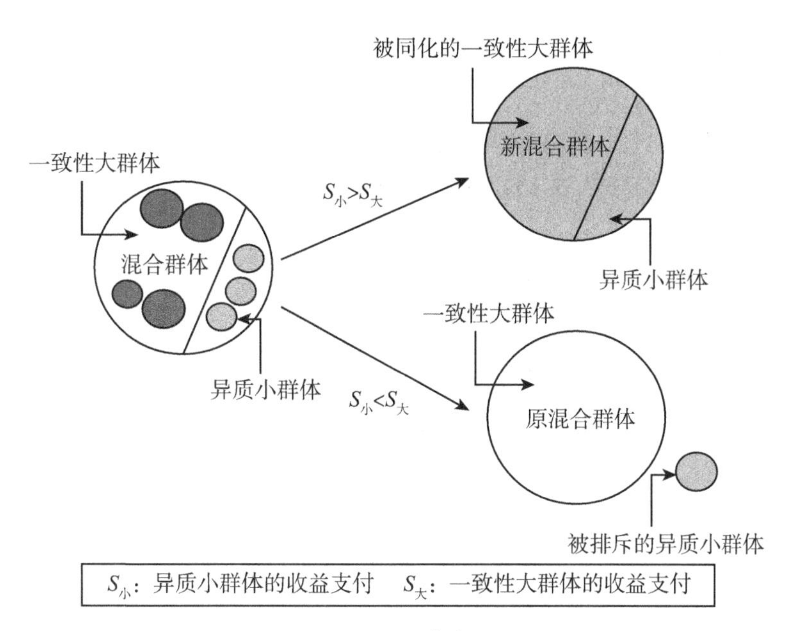

图3-1　“行动”博弈演化路径

二、核心问题描述

本书基于博弈论“局中人”的思想，假定京津冀三方分别为异质小群体，与其中任何一方对立的另外两方组成一致性大群体（见图3-2），且异质小群体对一致性大群体的外部性影响程度相同，在此，各方行动策略的选择集均为{治理，不治理}。根据现有行政区划的实情，在无中央政府约束条件下，各方行动策略具体分为以下三种情况：一是当三方均选择不治理时，各方都将承担本辖区大气污染损失与另外两方产生的负外部性损失。二是当一方或两方选择不治理时，治理方将获得自身治理收益、公共收益与正外部性收益（两方治理时存在），与此同时，承担治理成本、因治理大气污染所引致的短期性经济增长损失、不治理方的负外部性损失；不治理方则在承受大气污染损失的同时，获得治理方产生的正外部性收益。三是当三方均选择治理时，各方辖区内的大气污染质量达到最优，相互之间的外部性效应不显著，此时，可选择属地治理或合作治理模式。当选择属地治理模式时，三方均承担自身的治理成本并获得治理收益。当选择合作治理模式时，除了获得自身治理收益外，还将获得因合作所产生的共同收益与公共收益。在成本方面，三方需同时支付属地治理成本与合作交易成本。那么，当存在中央政府约束时，京津冀合作治理联盟的“稳态”是否会发生变化？

基于此思考，本书分别讨论京津冀三方在无、有中央政府约束下的行动策略选择情况。在此提出三点假设：一是京津冀三方对本辖区内的大气污染治理均有效，即大气污染治理净收益为正。二是一方或两方选择治理时，无法实现博弈均衡，当且仅当京津冀三方均选择合作治理策略时，才会产生合作治理的共同收益与公共收益。三是不考虑区域外大气环境对研究区域的影响。

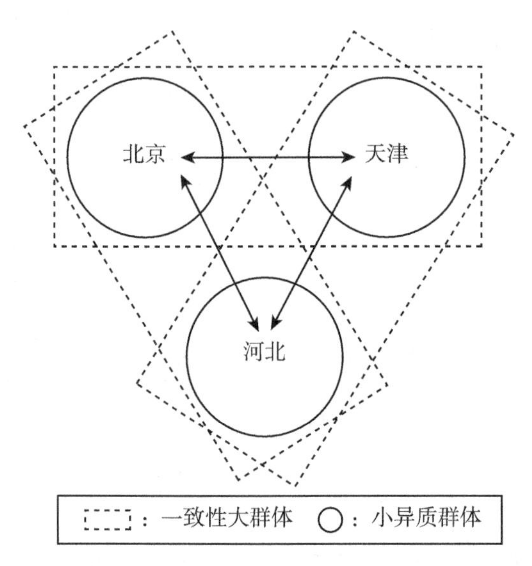

图3-2　京津冀“行动”博弈框架

三、参数设定

根据问题描述，本书选取的京津冀三方“行动”博弈参数共有12类（见表3-1）：本地大气污染治理成本Cp_i；本地治理大气污染引致的可接受性短期经济增长损失Le_i；大气污染导致的本地性损失Lp_i；为达成合作治理联盟付出的交易成本Ce；大气污染治理的自身收益Ri_i；本地单独治理大气污染的公共收益Rp_i；合作治理大气污染的公共收益Rp与共同收益Rs；中央政府给予达成合作治理联盟的区域的奖励E_i；中央政府给予不进行大气污染治理的区域的惩罚F_i；中央政府给予因外部不治理而只能进行属地治理的区域的生态补偿Sf_i；各区域的大气污染外部性效应系数θ_i。

表3-1　　　　　　　京津冀“行动”博弈参数表

序号	“行动”博弈相关因素	北京	天津	河北
1	大气污染治理成本	Cp_1	Cp_2	Cp_3
2	大气污染治理引致的可接受性短期经济增长损失	Le_1	Le_2	Le_3

续表

序号	"行动"博弈相关因素	北京	天津	河北
3	大气污染损失	Lp_1	Lp_2	Lp_3
4	为达成合作治理联盟付出的交易成本	Ce		
5	大气污染治理的自身收益	Ri_1	Ri_2	Ri_3
6	合作治理大气污染的共同收益	Rs		
7	单独治理大气污染的公共收益	Rp_1	Rp_2	Rp_3
8	合作治理大气污染的公共收益	Rp		
9	中央政府给予达成合作治理联盟的区域的奖励	E_1	E_2	E_3
10	中央政府给予不进行大气污染治理的区域的惩罚	F_1	F_2	F_3
11	中央政府给予因外部不治理而只能进行属地治理的区域的生态补偿	Sf_1	Sf_2	Sf_3
12	各区域的外部性效应系数	θ_1	θ_2	θ_3

注：假定以上参数均为正值，其中$0<\theta_1$，θ_2，θ_3（均为常数）<1，$Rp>Rp_1+Rp_2+Rp_3$。

第二节 无约束条件下京津冀“行动”博弈分析

一、无约束条件下属地治理“行动”博弈分析

以北京为例，共有8种行动策略组合：（1）京津冀三方都选择治理，此时各方相互之间的外部性效应不显著，北京将获得自身的治理收益、公共收益，承担治理成本和可接受性短期经济增长损失，即$Ri_1+Rp_1-CP_1-Le_1$。（2）北京、天津选择治理，河北选择不治理，北京将获得自身的治理收益与公共收益、天津治理的正外部性收益，同时承担治理成本、可接受性短期经济增长损失与河北不治理的负外部性损失，即$Ri_1+Rp_1+\theta_2 Lp_2-CP_1-Le_1-\theta_3 Lp_3$。（3）北京、河北选择治理，天津选择不治理，即$Ri_1+Rp_1+\theta_3 Lp_3-CP_1-Le_1-\theta_2 Lp_2$。（4）北京选择治理，天津、河北选择不治理，北京将获得自身治理收益和公共收益，承担治理成本，可接受性短期经济增长损失与天津、河北不治理的负外部性损失，即$Ri_1+Rp_1-CP_1-Le_1-\theta_2 Lp_2-\theta_3 Lp_3$。（5）北京选择不治理，天津、河北选择治理，北京将获得天津、河北治理的正外部性收益，并承担本辖区不治理引致的损失，即$-(Lp_1-\theta_2 Lp_2-\theta_3 Lp_3)$。（6）北京、河北选择不治理，天津选择治理，北京将获得天津治理的正外部性收益，并承担本辖区不治理引致的损失与河北不治理负外部性损失，即$-(Lp_1-\theta_2 Lp_2+\theta_3 Lp_3)$。（7）北京、天津选择不治理，河北选择治理，即$-(Lp_1+\theta_2 Lp_2-\theta_3 Lp_3)$。（8）京津冀三方都选择不治理，北京将同时承担本辖区的不治理损失与天津、河北不治理的负外部性损失，即$-Lp_1-\theta_2 Lp_2-\theta_3 Lp_3$。同理，可得出天津、河北的收益－支付情况。在此情境中的京津冀三方

“行动”博弈支付矩阵如表3-2所示。

表3-2　　　　无约束条件下属地治理“行动”博弈支付矩阵

		天津			
		治理		不治理	
		河北			
		治理	不治理	治理	不治理
北京	治理	$Ri_1+Rp_1-CP_1-Le_1$； $Ri_2+Rp_2-CP_2-Le_2$； $Ri_3+Rp_3-CP_3-Le_3$；	$Ri_1+Rp_1+\theta_2Lp_2-CP_1-Le_1-\theta_3Lp_3$； $Ri_2+Rp_2+\theta_1Lp_1-CP_2-Le_2-\theta_3Lp_3$； $-(Lp_3-\theta_1Lp_1-\theta_2Lp_2)$；	$Ri_1+Rp_1+\theta_3Lp_3-CP_1-Le_1-\theta_2Lp_2$； $-(Lp_2-\theta_1Lp_1-\theta_3Lp_3)$； $Ri_3+Rp_3+\theta_1Lp_1-CP_3-Le_3-\theta_2Lp_2$；	$Ri_1+Rp_1-CP_1-Le_1-\theta_2Lp_2-\theta_3Lp_3$； $-(Lp_2+\theta_3Lp_3-\theta_1Lp_1)$； $-(Lp_3+\theta_2Lp_2-\theta_1Lp_1)$；
	不治理	$-(Lp_1-\theta_2Lp_2-\theta_3Lp_3)$； $Ri_2+Rp_2+\theta_3Lp_3-CP_2-Le_2-\theta_1Lp_1$； $Ri_3+Rp_3+\theta_2Lp_2-CP_3-Le_3-\theta_1Lp_1$；	$-(Lp_1-\theta_2Lp_2+\theta_3Lp_3)$； $Ri_2+Rp_2-CP_2-Le_2-\theta_1Lp_1-\theta_3Lp_3$； $-(Lp_3+\theta_1Lp_1-\theta_2Lp_2)$；	$-(Lp_1+\theta_2Lp_2-\theta_3Lp_3)$； $-(Lp_2+\theta_1Lp_1-\theta_3Lp_3)$； $Ri_3+Rp_3-CP_3-Le_3-\theta_1Lp_1-\theta_2Lp_2$；	$-Lp_1-\theta_2Lp_2-\theta_3Lp_3$； $-Lp_2-\theta_1Lp_1-\theta_3Lp_3$； $-Lp_3-\theta_1Lp_1-\theta_2Lp_2$；

资料来源：根据设定的参数计算所得。

令北京选择治理和不治理策略的概率分别为x与$1-x$，同理，天津的概率分别为y与$1-y$，河北的概率分别为z与$1-z$。

北京选择治理和不治理策略的期望收益、策略选择的平均期望收益分别为：

$$U_{11}=Ri_1+Rp_1-CP_1-Le_1+(2y-yz-1)\theta_2Lp_2+(2z-yz-1)\theta_3Lp_3$$

$$U_{12}=-Lp_1+(2y-1)\theta_2Lp_2+(2z-1)\theta_3Lp_3$$

$$\mu_1=x(Ri_1+Rp_1-CP_1-Le_1)-(1-x)Lp_1+(2y-xyz-1)\theta_2Lp_2+(2z-xyz-1)\theta_3Lp_3$$

同理，可得天津、河北平均期望收益。京津冀“行动”博弈的复制动态方程为：

$$F(x)=x(1-x)(Ri_1+Rp_1+Lp_1-CP_1-Le_1-yz\theta_2Lp_2-yz\theta_3Lp_3)$$

$$F(y)=y(1-y)(Ri_2+Rp_2+Lp_2-CP_2-Le_2-xz\theta_1Lp_1-xz\theta_3Lp_3)$$

$$F(z)=z(1-z)(Ri_3+Rp_3+Lp_3-CP_3-Le_3-xy\theta_1Lp_1-xy\theta_2Lp_2)$$

在“行动”博弈过程中，京津冀三方选择不同行动策略的概率均与时间t有关，即复制动态方程的解域为［0,1］×［0,1］×［0,1］。令复制动态方程为0，即$F(x)=0$，$F(y)=0$，$F(z)=0$成立，则可以得出8个特殊均衡点：E_1（0，0，0）、E_2（1，0，0）、E_3（0，1，0）、E_4（0，0，1）、E_5（1，1，0）、E_6（1，0，1）、E_7（0，1，1）、E_8（1，1，1）。与此同时，一般均衡点（鞍点）E^*（x^*，y^*，z^*）的解为：

$$x^*=\left[\frac{G_2G_3}{G_1}\cdot\frac{\theta_2Lp_2+\theta_3Lp_3}{(\theta_1Lp_1+\theta_2Lp_2)(\theta_1Lp_1+\theta_3Lp_3)}\right]^{\frac{1}{2}}$$

$$y^{*}=\left[\frac{G_{2}G_{3}}{G_{1}}\cdot\frac{\theta_{2}Lp_{2}+\theta_{3}Lp_{3}}{(\theta_{1}Lp_{1}+\theta_{2}Lp_{2})(\theta_{1}Lp_{1}+\theta_{3}Lp_{3})}\right]^{\frac{1}{2}}\cdot\left(\frac{G_{1}}{G_{2}}\cdot\frac{\theta_{1}Lp_{1}+\theta_{3}Lp_{3}}{\theta_{2}Lp_{2}+\theta_{3}Lp_{3}}\right)$$

$$z^{*}=\left[\frac{G_{2}G_{3}}{G_{1}}\cdot\frac{\theta_{2}Lp_{2}+\theta_{3}Lp_{3}}{(\theta_{1}Lp_{1}+\theta_{2}Lp_{2})(\theta_{1}Lp_{1}+\theta_{3}Lp_{3})}\right]^{-\frac{1}{2}}\cdot\left(\frac{G_{2}}{\theta_{1}Lp_{1}+\theta_{3}Lp_{3}}\right)$$

其中：$G_1 = Ri_1 + Rp_1 + Lp_1 - CP_1 - Le_1$

$G_2 = Ri_2 + Rp_2 + Lp_2 - CP_2 - Le_2$

$G_3 = Ri_3 + Rp_3 + Lp_3 - CP_3 - Le_3$

根据已有研究成果，多主体“行动”博弈稳定策略一定符合严格纳什均衡，即在博弈均衡点的行动策略一定是纯策略[①②③]。所以，只需基于8个纯策略点的讨论来判断复制动态方程的稳定性。根据Friedman（1991）分析法的判定准则[④]，当复制动态方程的解所对应的雅克比矩阵特征根小于0时，它就是该博弈系统的演化均衡点，即同时满足$dF(x)/dx < 0$、$dF(y)/dy < 0$、$dF(z)/dz < 0$的行动策略为演化稳定策略。则有：

$$dF(x)/dx = (1-2x)(Ri_1 + Rp_1 + Lp_1 - CP_1 - Le_1 - yz\,\theta_2\,Lp_2 - yz\,\theta_3\,Lp_3) < 0$$

$$dF(y)/dy = (1-2y)(Ri_2 + Rp_2 + Lp_2 - CP_2 - Le_2 - xz\,\theta_1\,Lp_1 - xz\,\theta_3\,Lp_3) < 0$$

$$dF(z)/dz = (1-2z)(Ri_3 + Rp_3 + Lp_3 - CP_3 - Le_3 - xy\,\theta_1\,Lp_1 - xy\,\theta_2\,Lp_2) < 0$$

可知，特殊均衡点中的E_2（1，0，0）、E_3（0，1，0）、E_4（0，0，1）为稳定策略点，分别对应于“一方治理、两方不治理”策略。如图3-3所示，根据初始状态的不同，京津冀“行动”博弈系统会沿过鞍点E^*（x^*，y^*，z^*）的渐近线分别往E_2（1，0，0）、E_3（0，1，0）、E_4（0，0，1）方向收敛，多因素影响下E^*与E_2、E_3、E_4分别组成的相位体积决定了具体收敛方向。分析结果表明，在无中央政府约束条件下，基于行政区划与“自身发展利益至上”理念，京津冀属地治理“行动”博弈系统最终往“一方治理，两方不治理”方向演进（经历“两方治理、一方不治理”的短暂瞬间），即京津冀三方在“行动”博弈过程中均会逐渐倾向于选择“搭便车”策略，难以自发地进行治理。

---

① Selten R. A Note on Evolutionarily Stable Strategies in Asymmetric Animal Conflicts [J]. Journal of Theoretical Biology，1980，84（1）：93–101.

② Weibull J. Evolutionary Game Theory [M]. Cambridge，MA：MIT Press，1995：26–27.

③ [法]克里斯汀·蒙特，丹尼尔·赛拉.博弈论与经济学（第二版）[M].北京：经济管理出版社，2011：249–251.

④ Friedman D. Evolutionary Games in Economics [J]. Econometrica，1991，59（3）：637–666.

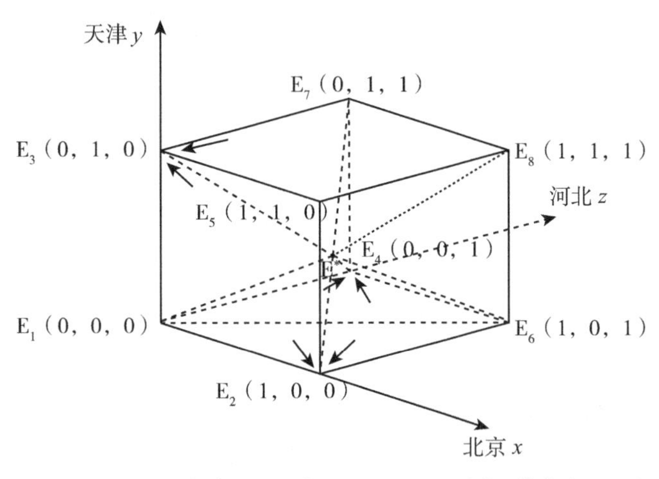

图3-3　无约束条件下属地治理“行动”博弈相位图

二、无约束条件下合作治理“行动”博弈分析

在无中央政府约束下，合作治理模式与属地治理模式的区别在于：当京津冀三方均选择合作治理策略时，各方除获得自身治理收益、承担治理成本与可接受性短期经济增长损失外，还将获得因合作治理而产生的公共收益 Rp 与共同收益 Rs，同时需承担合作治理的交易成本 Ce。在此情境中的京津冀三方“行动”博弈支付矩阵如表3-3所示。

表3-3　　无约束条件下合作治理“行动”博弈支付矩阵

		天津			
		治理		不治理	
		河北			
		治理	不治理	治理	不治理
北京	治理	$Ri_1+Rp+Rs-CP_1-Le_1-Ce$；$Ri_2+Rp+Rs-CP_2-Le_2-Ce$；$Ri_3+Rp+Rs-CP_3-Le_3-Ce$；	$Ri_1+Rp_1+\theta_2 Lp_2-CP_1-Le_1-\theta_3 Lp_3$；$Ri_2+Rp_2+\theta_1 Lp_1-CP_2-Le_2-\theta_3 Lp_3$；$-(Lp_3-\theta_1 Lp_1-\theta_2 Lp_2)$；	$Ri_1+Rp_1+\theta_3 Lp_3-CP_1-Le_1-\theta_2 Lp_2$；$-(Lp_2-\theta_1 Lp_1-\theta_3 Lp_3)$；$Ri_3+Rp_3+\theta_1 Lp_1-CP_3-Le_3-\theta_2 Lp_2$；	$Ri_1+Rp_1-CP_1-Le_1-\theta_2 Lp_2-\theta_3 Lp_3$；$-(Lp_2+\theta_3 Lp_3-\theta_1 Lp_1)$；$-(Lp_3+\theta_2 Lp_2-\theta_1 Lp_1)$；
	不治理	$-(Lp_1-\theta_2 Lp_2-\theta_3 Lp_3)$；$Ri_2+Rp_2+\theta_3 Lp_3-CP_2-Le_2-\theta_1 Lp_1$；$Ri_3+Rp_3+\theta_2 Lp_2-CP_3-Le_3-\theta_1 Lp_1$；	$-(Lp_1-\theta_2 Lp_2+\theta_3 Lp_3)$；$Ri_2+Rp_2-CP_2-Le_2-\theta_1 Lp_1-\theta_3 Lp_3$；$-(Lp_3+\theta_1 Lp_1-\theta_2 Lp_2)$；	$-(Lp_1+\theta_2 Lp_2-\theta_3 Lp_3)$；$-(Lp_2+\theta_1 Lp_1-\theta_3 Lp_3)$；$Ri_3+Rp_3-CP_3-Le_3-\theta_1 Lp_1-\theta_2 Lp_2$；	$-Lp_1-\theta_2 Lp_2-\theta_3 Lp_3$；$-Lp_2-\theta_1 Lp_1-\theta_3 Lp_3$；$-Lp_3-\theta_1 Lp_1-\theta_2 Lp_2$；

资料来源：根据设定的参数计算所得。

此时，根据各方行动策略选择概率设定及其平均期望收益进行计算，可得出京津冀“行动”博弈的复制动态方程：

$$F(x)=x(1-x)[Ri_1+(1-yz)Rp_1+yz(Rs+Rp-Ce)+Lp_1-CP_1-Le_1 - yz(\theta_2 Lp_2+\theta_3 Lp_3)]$$

$$F(y)=y(1-y)[Ri_2+(1-xz)Rp_2+xz(Rs+Rp-Ce)+Lp_2-CP_2-Le_2 - xz(\theta_1 Lp_1+\theta_3 Lp_3)]$$

$$F(z)=z(1-z)[Ri_3+(1-xy)Rp_3+xy(Rs+Rp-Ce)+Lp_3-CP_3-Le_3 - xy(\theta_1 Lp_1+\theta_2 Lp_2)]$$

同理，此时可以得出8个特殊均衡点与1个一般均衡点：E_1（0，0，0）、E_2（1，0，0）、E_3（0，1，0）、E_4（0，0，1）、E_5（1，1，0）、E_6（1，0，1）、E_7（0，1，1）、E_8（1，1，1）、E^*（x^*，y^*，z^*），其中E^*点的解为：

$$x^*=\left[\frac{G_2G_3}{G_1}\cdot\frac{M_1+\theta_2 Lp_2+\theta_3 Lp_3}{(M_2+\theta_1 Lp_1+\theta_3 Lp_3)(M_1+\theta_1 Lp_1+\theta_2 Lp_2)}\right]^{\frac{1}{2}}$$

$$y^*=\left[\frac{G_2G_3}{G_1}\cdot\frac{M_1+\theta_2 Lp_2+\theta_3 Lp_3}{(M_2+\theta_1 Lp_1+\theta_3 Lp_3)(M_3+\theta_1 Lp_1+\theta_2 Lp_2)}\right]^{\frac{1}{2}}\cdot\frac{G_1}{G_2}\cdot\frac{M_2+\theta_1 Lp_1+\theta_3 Lp_3}{M_1+\theta_2 Lp_2+\theta_3 Lp_3}$$

$$z^*=\left[\frac{G_2G_3}{G_1}\cdot\frac{M_1+\theta_2 Lp_2+\theta_3 Lp_3}{(M_2+\theta_1 Lp_1+\theta_3 Lp_3)(M_3+\theta_1 Lp_1+\theta_2 Lp_2)}\right]^{-\frac{1}{2}}\cdot\frac{G_2}{M_2+\theta_1 Lp_1+\theta_3 Lp_3}$$

其中：$G_1=Ri_1+Rp_1+Lp_1-CP_1-Le_1$，$M_1=Rp_1+Ce-Rs-Rp$

$G_2=Ri_2+Rp_2+Lp_2-CP_2-Le_2$，$M_2=Rp_2+Ce-Rs-Rp$

$G_3=Ri_3+Rp_3+Lp_3-CP_3-Le_3$，$M_3=Rp_3+Ce-Rs-Rp$

可知，特殊均衡点中的E_1（0，0，0）、E_8（1，1，1）为稳定策略点，分别对应于“三方都不治理”和“三方都治理”策略。如图3-4所示，按初始状态不同，京津冀“行动”博弈系统会沿过鞍点E^*的渐近线，分别往E_1（0，0，0）、E_8（1，1，1）收敛。分析结果表明：在无中央政府约束条件下，地区（政府）经济基础、政治位势等差异，使得“领导小组”等协同机构的权威性不足、《京津冀协同发展生态环境保护规划》等规章制度的约束效力相对有限，从而致使京津冀三方联防联控机制的功能在治理收益、成本相对变动的情况下存在一定程度的不稳定性，即京津冀合作治理“行动”博弈最终会往“三方都治理”或“三方都不治理”方向演进，具体演进方向取决于治理收益、治理成本、可接受性短期经济增长损失等因素共同决定的鞍点E^*的位置：若鞍点E^*更接近于E_1（0,0,0），其与E_8（1,1,1）组成的相位体积就更大，则往“三方都治理”方向演进的概率更大；反之，则更可能收敛于“三方都不治理”方向。

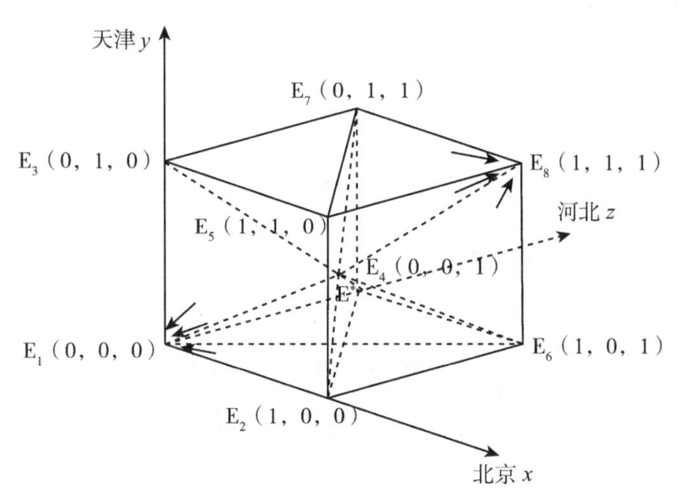

图3-4　无约束条件下合作治理“行动”博弈相位图

第三节 有约束条件下京津冀“行动”博弈分析

一、有约束条件下属地治理“行动”博弈分析

相较于无约束条件下的属地治理模式，有约束条件下的京津冀属地治理行动策略选择，会受到中央政府宏观调控措施的影响（包括预算资金、环保督察、负面清单等），即除原有影响因素以外，还增加了中央政府对京津冀大气污染不治理方的惩罚F_i与对治理方（当其他一方或两方不治理时）的生态性补偿Sf_i。在此情境中的京津冀三方“行动”博弈支付矩阵如表3-4所示。

表3-4　　有约束条件下属地治理“行动”博弈支付矩阵

		天津			
		治理		不治理	
		河北			
		治理	不治理	治理	不治理
北京	治理	$Ri_1+Rp_1-CP_1-Le_1$； $Ri_2+Rp_2-CP_2-Le_2$； $Ri_3+Rp_3-CP_3-Le_3$；	$Ri_1+Rp_1+\theta_2 Lp_2+Sf_1-CP_1-Le_1-\theta_3 Lp_3$； $Ri_2+Rp_2+\theta_1 Lp_1+Sf_2-CP_2-Le_2-\theta_3 Lp_3$； $-(Lp_3-\theta_1 Lp_1-\theta_2 Lp_2)-F_3$；	$Ri_1+Rp_1+\theta_3 Lp_3+Sf_1-CP_1-Le_1-\theta_2 Lp_2$； $-(Lp_2-\theta_1 Lp_1-\theta_3 Lp_3)-F_2$； $Ri_3+Rp_3+\theta_1 Lp_1+Sf_3-CP_3-Le_3-\theta_2 Lp_2$；	$Ri_1+Rp_1+Sf_1-CP_1-Le_1-\theta_2 Lp_2-\theta_3 Lp_3$； $-(Lp_2+\theta_3 Lp_3-\theta_1 Lp_1)-F_2$； $-(Lp_3+\theta_2 Lp_2-\theta_1 Lp_1)-F_3$；
	不治理	$-(Lp_1-\theta_2 Lp_2-\theta_3 Lp_3)-F_1$； $Ri_2+Rp_2+\theta_3 Lp_3+Sf_2-CP_2-Le_2-\theta_1 Lp_1$； $Ri_3+Rp_3+\theta_2 Lp_2+Sf_3-CP_3-Le_3-\theta_1 Lp_1$；	$-(Lp_1-\theta_2 Lp_2+\theta_3 Lp_3)-F_1$； $Ri_2+Rp_2+Sf_2-CP_2-Le_2-\theta_1 Lp_1-\theta_3 Lp_3$； $-(Lp_3+\theta_1 Lp_1-\theta_2 Lp_2)-F_3$；	$-(Lp_1+\theta_2 Lp_2-\theta_3 Lp_3)-F_1$； $-(Lp_2+\theta_1 Lp_1-\theta_3 Lp_3)-F_2$； $Ri_3+Rp_3+Sf_3-CP_3-Le_3-\theta_1 Lp_1-\theta_2 Lp_2$；	$-Lp_1-\theta_2 Lp_2-\theta_3 Lp_3-F_1$； $-Lp_2-\theta_1 Lp_1-\theta_3 Lp_3-F_2$； $-Lp_3-\theta_1 Lp_1-\theta_2 Lp_2-F_3$；

资料来源：根据设定的参数计算所得。

此时，京津冀“行动”博弈的复制动态方程如下：

$$F(x)=x(1-x)[Ri_1+Rp_1+(1-yz)Sf_1+Lp_1+F_1-CP_1-Le_1-yz(\theta_2Lp_2+\theta_3Lp_3)]$$
$$F(y)=y(1-y)[Ri_2+Rp_2+(1-xz)Sf_2+Lp_2+F_2-CP_2-Le_2-xz(\theta_1Lp_1+\theta_3Lp_3)]$$
$$F(z)=z(1-z)[Ri_3+Rp_3+(1-xy)Sf_3+Lp_3+F_3-CP_3-Le_3-xy(\theta_1Lp_1+\theta_2Lp_2)]$$

同理，此时可以得出8个特殊均衡点与1个一般均衡点：E_1（0，0，0）、E_2（1，0，0）、E_3（0，1，0）、E_4（0，0，1）、E_5（1，1，0）、E_6（1，0，1）、E_7（0，1，1）、E_8（1，1，1）、E^*（x^*，y^*，z^*），其中，E^*点的解为：

$$x^*=\left[\frac{G_2G_3}{G_1}\cdot\frac{Sf_1+\theta_2Lp_2+\theta_3Lp_3}{(Sf_2+\theta_1Lp_1+\theta_3Lp_3)(Sf_3+\theta_1Lp_1+\theta_2Lp_2)}\right]^{\frac{1}{2}}$$

$$y^*=\left[\frac{G_2G_3}{G_1}\cdot\frac{Sf_1+\theta_2Lp_2+\theta_3Lp_3}{(Sf_2+\theta_1Lp_1+\theta_3Lp_3)(Sf_3+\theta_1Lp_1+\theta_2Lp_2)}\right]^{\frac{1}{2}}\cdot\frac{G_1}{G_2}\cdot\frac{Sf_2+\theta_1Lp_1+\theta_3Lp_3}{Sf_1+\theta_2Lp_2+\theta_3Lp_3}$$

$$z^*=\left[\frac{G_2G_3}{G_1}\cdot\frac{Sf_1+\theta_2Lp_2+\theta_3Lp_3}{(Sf_2+\theta_1Lp_1+\theta_3Lp_3)(Sf_3+\theta_1Lp_1+\theta_2Lp_2)}\right]^{-\frac{1}{2}}\cdot\frac{G_2}{Sf_2+\theta_1Lp_1+\theta_3Lp_3}$$

其中：$G_1=Ri_1+Rp_1+Sf_1+Lp_1+F_1-CP_1-Le_1$

$G_2=Ri_2+Rp_2+Sf_2+Lp_2+F_2-CP_2-Le_2$

$G_3=Ri_3+Rp_3+Sf_3+Lp_3+F_3-CP_3-Le_3$

可知，特殊均衡点中的E_2（1，0，0）、E_3（0，1，0）、E_4（0，0，1）是稳定策略点，分别对应于“一方治理、两方不治理”策略。如图3–5所示，由于初始状态的不同，京津冀“行动”博弈系统会沿过鞍点E^*的渐近线，分别往E_2（1,0,0）、E_3（0，1，0）、E_4（0，0，1）方向收敛。分析结果表明：即使中央政府实行约束，在属地治理模式下，“政治位势”、自身发展利益目标等差异引致的行动策略选择离散化，依然会推动京津冀三方往“一方治理，两方不治理”（经历两方治理、一方不治理的短暂瞬间）方向演进，即都依然会倾向于选择“搭便车”策略，这可能导致“诸侯治理”与“约束失灵”并存的两难困境。

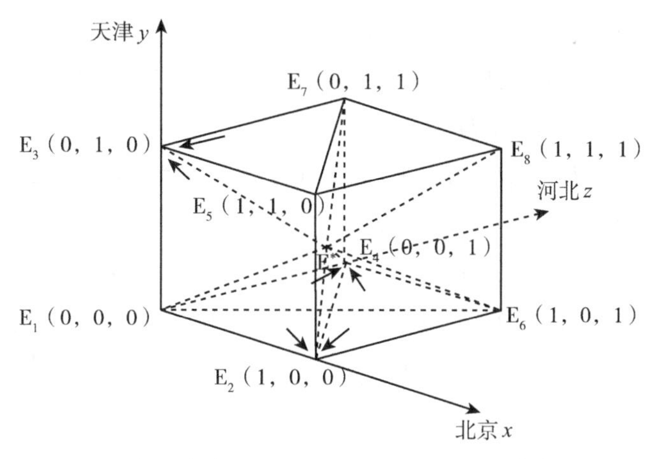

图3–5　有约束条件下属地治理“行动”博弈相位图

二、有约束条件下合作治理“行动”博弈分析

在有中央政府约束的合作治理模式中，除了中央政府对不治理方的惩罚F_i和对治理方（其他一方或两方不治理）的生态性补偿Sf_i外，还增加了对三方达成合作治理联盟的奖励E_i。在此情境中的京津冀三方“行动”博弈支付矩阵如表3-5所示。

表3-5　　有约束条件下合作治理“行动”博弈支付矩阵

		天津			
		治理		不治理	
		河北			
		治理	不治理	治理	不治理
北京	治理	$Ri_1+Rp+Rs+E_1-CP_1-Le_1-Ce$；$Ri_2+Rp+Rs+E_2-CP_2-Le_2-Ce$；$Ri_3+Rp+Rs+E_3-CP_3-Le_3-Ce$；	$Ri_1+Rp_1+\theta_2 Lp_2+Sf_1-CP_1-Le_1-\theta_3 Lp_3$；$Ri_2+Rp_2+\theta_1 Lp_1+Sf_2-CP_2-Le_2-\theta_3 Lp_3$；$-(Lp_3-\theta_1 Lp_1-\theta_2 Lp_2)-F_3$；	$Ri_1+Rp_1+\theta_3 Lp_3+Sf_1-CP_1-Le_1-\theta_2 Lp_2$；$-(Lp_2-\theta_1 Lp_1-\theta_3 Lp_3)-F_2$；$Ri_3+Rp_3+\theta_1 Lp_1+Sf_3-CP_3-Le_3-\theta_2 Lp_2$；	$Ri_1+Rp_1+Sf_1-CP_1-Le_1-\theta_2 Lp_2-\theta_3 Lp_3$；$-(Lp_2+\theta_3 Lp_3-\theta_1 Lp_1)-F_2$；$-(Lp_3+\theta_2 Lp_2-\theta_1 Lp_1)-F_3$；
	不治理	$-(Lp_1-\theta_2 Lp_2-\theta_3 Lp_3)-F_1$；$Ri_2+Rp_2+\theta_3 Lp_3+Sf_2-CP_2-Le_2-\theta_1 Lp_1$；$Ri_3+Rp_3+\theta_2 Lp_2+Sf_3-CP_3-Le_3-\theta_1 Lp_1$；	$-(Lp_1-\theta_2 Lp_2+\theta_3 Lp_3)-F_1$；$Ri_2+Rp_2+Sf_2-CP_2-Le_2-\theta_1 Lp_1-\theta_3 Lp_3$；$-(Lp_3+\theta_1 Lp_1-\theta_2 Lp_2)-F_3$；	$-(Lp_1+\theta_2 Lp_2-\theta_3 Lp_3)-F_1$；$-(Lp_2+\theta_1 Lp_1-\theta_3 Lp_3)-F_2$；$Ri_3+Rp_3+Sf_3-CP_3-Le_3-\theta_1 Lp_1-\theta_2 Lp_2$；	$-Lp_1-\theta_2 Lp_2-\theta_3 Lp_3-F_1$；$-Lp_2-\theta_1 Lp_1-\theta_3 Lp_3-F_2$；$-Lp_3-\theta_1 Lp_1-\theta_2 Lp_2-F_3$；

材料来源：根据设定的参数计算所得。

此时，按各方行动策略选择概率设定及其平均期望收益进行计算，可得出京津冀“行动”博弈的复制动态方程：

$$F(x)=x(1-x)[Ri_1-CP_1-Le_1+yz(Rp+Rs+E_1-Ce)+(1-yz)(Rp_1+Sf_1)+Lp_1+F_1-yz(\theta_2 Lp_2+\theta_3 Lp_3)]$$

$$F(y)=y(1-y)[Ri_2-CP_2-Le_2+xz(Rp+Rs+E_1-Ce)+(1-xz)(Rp_2+Sf_2)+Lp_2+F_2-xz(\theta_1 Lp_1+\theta_3 Lp_3)]$$

$$F(z)=z(1-z)[Ri_3-CP_3-Le_3+xy(Rp+Rs+E_1-Ce)+(1-xy)(Rp_3+Sf_3)+Lp_3+F_3-xy(\theta_1 Lp_1+\theta_2 Lp_2)]$$

同理，此时可以得出8个特殊均衡点与1个一般均衡点：E_1（0，0，0）、E_2（1，0，0）、E_3（0，1，0）、E_4（0，0，1）、E_5（1，1，0）、E_6（1，0，1）、E_7（0，1，1）、E_8（1，1，1）、E^*（x^*，y^*，z^*），其中，E^*点的解为：

$$x^*=\left(\frac{N_2 N_3}{N_1}\cdot\frac{M_1}{M_2}\right)^{\frac{1}{2}}$$

$$y^* = \left(\frac{N_2 N_3}{N_1} \cdot \frac{M_1}{M_2}\right)^{\frac{1}{2}} \cdot \frac{N_1}{N_2} \cdot \frac{M_2}{M_1}$$

$$z^* = \left(\frac{N_2 N_3}{N_1} \cdot \frac{M_1}{M_2}\right)^{-\frac{1}{2}} \cdot \frac{N_2}{M_1}$$

其中：$M_1 = Rp_1 + Sf_1 + Ce - Rp - Rs - E_1 + \theta_2 Lp_2 + \theta_3 Lp_3$

$M_2 = Rp_2 + Sf_2 + Ce - Rp - Rs - E_2 + \theta_1 Lp_1 + \theta_3 Lp_3$

$M_3 = Rp_3 + Sf_3 + Ce - Rp - Rs - E_3 + \theta_1 Lp_1 + \theta_2 Lp_2$

$N_1 = Ri_1 + Rp_1 + Sf_1 + F_1 - CP_1 - Le_1$

$N_2 = Ri_2 + Rp_2 + Sf_2 + F_2 - CP_2 - Le_2$

$N_3 = Ri_3 + Rp_3 + Sf_3 + F_3 - CP_3 - Le_3$

可知，均衡点中的E_1（0，0，0）、E_8（1，1，1）为稳定策略点，分别对应于“三方都不治理”与“三方都治理”策略。如图3-6所示，按初始状态的不同，京津冀“行动”博弈系统会沿过鞍点E^*的渐近线，分别往E_1（0，0，0）、E_8（1，1，1）方向收敛。此时，中央政府的约束措施（F、Sf、E）可有效推动“行动”博弈系统往E_8（1，1，1）方向演进。该分析结果表明：在合作收益、合作成本与中央政府宏观约束的多重作用下，京津冀三方更具有达成大气污染治理合作联盟的意愿，从而使合作“行动”博弈系统往“三方都治理”方向演进的概率提升，但关于引导型发展战略、压力型政治任务、支持型补偿政策、规范型惩罚措施等形式的中央政府约束，应分别以多大程度融入地区（政府）合作收益与合作成本的调整过程，现有研究仍存在很大程度的模糊性。

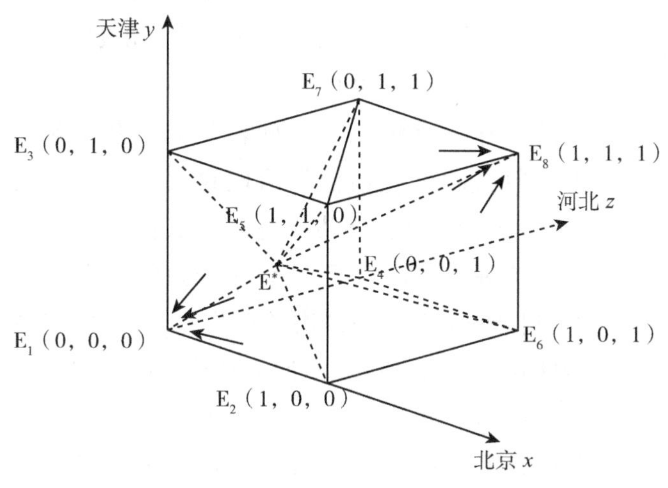

图3-6　有约束条件下合作治理“行动”博弈相位图

第四节 京津冀大气污染治理的府际协同因素分析

基于四种情境下的“行动”博弈支付矩阵与演化路径分析，本书认为影响京津冀大气污染协同治理“行动”博弈的关键性因素，主要体现在以下两个方面：一是参与治理所需付出的成本，包括直接治理成本（Cp_i、Le_i）与合作交易成本（Ce_i）。所需付出的成本越小，参与治理的主动性越强，主体间的合作越紧密；反之，则参与治理的主动性越弱，主体间的合作越稀疏。二是参与治理所获得的收益（Ri、Rp_i、Rs、Rp、E_i、Sf_i）与不参与治理所承受的机会成本（Lp_i、F_i）。治理收益与不参与治理的机会成本越高，主体参与治理的积极性越强，反之则越弱。在不同情境下，有限理性的京津冀三方政府会遵循“自身发展利益最大化”目标引导的行动逻辑，以有利于自身利益实现的方式，参与一定程度的治理，这最终将影响区域合作治理联盟能否真正达成。为此，本书基于无、有中央政府约束下的合作治理情境比较，运用Matlab仿真技术，分析各类协同因素变动对京津冀三方大气污染治理行动策略选择与调整的影响。

从上述分析可得出三点结论：第一，在无中央政府约束的合作治理模式中（见表3-6），京津冀大气污染协同治理的收益因素包括自身治理收益Ri_i，单独治理的公共收益Rp_i，合作治理的公共收益Rp、共同收益Rs；成本因素包括自身治理成本Cp_i、不治理所导致的损失Lp_i、因治理所引致的可接受性短期经济增长损失Le_i与合作交易成本Ce。而当治理收益与机会成本增加（参数↑）、治理成本下降（参数↓）时，x^*，y^*，z^*均下降，鞍点E^*向E_1（0，0，0）靠近，从而与稳定策略E_8（1，1，1）间组成的相位体积增大，即表明京津冀三方选择“治理”行动策略的概率增大。第二，在有中央政府约束的合作治理模式中（见表3-7），除原有因素外，收益性因素增加了达成合作治理联盟的奖励E_i与单一进行属地治理区域的生态性补偿Sf_i，成本性因素增加了不治理区域的惩罚F_i，此时，同类因素变动对“行动”博弈演化路径的影响程度增大。第三，基于收益性因素相同初始值与变动幅度的数据仿真结果（见图3-7、图3-8）显示，一方面，相较于无中央政府约束的合作治理模式，有中央政府约束的合作治理能促使京津冀三方“行动”博弈系统更快地收敛于“治理”的行动策略（成本性因素下降的数据仿真结果亦然）。另一方面，北京、天津行动策略选择的演化进度具有很强的同步性，更容易结成一致性大群体，但河北行动策略选择的滞后性明显，从而影响了京津冀三方合作治理目标的有效实现。由此可知，以有效的中央政府约束，切实加快河北融入京津一致性大群体的进度，缩小行动策略选择的“滞后区间”，是协调京津冀三方非对称性利益博弈，促进持续性、稳定性合作治理联盟达成与巩固的有效保证。

表3-6 无约束条件下合作治理参数变动对行动策略的影响情况

参数类别	变动方向	鞍点E^*变化	相位体积变化	行动演进方向
治理收益	$Ri_1\uparrow$；$Ri_2\uparrow$；$Ri_3\uparrow$	$x^*\downarrow$；$y^*\downarrow$；$z^*\downarrow$	$V\uparrow$	（治理，治理，治理）
	$Rp_1\uparrow$；$Rp_2\uparrow$；$Rp_3\uparrow$	$x^*\downarrow$；$y^*\downarrow$；$z^*\downarrow$	$V\uparrow$	（治理，治理，治理）
	$Rp\uparrow$	$x^*\downarrow$；$y^*\downarrow$；$z^*\downarrow$	$V\uparrow$	（治理，治理，治理）
	$Rs\uparrow$	$x^*\downarrow$；$y^*\downarrow$；$z^*\downarrow$	$V\uparrow$	（治理，治理，治理）
机会成本	$Lp_1\uparrow$；$Lp_2\uparrow$；$Lp_3\uparrow$	$x^*\downarrow$；$y^*\downarrow$；$z^*\downarrow$	$V\uparrow$	（治理，治理，治理）
治理成本	$Cp_1\downarrow$；$Cp_2\downarrow$；$Cp_3\downarrow$	$x^*\downarrow$；$y^*\downarrow$；$z^*\downarrow$	$V\uparrow$	（治理，治理，治理）
	$Le_1\downarrow$；$Le_2\downarrow$；$Le_3\downarrow$	$x^*\downarrow$；$y^*\downarrow$；$z^*\downarrow$	$V\uparrow$	（治理，治理，治理）
	$Ce\downarrow$	$x^*\downarrow$；$y^*\downarrow$；$z^*\downarrow$	$V\uparrow$	（治理，治理，治理）

注：鞍点位置及相位体积变动情况由均衡点公式与相位图判定得出。

表3-7 有约束条件下合作治理参数变动对行动策略的影响情况

参数类别	变动方向	鞍点E^*变化	相位体积变化	行动演进方向
治理收益	$Ri_1\uparrow$；$Ri_2\uparrow$；$Ri_3\uparrow$	$x^*\downarrow$；$y^*\downarrow$；$z^*\downarrow$	$V\uparrow$	（治理，治理，治理）
	$Rp_1\uparrow$；$Rp_2\uparrow$；$Rp_3\uparrow$	$x^*\downarrow$；$y^*\downarrow$；$z^*\downarrow$	$V\uparrow$	（治理，治理，治理）
	$Rp\uparrow$	$x^*\downarrow$；$y^*\downarrow$；$z^*\downarrow$	$V\uparrow$	（治理，治理，治理）
	$Rs\uparrow$	$x^*\downarrow$；$y^*\downarrow$；$z^*\downarrow$	$V\uparrow$	（治理，治理，治理）
	$E_1\uparrow$；$E_2\uparrow$；$E_3\uparrow$	$x^*\downarrow$；$y^*\downarrow$；$z^*\downarrow$	$V\uparrow$	（治理，治理，治理）
	$Sf_1\uparrow$；$Sf_2\uparrow$；$Sf_3\uparrow$	$x^*\downarrow$；$y^*\downarrow$；$z^*\downarrow$	$V\uparrow$	（治理，治理，治理）
机会成本	$Lp_1\uparrow$；$Lp_2\uparrow$；$Lp_3\uparrow$	$x^*\downarrow$；$y^*\downarrow$；$z^*\downarrow$	$V\uparrow$	（治理，治理，治理）
	$F_1\uparrow$；$F_2\uparrow$；$F_3\uparrow$	$x^*\downarrow$；$y^*\downarrow$；$z^*\downarrow$	$V\uparrow$	（治理，治理，治理）
治理成本	$Cp_1\downarrow$；$Cp_2\downarrow$；$Cp_3\downarrow$	$x^*\downarrow$；$y^*\downarrow$；$z^*\downarrow$	$V\uparrow$	（治理，治理，治理）
	$Le_1\downarrow$；$Le_2\downarrow$；$Le_3\downarrow$	$x^*\downarrow$；$y^*\downarrow$；$z^*\downarrow$	$V\uparrow$	（治理，治理，治理）
	$Ce\downarrow$	$x^*\downarrow$；$y^*\downarrow$；$z^*\downarrow$	$V\uparrow$	（治理，治理，治理）

注：鞍点位置及相位体积变动情况由均衡点公式与相位图判定得出。

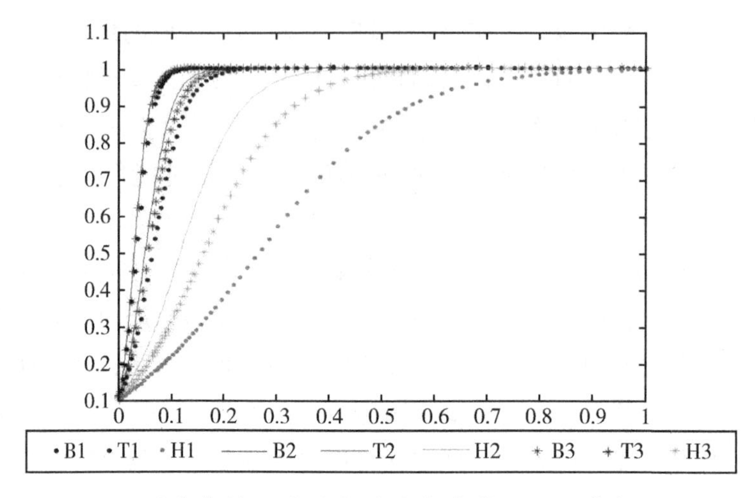

图3-7 无约束条件下收益变动对京津冀行动“博弈”的影响

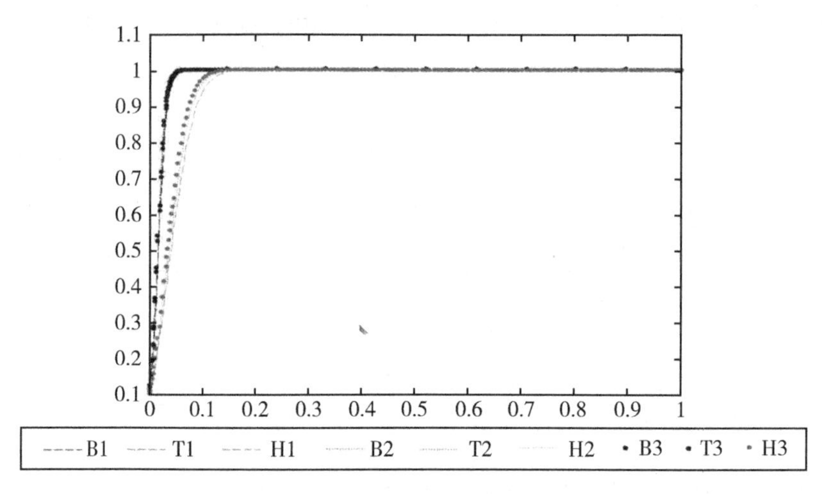

图3-8 有约束条件下收益变动对京津冀行动“博弈”的影响

▶ 第五节 本章小结

大气污染具有复合性、流动性及很强的外部性，京津冀大气污染治理“行动”博弈必然是一个动态的学习过程。京津冀三方作为有限理性的参与主体，受自身当前发展阶段的实际需求制约，往往会倾向于不同行动策略的选择与更优行动策略的模仿或复制。基于京津冀“行动”博弈的演化路径研究，得出以下结论：第一，在属地治理模式中，无论是否存在中央政府约束，行政区划分割界限与自身利益最大化目标会促使京津冀三方均倾向于选择“搭便车”策略，致使“行动”博弈系统最终收敛于“一方治理，两方不治理”的稳态。此时，若国家战略性政策不能及时调整，继续沿用属地治理模式，则很可能会陷入“诸侯治理”与“约束失灵”并存的两难困境。第二，在合作治理模式中，无论是否存在中央政府约束，京津冀“行动”博弈系统都存在“三方都治理”或“三方都不治理”的两个稳态策略点，一般均衡点E^*与稳态策略点之间的相位体积比较决定了具体演进方向。基于现阶段经济、技术及政治位势差异等限制条件，京津冀三方无法自行应对“收益-成本”非对称性博弈挑战，合作治理联盟具有不稳定性。因此，必须引入中央政府宏观调控措施——懈怠性惩罚、合作性奖励、生态性补偿等，加强长期性战略引导与阶段性政策支撑，提升制度体系的约束力，强化“协同/领导小组”等机构的规范性与权威性，以快速、持续、有效地推动合作治理联盟达成与巩固。第三，鉴于无、有中央政府约束下属地治理与合作治理情境的“行动”博弈路径比较，为妥善解决大气污染问题，京津冀三方应更主动地借助中央政府宏观调控，以合作收益作为持续性与有效性的充分条件，以合作成本作为稳定性的必要条件，建立健全联防联控机制体系，完善合作联盟“关系网”，培育更强劲的跨域协同凝聚力与向心力。

基于京津冀大气污染治理协同因素分析与仿真模拟比较，仍需进一步探讨以下两个重要问题：一是京津冀大气污染合作治理联盟能否达成与持续，本质上取决于合作收益与成本的较量，收益提升、成本下降所形成的“内涵式”驱动力是推动长期合作治理的根本保障。因此，京津冀三方需根据自身的资源禀赋、经济结构、政治位势与长期发展战略目标，积极探讨如何立足于中国现阶段社会主义市场经济环境与发展规律，通过生产技术创新、产业结构优化、新能源应用等途径，全力挖掘提升合作治理收益（经济收益、社会公共收益等）、降低合作治理成本（信息成本、监督成本、谈判成本等）的潜力，以促进彼此之间的有效互动。二是相较于长三角、珠三角地区，京津冀大气污染治理非对称性利益博弈的特殊原因在于地区（政府）之间的政治位势差异，使河北在自身利益目标制约下的合作动力不足，行动策略选择具有明显的滞后性，导致“任务驱动型”协同治理模式始终无法得到突破。因此，中央政府约束成为有效平衡地区（政府）之间利益的“调节器”与实现公平化合作治理联盟目标的“助推器”。在实践中，京津冀三方需积极探索如何有效借助中央政府宏观约束措施，通过不断完善信息共享机制、监督约束机制、利益分享机制、生态联动绩效机制等，强化协同治理的内生动力。与此同时，中央政府需全面分析京津冀三方在大气污染治理中的收益、成本差异，深入研究如何将适当的约束措施与调控力度融入各类因素的调控过程，巩固京津冀“常态型”合作治理联盟的稳定性。

显然，实践治理过程中的地区（政府）非对称性利益博弈网络会更为复杂，省级政府“行动”博弈演化路径、均衡态势及其因素影响情况等，是市、县级政府横向互动格局的宏观呈现。故而，本章研究为第五章的理论模型构建及指标体系设计等奠定了有效基础。

▶ 第四章 京津冀及周边地区大气污染的空间集聚演化特征与外溢因素分析

内容提要

从动态空间视域的客体层面来看，多元系统交叠互动与多类污染物“大杂居、小聚居”的复杂演化格局，会使不同地区之间的精细化分工与协作难度加大。针对现阶段地区“阶梯式”经济社会发展差距与政治位势差异等实情，将大气污染治理置于区域“五位一体”发展战略布局，统筹好多元要素配置、多方诉求协调等问题，有效建立健全集体行动体系，推进“地方政府绩效”与“区域治理协同”的双向统一，是激发属地（协同治理的基础单元）内在参与驱动力、强化区域联防联控合力的必然要求。为此，本章将以京津冀及周边地区（2+26+3市）为研究对象，以大气污染治理攻坚期（2013—2018年）为样本序列区间，通过局部与全局的关联性分析（辅以GeoDA拟合技术），明确其AQI及$PM_{2.5}$、PM_{10}等六类大气污染物的集聚特征与演化规律，并运用时间与空间双重测度的动态空间自回归（Dynamic spatial autoregressive model，D-SAR）检验，探寻出不同考察情境中经济、社会与生态类因素的影响情况。

第一节 变量解释与模型构建

一、数据来源

“十四五”规划、党的十九届六中全会、国务院《政府工作报告》(2022)等均明确提出，要强化多污染物协同控制与区域协同治理，切实提升环境治理成效。然而，目前针对各类大气污染物的统计数据库建设尚有不足。例如，作为核心污染物的$PM_{2.5}$监测数据从2013年开始发布，时间周期短。近年来，许多学者使用哥伦比亚大学国际地球科学信息网络中心(CIESI)提供的“栅格数据”进行相关研究，但统计方法及测度口径与我国现阶段施行的《环境空气质量标准》(GB 3095—2012)、《环境空气质量指数(AQI)技术规定(试行)》(HJ 633—2012)存在较大出入。因此，为有效确保数据统计口径一致，本书根据当前京津冀行政区划边界与《京津冀及周边地区2017年大气污染防治工作方案》确定的地域范围，选定“2+26+3”市作为研究对象(见图4-1)，并选取大气污染治理攻坚期(2013—2018年)的面板数据为分析样本。数据来源包括《中国统计年鉴》《中国环境统计年鉴》《中国城市统计年鉴》《中国能源统计年鉴》，相应地级及以上城市《统计年鉴》《生态环境质量公报》《财政决算报告》《政府工作报告》《国民经济和社会发展统计公报》等，少部分缺失数据采用线性插值法加以补充[①]。

① 陈强.计量经济学及Stata应用[M].北京：高等教育出版社，2015.

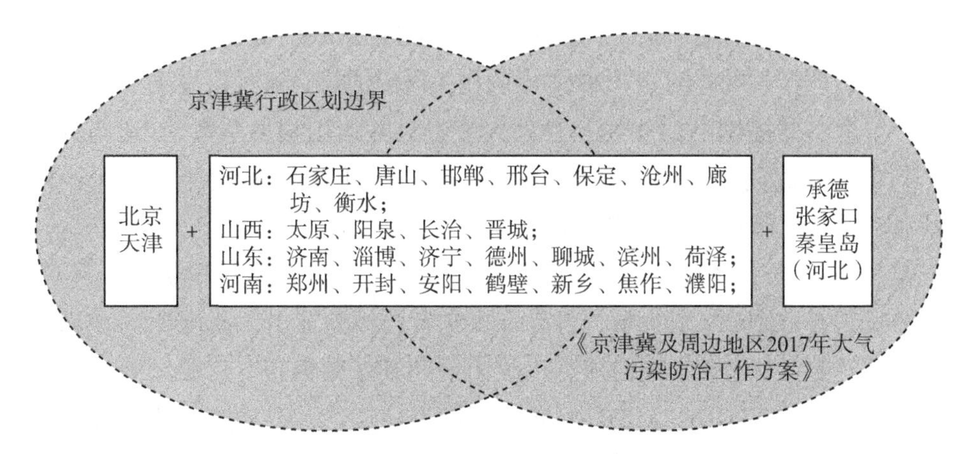

图4-1　京津冀及周边地区大气污染协同治理涵盖的城市（2+26+3市）

二、变量选取

（一）被解释变量

大气污染由多种污染源交叠融合所致，单凭某一类污染物浓度的变化难以全面衡量区域整体情况。故而，本书按照我国现有大气质量监测的维度与标准，选取空气质量指数（AQI）及六类污染物（$PM_{2.5}$、PM_{10}、SO_2、NO_2、CO、O_3）的年均浓度值来表征大气污染程度，分别用P_{AQI}、$P_{PM_{2.5}}$、$P_{PM_{10}}$、P_{SO_2}、P_{NO_2}、P_{CO}、P_{O_3}来表示，并通过局部与全局自相关检验，筛选出符合京津冀及周边地区（2+26+3市）实情的变量。总体而言，各类变量的数值越高，表明大气污染越严重。

（二）解释变量

在我国经济、政治、社会、文化、生态“五位一体”发展体系中，大气污染必然会同时受到多元因素的影响。为了有效挖掘与识别出京津冀及周边地区大气污染演化与空间外溢的相关因素，本书基于共同体理论[①②]、集体行动理论[③④]、以公共价

① ［德］斐迪南·滕尼斯.共同体与社会［M］.林荣远，译.北京：商务图书馆，1999.

② Lisa A C. An Integrative Review of Community Theories Applied to Palliative Care Nursing［J］. Journal of Hospice and Palliative Nursing，2020，22（5）：363-376.

③ Bendor J，Mookherjee B. Institutional Structure and the Logic of Ongoing Collective Action［J］. American Political Science Review，1987，81（1）：129-154.

④ Ostrom E. Governing the Commons：The Evolution of Institutions for Collective Action［M］. New York：Cambridge University Press，1990.

值为基础的政府绩效治理理论[①]，通过有效借鉴Zugravu和Natalia（2017）[②]，张为杰等（2019）[③]，严雅雪和齐绍州（2017）[④]的相关研究成果，按经济发展、社会发展及生态保护维度，共提炼出24个可行性解释变量，并运用相关系数、VIF与Hausman检验，判定变量之间的多重共线性与联立型内生性问题，最终选定了9个解释变量，各项变量的内涵及测度方式如下。

一是经济增长（GDPL），用GDP增长率表示。经典EKC假说提出，环境污染与经济增长具有“倒U”型关系，且有许多学者已经验证出，我国环境污染和经济增长尚未到达倒“U”型曲线的顶点，故而预期其系数为正。二是产业结构（IS），用第三产业增加值占GDP的比重衡量。相较于第二产业，第三产业在能源消耗、废弃物排放等方面都更为“绿色”，其所占比重提升，将有助于减缓大气污染，故而预期其系数为负。三是对外开放（EI），用进出口贸易总额进行测度。进出口贸易在引进资金、产品及技术的同时，也可能导致重污染产业转入，目前对于是否存在“污染天堂”或“污染晕轮”效应尚无定论，故而难以预期其系数。四是人口密度（POP），用常住人口数除以行政区域面积得出。人口密度越大，则因生产、生活带来的更多能源消耗与污染物排放，大气污染会加剧，故而预期其系数为正。五是城镇化率（UP），用城镇常住人口占地区常住总人口的比重衡量。城镇化率提升意味着人口与产业集聚，但因人口及第二、第三产业等相对集聚速度存在差异，难以判定城镇化发展是否一定会加剧大气污染，故而不好预期其系数。六是科技进步（PA），用科学技术支出占一般公共预算支出的比重测度。数值越大，表明政府对研究与开发的支持力度越大，意味着技术创新能力越高，有助于提高能源利用效率、降低污染物排放强度等。但也有部分学者的研究表明，科技进步会引致“能源回弹效应”[⑤]，故而难以预期其系数。七是交通情况（CAR），用地区民用汽车拥有量表示。虽然我国积极推进新能源汽车应用，但目前传统型汽车仍占据很大的市场份额，汽车尾气排放更是重要的移动污染源之一，故而预期其系数为正。八是环境规制（ER），用节能环保支出占一般公共预算支出的比重测度。数值越大，表明政府对生态环境治理的重视程度越高，有助于推动以清洁能源置换、废气物处理技术改进等直接和间接调控方式降低大气污染，故而预期其系数为负。九是绿化建设（GR），

---

① 包国宪，王学军.以公共价值为基础的政府绩效治理——源起、架构与研究问题［J］.公共管理学报，2012，9（2）：89-97，126-127.

② Zugravu S，Natalia. How does Foreign Direct Investment Affect Pollution？ Toward a Better Understanding of the Direct and Conditional Effects［J］. Environmental and Resource Economics，2017，66（2）：293-338.

③ 张为杰，任成媛，胡蓉.中国式地方政府竞争对环境污染影响的实证研究［J］.宏观经济研究，2019（2）：133-142.

④ 严雅雪，齐绍洲.外商直接投资与中国雾霾污染［J］.统计研究，2017，34（5）：69-81.

⑤ 冯烽，叶阿忠.回弹效应加剧了中国能源消耗总量的攀升吗？［J］.数量经济技术经济研究，2015，32（8）：104-119.

用建成区绿化覆盖率表示。生物学提出，绿色植被叶片表面性能（茸毛和腊质表皮等）可截取和固定细微颗粒物，从而具有净化空气的功效。绿化覆盖率越高，越有利于减缓大气污染，故而预期其系数为负。变量统计与检验如表4-1—表4-4所示。

表4-1 变量统计性描述情况

维度	变量	简称	单位	样本量	最小值	最大值	平均值	标准差
大气污染程度	空气质量指数	P_{AQI}		186	43.10	500.00	120.31	65.48
	可吸入细颗粒物	$P_{PM_{2.5}}$	μg/m³	186	31.00	160.00	76.43	22.73
	可吸入颗粒物	$P_{PM_{10}}$	μg/m³	186	69.00	309.00	134.10	36.85
	二氧化硫	P_{SO_2}	μg/m³	186	6.00	166.60	43.32	24.19
	二氧化氮	P_{NO_2}	μg/m³	186	23.00	90.00	46.39	9.21
	一氧化碳	P_{CO}	mg/m³	186	1.00	5.80	2.78	1.12
	臭氧	P_{O_3}	μg/m³	186	60.00	218.00	151.13	40.88
经济发展	经济增长	GDPL	%	186	–2.90	12.50	7.52	1.94
	产业结构	IS	%	186	18.50	81.00	43.52	10.53
	对外开放	EI	亿元	186	0.80	4299.60	212.53	673.76
社会发展	人口密度	POP	万人/km²	186	89.00	1361.80	651.09	299.80
	城镇化率	UP	%	186	36.90	86.50	56.75	11.89
	科技进步	PA	%	186	0.30	6.20	1.49	1.11
	交通情况	CAR	万辆	186	13.00	574.60	118.70	106.16
生态保护	环境规制	ER	%	186	1.00	14.70	4.25	2.19
	绿化建设	GR	%	186	28.10	61.60	41.72	5.21

资料来源：根据2013—2018年《中国统计年鉴》《中国环境统计年鉴》《中国城市统计年鉴》，地级及以上城市《政府工作报告》《统计年鉴》《环境质量公报》《财政决算报告》《国民经济和社会发展统计公报》等整理。

表4-2 变量相关性检验情况

变量	(1)	(2)	(3)	(4)	(5)	(6)	(7)	(8)	(9)
（1）GDPL	1.000								
（2）IS	0.210	1.000							
（3）EI	–0.006	–0.560	1.000						
（4）POP	0.322	–0.174	0.567	1.000					
（5）UP	–0.155	–0.468	0.605	0.491	1.000				
（6）PA	0.066	–0.399	0.753	0.598	0.761	1.000			
（7）CAR	–0.020	–0.642	0.834	0.625	0.634	0.630	1.000		
（8）ER	–0.217	–0.116	0.036	–0.095	0.136	–0.128	0.161	1.000	
（9）GR	–0.216	–0.305	0.378	–0.021	0.234	0.270	0.285	0.288	1.000

资料来源：根据2013—2018年面板数据计算所得。

表4-3　　变量VIF检验情况

单个解释变量的VIF值									Mean VIF
GDPL	IS	EI	POP	UP	PA	CAR	ER	GR	
1.43	4.35	5.13	2.60	4.69	4.77	5.70	1.46	1.45	3.51

资料来源：根据2013—2018年面板数据计算所得。

表4-4　　变量联立型Hausman检验情况

		GDPL	IS	EI	POP	UP	PA	CAR	ER	GR
P_{AQI}	接受原假设概率	0.278	0.325	0.166	0.315	0.323	0.266	0.371	0.298	0.331
	结论	非内生	非内生	非内生	非内生	非内生	非内生	非内生	非内生	非内生
$P_{PM_{2.5}}$	接受原假设概率	0.726	0.547	0.385	0.518	0.679	0.013	0.607	0.543	0.110
	结论	非内生	非内生	非内生	非内生	非内生	内生	非内生	非内生	非内生
$P_{PM_{10}}$	接受原假设概率	0.751	0.692	0.034	0.665	0.749	0.698	0.661	0.676	0.715
	结论	非内生	非内生	内生	非内生	非内生	非内生	非内生	非内生	非内生
P_{SO_2}	接受原假设概率	0.236	0.021	0.711	0.128	0.101	0.179	0.034	0.131	0.308
	结论	非内生	内生	非内生	非内生	非内生	非内生	内生	非内生	非内生
P_{NO_2}	接受原假设概率	0.332	0.604	0.297	0.471	0.567	0.702	0.474	0.394	0.412
	结论	非内生	非内生	非内生	非内生	非内生	非内生	非内生	非内生	非内生
P_{CO}	接受原假设概率	0.399	0.648	0.635	0.622	0.730	0.502	0.670	0.627	0.792
	结论	非内生	非内生	非内生	非内生	非内生	非内生	非内生	非内生	非内生
P_{O_3}	接受原假设概率	0.709	0.519	0.169	0.540	0.551	0.466	0.593	0.340	0.118
	结论	非内生	非内生	非内生	非内生	非内生	非内生	非内生	非内生	非内生

资料来源：根据2013—2018年面板数据计算所得。

经检验得出：一是解释变量之间的相关系数绝对值基本位于0—0.6之间，单个解释变量的VIF值域为［1.43，5.70］，且Mean VIF值为3.51，由此可判定，解释变量之间没有显著的相关关系，即不存在多重共线性问题。二是解释变量以相对量指标为主，使绝对量指标之间原本可能存在的内生关系被有效降低。针对解释变量与被解释变量之间可能存在的联立型内生性问题，考虑异方差影响的修正型Hausman检验结果显示，在AQI、NO_2、CO、O_3情境中均不存在显著联立性。虽然PA与$PM_{2.5}$、EI与PM_{10}、CAR与SO_2之间存在联立性，但PA、EI、CAR与其他解释变量之间没有显著的相关关系，不会影响同一情境中其他解释变量的参数估计，故不存在明显的内生性问题。

三、动态空间模型设置

传统计量模型以数据独立、均匀分布为前提，不适用于研究对象之间存在空间相关关系的情况，故而需在模型设置中体现空间外溢效应。目前，空间计量模型的应用主要有以下三类：一是空间自回归模型（Spatial autoregressive model，SAR），旨在探讨因变量本身是否具有“外溢效应”，如邻近地区大气污染演化对本地区的影响；二是空间误差模型（Spatial error model，SEM），重点度量误差冲击（即扰动项）的空间外溢程度；三是空间杜宾模型（Spatial dubin model，SDM），主要考察本地区观察变量对邻近地区因变量的影响。就区域大气污染治理而言，经济增长、产业升级、城镇化、技术进步、环境规制等对本地区的影响，会通过大气的无界性流动作用于邻近地区，即大气污染外溢性是各地区之间多元影响因素联动的有效桥梁。所以，本书选用空间自回归模型（SAR）作为外溢效应检验的基准工具，因考虑到各地区大气污染演化本身可能存在一定的“时间惯性”，从而引入AQI及$PM_{2.5}$、PM_{10}、SO_2等污染物的一期滞后项作为解释变量，并加入个体固定效应，以解决可能性遗漏变量产生的内生性问题，最终构建出动态空间自回归模型（D-SAR）：

$$\begin{aligned} Y_{it} = {} & \gamma \text{In}\, Y_{it-1} + \rho \sum_{j=1}^{n} w_{ij} Y_{jt} + \beta_1 GDPL_{it} + \beta_2 \text{In} POP_{it} + \beta_3 IS_{it} + \beta_4 ER_{it} + \beta_5 PA_{it} \\ & + \beta_6 UP_{it} + \beta_7 \text{In} EI_{it} + \beta_8 GR_{it} + \beta_9 \text{In} CAR_{it} + \mu_i + \varepsilon_{it} \end{aligned}$$

其中，Y_{it}、Y_{jt}分别表示第i、第j个地区第t年的大气污染程度；Y_{it-1}表示第i个地区第t-1年的大气污染程度；n为考察的地区总数；W_{it}为二进制的邻接权重矩阵（即0–1矩阵），若两个地区相邻，则W_{it}=1，反之W_{it}=0；γ表示“时间惯性”强度；ρ表示空间外溢效应强度；$GDPL_{it}$、InPOP_{it}、IS_{it}、ER_{it}、PA_{it}、UP_{it}、InEI_{it}、GR_{it}、InCAR_{it}分别表示第i个地区第t年的经济增长、人口密度、产业结构、环境规制、科技进步、城镇化率、对外开放、绿化建设及交通情况，它们共同构成京津冀及周边地区大气污染治理的影响因素体系；μ_i为个体固定效应；ε_{it}为随机扰动项。

第二节 京津冀及周边地区大气污染的空间集聚演化特征分析

一、局部自相关分析

局部自相关分析，旨在研究某特定范围内大气污染的空间集聚情况，通常使用局部Moran's I指数进行衡量，计算公式为：$I_i=\left[(Y_i-\bar{Y})\sum_{j=1}^{n}w_{ij}(Y_j-\bar{Y})\right]/S^2$。其中，$I_i$是局部Moran指数，取值区间为[-1，1]；$n$是考察的地区总数；$Y_i$和$Y_j$分别是地区$i$和地区$j$的观测值，$W_{ij}$是邻接权重矩阵；$\bar{Y}$是平均值；$S^2=\sum_{i=1}^{n}(Y_i-\bar{Y})^2/n$。若$I_i>0$，则呈现为高（低）值地区$i$被相邻高（低）值地区包围的空间联系，例如，高（低）AQI的本地区与高（低）AQI的相邻地区并存，即高－高（第一象限）或低－低（第三象限）集聚模式；若$I_i<0$，则呈现为低－高（第二象限）或高－低（第四象限）集聚模式。在此，本书运用Stata14软件，计算京津冀及周边地区2013—2018年的局部Moran's I指数，并拟合出相应的Moran散点图（见图4-2），进而归纳出AQI及6类大气污染物的局部空间集聚特征与演化路径（见表4-5、表4-6）。

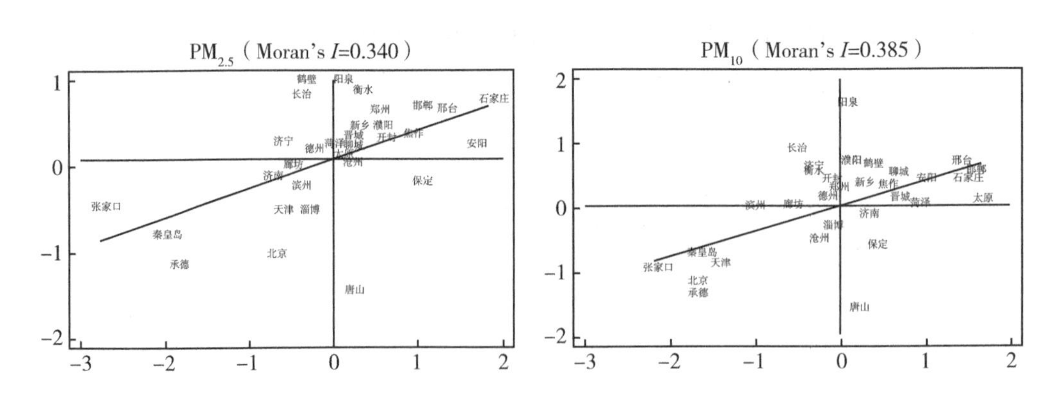

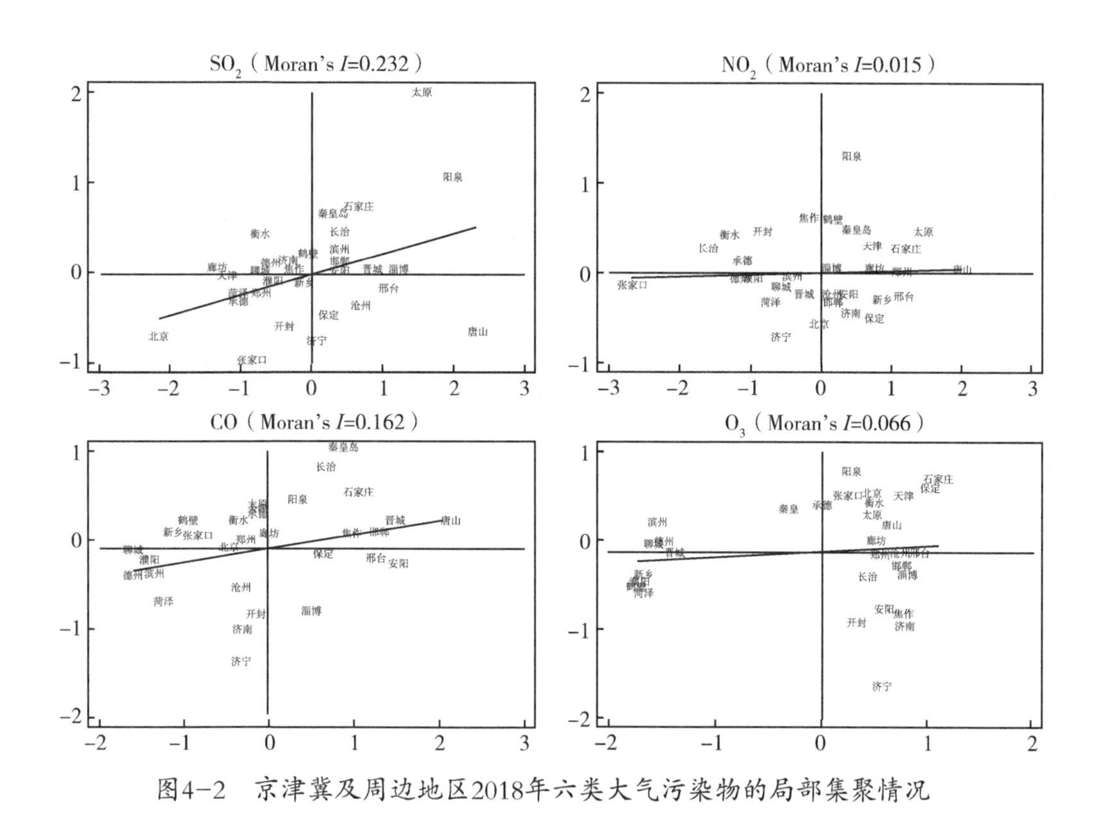

图4–2　京津冀及周边地区2018年六类大气污染物的局部集聚情况

表4–5　按局部集聚模式划分的京津冀及周边地区大气污染情况

	高-高集聚	低-高集聚	低-低集聚	高-低集聚	混合集聚
P_{AQI}	石家庄，衡水，邯郸，邢台，德州，聊城，郑州	沧州，阳泉，长治，济宁，鹤壁	北京，张家口，秦皇岛，承德，太原，滨州，淄博	保定，菏泽	天津，唐山，廊坊，晋城，济南，开封，安阳，新乡，焦作，濮阳
$P_{PM_{2.5}}$	石家庄，衡水，邯郸，邢台，济南，德州，聊城	阳泉，长治，鹤壁，濮阳	北京，天津，承德，秦皇岛，张家口，太原	唐山，菏泽，安阳	保定，沧州，廊坊，晋城，济宁，滨州，淄博，郑州，开封，新乡，焦作
$P_{PM_{10}}$	石家庄，衡水，邢台，邯郸，济南，淄博，德州，聊城，焦作，濮阳	沧州，长治，滨州，开封	北京，天津，承德，张家口，秦皇岛	唐山，保定	廊坊，太原，阳泉，晋城，济宁，菏泽，郑州，安阳，鹤壁，新乡
P_{SO_2}	石家庄，邯郸，太原，阳泉，长治，晋城，滨州，淄博	衡水，廊坊，德州，聊城，濮阳	北京，天津，承德，张家口，菏泽，郑州，开封	唐山，邢台，保定，济宁	沧州，秦皇岛，济南，安阳，焦作，鹤壁，新乡

续表

	高-高集聚	低-高集聚	低-低集聚	高-低集聚	混合集聚
P_{CO}	天津，石家庄，唐山，邯郸，邢台，廊坊，秦皇岛，长治，晋城，焦作	张家口，承德，阳泉，新乡，鹤壁	济南，济宁，滨州，德州，聊城，菏泽，濮阳	淄博，安阳	北京，衡水，保定，沧州，太原，郑州，开封
P_{O_3}	北京，天津，石家庄，唐山，承德，衡水，廊坊，保定，张家口	秦皇岛，滨州，德州，聊城	菏泽，鹤壁，濮阳	邯郸，济南，济宁，淄博，安阳，焦作	邢台，沧州，太原，阳泉，长治，晋城，郑州，开封，新乡

注：当地区同种集聚情况超过3年时，计入相应模式，反之，则为混合集聚模式。

表4-6　　大气污染物混合集聚模式中潜在风险地区的演化情况

	局部集聚模式的演化路径
$P_{PM_{2.5}}$	①晋城：低-低→低-高→高-高，②郑州：低-低→高-高，③开封：低-低→低-高→高-高，④新乡：低-低→高-低→高-高，⑤焦作：低-低→高-高，⑥保定：高-高→高-低，⑦沧州：高-高→低-高→高-低
$P_{PM_{10}}$	①太原：低-低→低-高→高-高，②阳泉：低-高→高-高，③晋城：低-低→低-高→高-高，④菏泽：高-低→高-高，⑤安阳：高-低→高-高，⑥新乡：低-低→高-低→高-高，⑦鹤壁：低-低→低-高→高-高
P_{SO_2}	①秦皇岛：低-高→低-低→高-高，②安阳：低-低→高-低→高-高
P_{CO}	保定：高-高→高-低
P_{O_3}	①邢台：高-高→高-低→低-低→高-高，②沧州：高-低→高-高，③太原：高-低→低-低→高-高，④阳泉：低-高→高-高，⑤长治：低-高→高-高

注：潜在风险地区，指大气污染物演化为高-高或高-低集聚模式的地区。

经比较发现，京津冀及周边地区大气污染具有显著的复合型局部集聚演化特征。

第一，从AQI及六类污染物层面来看，NO_2在2014—2018年的局部Moran's I值域为［0.011，0.042］，其散点图几乎与横轴重合，即不存在显著的局部自相关关系，故而不做进一步探讨。同时，AQI及其他污染物的局部集聚变化比较显著。（1）AQI：2013年以低-低集聚为主，2016年以低-高集聚为主，2015年、2017年以高-高集聚为主，2014年、2018年以高-高与低-低集聚为主。（2）$PM_{2.5}$与PM_{10}的局部集聚态势基本一致，2013—2014年以高-高与低-低集聚为主，2015—2018年以高-高集聚为主。（3）SO_2：2013—2014年以低-高与低-低集聚为主，2015—2018年以高-高与低-低集聚为主。（4）CO：2013—2018年均以高-高集聚为主，同时，低-高与低-低集聚程度基本持平。（5）O_3：2013—2014年为高-高、高-低与低-高的集聚程度基本持平，2015—2016年以高-高、低-低与高-低集聚为主，2017—2018年以高-高与高-低集聚为主，但2015—2018年的局部Moran's I值域为［0.048，0.138］，即整体显著性水平偏低。

第二，从地区层面来看，整体以高-高、低-低及混合集聚模式为主，且同一地区不同污染物的集聚及演化情况有所差异。一是高-高集聚模式主要分布于河北与山东地区。例如，石家庄、邯郸在AQI及5类污染物情境中均显著；衡水在AQI、$PM_{2.5}$、PM_{10}情境中显著；邢台在AQI、$PM_{2.5}$、CO情境中显著；唐山、廊坊在CO与O_3情境中显著；济南、德州、聊城在$PM_{2.5}$与PM_{10}情境中显著；淄博在PM_{10}与SO_2情境中显著。二是低-低集聚模式的情境交叠现象非常明显。例如，北京、张家口、承德在AQI、$PM_{2.5}$、PM_{10}、SO_2情境中显著；天津、秦皇岛在$PM_{2.5}$与PM_{10}情境中显著；菏泽在SO_2、CO、O_3情境中显著。三是显性与隐性潜在风险地区并存。一方面，唐山、保定、淄博、菏泽、安阳等地区，在不同情境均呈现出具有显著负外部性的高-低集聚模式。另一方面，基于经济、社会发展等多元因素的交叠影响，现有混合集聚模式的部分地区，已经演化为高-高或高-低集聚模式。例如，晋城、新乡在$PM_{2.5}$与PM_{10}情境中演化为高-高集聚模式；太原、阳泉在PM_{10}与O_3情境中演化为高-高集聚模式；保定在$PM_{2.5}$与CO情境中演化为高-低集聚模式等。由此可知，要推进京津冀及周边地区大气污染的可持续性深化治理，就必须扎根于各地区在不同污染物情境的局部集聚及其演化实情，探讨出适配的专项分工方案。

二、全局自相关分析

相较于局部自相关分析，全局自相关检验的重点在于，探讨整体空间序列$\{X_i\}_{i=1}^{n}$的集聚情况，以呈现区域大气污染的整体演化态势。它通常采用全局Moran's I指数进行测度，计算公式为：$I=\left[n\sum_{i=1}^{n}\sum_{j=1}^{n}w_{ij}(Y_i-\bar{Y})(Y_j-\bar{Y})\right]\Big/\left[S^2\sum_{i=1}^{n}\sum_{j=1}^{n}w_{ij}\right]$，其中，$I$是全局Moran指数，其他指标与局部Moran's I指数计算公式一致。若$I>0$，则存在正向的空间自相关，且越靠近1表示正相关性越强；若$I<0$，则存在负向的空间自相关，且越靠近-1表示负相关性越强；若$I=0$，则表明在空间上服从随机分布。在此，运用Stata14软件，计算出京津冀及周边地区（2+26+3市）2013—2018年大气污染的全局Moran's I指数及其显著水平（见表4-7），并根据我国现阶段施行的监测标准——优（0—50）、良（51—100）、轻度污染（101—150）、中度污染（151—200）、重度污染（201—300）及严重污染（>300）[①]，划分出AQI与六类污染物的分层等级，进而运用GeoDAv1.14软件绘制出AQI全局演化图（见图4-3）。

① 参见《环境空气质量标准》（GB 3095—2012）与《大气污染源优先控制分级技术指南（试行）》。

表4-7　京津冀及周边地区大气污染的全局Moran's *I*指数及显著情况

年份	AQI	$PM_{2.5}$	PM_{10}	SO_2	NO_2	CO	O_3
2013	0.177**	0.355***	0.278***	0.188**	0.117	0.133*	−0.317**
2014	0.198**	0.278***	0.315***	0.212**	0.011	0.106	−0.140
2015	0.136*	0.277***	0.331***	0.319***	−0.042	0.121	0.091
2016	−0.050	0.295***	0.475***	0.445***	0.040	0.111	0.142*
2017	0.362***	0.339***	0.436***	0.416***	0.044	0.176*	0.049
2018	0.349***	0.352***	0.398***	0.240**	0.015	0.167*	0.069

注：***$p<0.01$，** $p<0.05$，*$p<0.1$。

首先，从AQI及6类污染物层面来看，根据表5-7的数值统计结果可知，京津冀及周边地区大气污染的全局演化具有显著的复合型特征。一是整体呈现为正向相关关系，但显著程度有差异。其中，除2016年外，AQI的全局Moran's *I*指数均为正值，且都通过了10%及以上的显著性水平检验；$PM_{2.5}$、PM_{10}、SO_2在2013—2018年的全局Moran's *I*指数均为正值，同时，$PM_{2.5}$、PM_{10}全部通过了1%的显著性水平检验，SO_2全部通过了5%及以上的显著性水平检验；虽然CO的全局Moran's *I*指数均为正值，但是它仅在2013年、2017年与2018年通过了10%的显著性水平检验；O_3的全局Moran's *I*指数在2013年与2014年为负值，在2015—2018年为正值，且在2013年、2016年分别通过了5%、10%的显著性水平检验。二是个别污染物目前尚处于隐性全局演化阶段。NO_2在2013—2018年的全局Moran's *I*绝对值区间为［0.015，0.117］，整体性变动幅度很小，且均不显著，即不存在全局自相关关系。这与局部自相关分析的结果基本一致，故而将在后续的实证检验中将它剔除。

其次，从地缘邻接层面来看，根据通过GeoDA技术拟合绘制的AQI全局演化图可以得出：一是AQI整体呈现显著的下降趋势，即地区之间的等级差距逐步减小。这表明伴随中央与地方多向联防联控政策措施的共同推进，京津冀及周边地区的大气污染治理已经取得一定成效。二是相邻地区之间的大气污染演化进程基本一致，在全域范围内呈现出强劲的正向空间相关关系。具体可分为三个代表性梯队：石家庄、保定、邢台、邯郸、衡水、廊坊为第一梯队，它们几乎同步依次经历了严重污染、重度污染、中度污染及轻度污染阶段；天津、唐山、德州、聊城、济南、淄博、菏泽、安阳、长治为第二梯队，它们均以重度污染阶段为演化起点；张家口、承德、秦皇岛为第三梯队，它们的大气质量始终保持在“良好”等级。同时，其他地区在自身经济社会发展、环境治理与邻近地区外部效应的影响下，具有无规则性演化特征。三是基于大气污染局部与全局复合型演化规律可知，不能仅凭AQI集聚演化情况，就绝对判定京津冀及周边地区大气污染的治理效果，还应充分考虑相关污染物浓度的变动。但目前我国针对$PM_{2.5}$、PM_{10}及SO_2等的年均浓度分级标准还不精细，有待进一步完善。

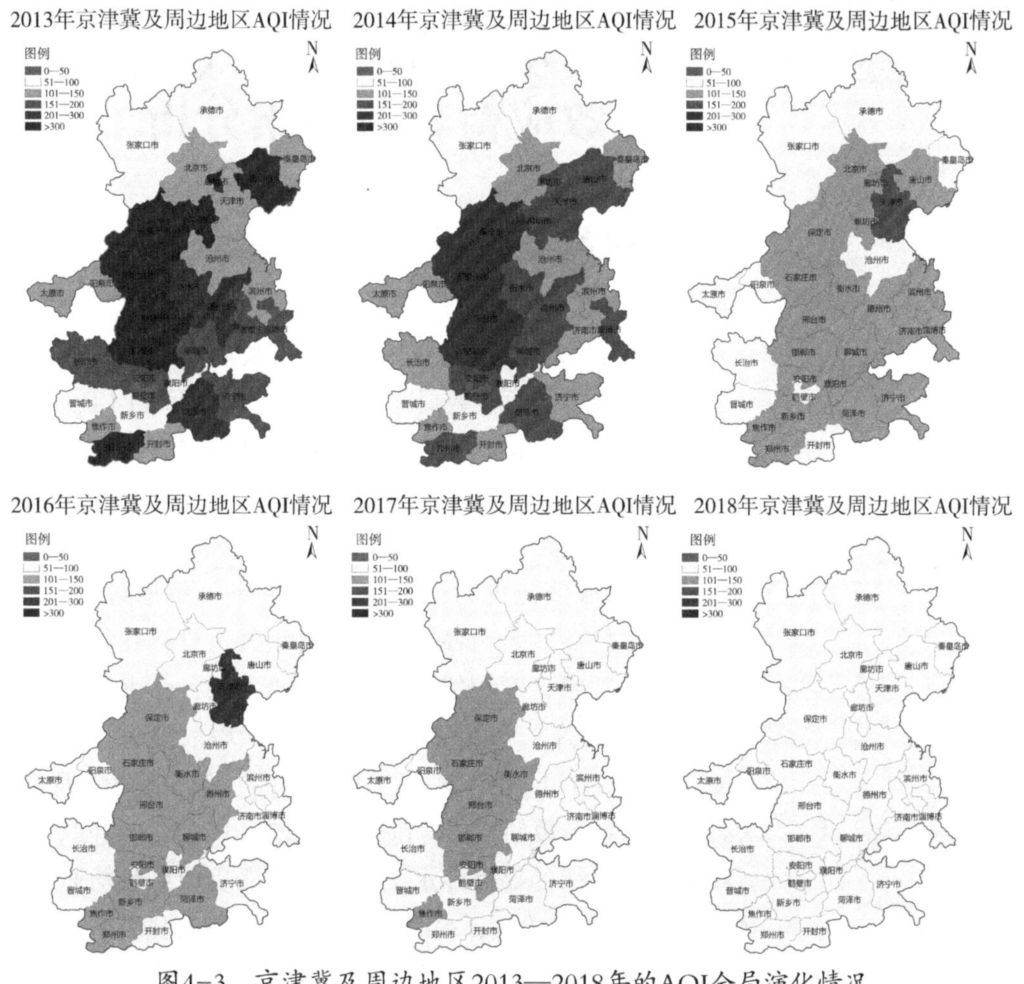

图4-3　京津冀及周边地区2013—2018年的AQI全局演化情况

第三节 京津冀及周边地区大气污染的外溢效应检验与因素分析

一、总体结果分析

运用邻接权重矩阵，基于京津冀及周边地区（2+26+3市）2013—2018年面板数据，得出动态空间自回归（D-SAR）检验结果（见表4-8）。在此，可从以下两个维度判定动态空间外溢效应的强度及其显著情况。

第一，AQI及5类核心大气污染物的空间外溢效应（即*Spatial rho*）取值范围为［0.262，0.883］，且都通过了1%的显著性水平检验，表明各地区之间的大气污染存在很强的正向空间相关关系，即相邻地区大气污染加剧，会引致本地区大气质量的下降。如相邻地区的$PM_{2.5}$年均浓度每增加1%，将使本地区的$PM_{2.5}$年均浓度增加0.374%。第二，AQI及5类污染物滞后项系数的取值范围为［0.127，1.181］，且除CO滞后项系数为10%的显著性水平外，其他滞后项系数均通过了1%的显著性水平检验，表明大气污染变动具有显著的“时间惯性”特征。某地区上一年的PM_{10}年均浓度每增加1%，将导致其本年的PM_{10}年均浓度增加0.458%。由此可得出与全局自相关分析一致的结论：京津冀及周边地区大气污染演化具有显著的正向“时空尺度效应”[①②③]。

① 刘海猛，方创琳，黄解军，朱向东，周艺，王振波，张蔷.京津冀城市群大气污染的时空特征与影响因素解析［J］.地理学报，2018，73（1）：177-191.

② 邵帅，李欣，曹建华，杨莉莉.中国雾霾污染治理的经济政策选择——基于空间溢出效应的视角［J］.经济研究，2016，51（9）：73-88.

③ 马丽梅，张晓.中国雾霾污染的空间效应及经济、能源结构影响［J］.中国工业经济，2014（4）：19-31.

表4-8　　　京津冀及周边地区大气污染的D-SAR检验情况

	$\ln P_{AQI}$	$\ln P_{PM_{2.5}}$	$\ln P_{PM_{10}}$	$\ln P_{SO_2}$	$\ln P_{CO}$	$\ln P_{O_3}$
$\ln Y_{t-1}$	0.517^{***} （0.045）	0.578^{***} （0.069）	0.458^{***} （0.054）	1.181^{***} （0.056）	0.127^{*} （0.075）	0.310^{***} （0.070）
GDPL	0.033^{***} （0.008）	0.005 （0.005）	0.009^{**} （0.004）	-0.040^{***} （0.007）	−0.005 （0.009）	−0.008 （0.009）
ln*POP*	0.552 （0.642）	−0.027 （0.349）	0.041 （0.314）	2.128^{***} （0.532）	1.659^{**} （0.713）	*1.040* *（0.708）*
IS	0.003 （0.005）	0.002 （0.003）	*−0.004* *（0.002）*	0.003 （0.004）	-0.010^{*} （0.006）	−0.008 （0.005）
ER	0.002 （0.009）	*−0.007* *（0.005）*	-0.008^{*} （0.004）	-0.023^{***} （0.007）	−0.007 （0.010）	0.022^{**} （0.010）
PA	*0.046* *（0.030）*	−0.021 （0.016）	−0.011 （0.015）	−0.026 （0.025）	-0.078^{**} （0.033）	0.013 （0.033）
UP	0.002 （0.013）	-0.013^{*} （0.007）	-0.015^{***} （0.006）	0.066^{***} （0.010）	*−0.019* *（0.013）*	−0.033 （0.012）
ln*EI*	*0.069* *（0.050）*	−0.023 （0.028）	0.006 （0.025）	0.003 （0.043）	-0.121^{**} （0.057）	−0.049 （0.056）
GR	0.000 （0.004）	0.002 （0.002）	0.000 （0.002）	-0.015^{***} （0.003）	0.006 （0.004）	0.004 （0.004）
ln*CAR*	−0.131 （0.161）	*0.117* *（0.088）*	0.133^{*} （0.080）	0.843^{***} （0.141）	−0.032 （0.181）	0.324^{*} （0.178）
Spatial rho	0.293^{***} （0.083）	0.374^{***} （0.069）	0.332^{***} （0.071）	0.883^{***} （0.051）	0.369^{***} （0.086）	0.262^{***} （0.093）
Log-likelihood	97.906	187.079	206.487	−58.253	80.463	81.950

注：$^{***}p<0.01$，$^{**}p<0.05$，$^{*}p<0.1$，斜体数值为接近于10%的显著性水平。

二、影响因素分析

在社会主义市场经济深化转型的战略背景下，以属地“多域协同”推动区域“五位一体”发展，是京津冀及周边地区大气污染治理攻坚的关键。在此，针对D-SAR检验结果，对经济、社会与生态维度的影响因素变量进行讨论（见图4-4）。

第一，经济发展维度。（1）经济增长（GDPL）对AQI、PM_{10}具有正向影响，且分别通过1%、5%的显著性水平检验，即GDPL每提升1%，将导致AQI、PM_{10}分别提高0.033%、0.009%。同时，GDPL对SO_2具有1%显著性水平的负向影响，

GDPL每提升1%，将使SO_2降低0.04%。这与宋马林和王舒鸿（2011）[①]，Hao和Liu（2015）[②]，黄滢等（2016）[③]学者所验证的中国式环境库兹涅茨曲线特征一致。尽管京津冀及周边地区的经济发展水平尚未越过倒“U”型曲线的拐点，但其增长方式的转型已取得一定成效，特别是脱硫技术的推广应用，对缓减大气污染起到了积极作用。如何持续、全面推动集约型、技术型经济增长，有效加快“后工业”时代的绿色发展步伐，依然值得高度重视。（2）产业结构（IS）对PM_{10}、CO、O_3均具有负向影响，但只有对CO的影响通过了10%显著性水平的检验，即整体效果不佳。结合邓祥征和刘纪远（2012）[④]，宋海鸥和王滢（2016）[⑤]，Li和Lin(2017)[⑥]等的研究发现，其原因主要在于两个方面：一是资源禀赋、经济绩效、市场环境、预算存量等现实约束，使京津冀及周边地区的第三产业占比较低，传统重化工产业仍是属地较量的核心装备，能源消耗与废气物排放，仍是加剧大气污染的强势力量；二是现有第三产业内部结构的优化不足、技术融入度偏低，对能源置换及使用效率提升的作用有限，需继续推动绿色升级。（3）对外开放（EI）对CO具有5%显著性水平的负向影响，即进出口贸易总额每提升1%，会使CO降低0.121%。根据Frankel和Rose（2002）[⑦]，许和连和邓玉萍（2012）[⑧]，秦晓丽和于文超（2016）[⑨]等提出的“污染晕轮”效应，近年来，世界各国都在积极推进清洁能源替代煤炭、石油等传统能源的研发与应用，且许多发达国家还设置了绿色贸易壁垒，使国际流通富含的污染因子减少，从而有助于大气质量改善。但值得注意的是，EI对AQI还具有接近于10%显著性水平的正向影响，系数为0.069，这表明，进出口贸易总额增加潜藏着

---

① 宋马林，王舒鸿.环境库兹涅茨曲线的中国“拐点”：基于分省数据的实证分析［J］.管理世界，2011（10）：168-169.

② Hao Y，Liu Y M. The Influential Factors of Urban $PM_{2.5}$ Concentrations in China：A Spatial Econometric Analysis［J］. Journal of Cleaner Production，2015，112：1443-1453.

③ 黄滢，刘庆，王敏.地方政府的环境治理决策：基于SO_2减排的面板数据分析［J］.世界经济，2016，39（12）：166-188.

④ 邓祥征，刘纪远.中国西部生态脆弱区产业结构调整的污染风险分析——以青海省为例［J］.中国人口·资源与环境，2012，22（5）：55-62.

⑤ 宋海鸥，王滢.京津冀协同发展：产业结构调整与大气污染防治［J］.中国人口·资源与环境，2016，26（S1）：75-78.

⑥ Li K，Lin B. Economic Growth Model，Structural Transformation and Green Productivity in China［J］. Applied Energy，2017，187（1）：489-500.

⑦ Frankel J A，Rose A K. An Estimate of the Effect of Common Currencies on Trade and Income［J］. Quarterly Journal of Economics，2002（2）：437-466.

⑧ 许和连，邓玉萍.外商直接投资导致了中国的环境污染吗？——基于中国省际面板数据的空间计量研究［J］.管理世界，2012（2）：30-43.

⑨ 秦晓丽，于文超.外商直接投资、经济增长与环境污染——基于中国259个地级市的空间面板数据的实证研究［J］.宏观经济研究，2016（6）：127-134，151.

Mani和Wheeler（1998）[①]，Cole（2004）[②]等提出的“污染天堂”问题。因此，各地区要全面统筹、多维权衡地推动对外开放进程。

第二，社会发展维度。（1）人口密度（POP）对SO_2、CO具有正向影响，系数分别为2.128、1.659，且各自通过了1%、5%的显著性水平检验；同时对O_3具有接近于10%显著性水平的正向影响，系数为1.040。Vandeweghe和Kennedy（2007）[③]，何文举等（2019）[④]的研究表明，人口密度高的地区，会产生更多元化多层次的需求，而生产、生活集聚带来的能源消耗与污染物的直接和间接排放等，会加剧大气污染。（2）城镇化率（UP）对$PM_{2.5}$、PM_{10}分别具有10%、1%显著性水平的负向影响，且对CO的负向影响接近于10%的显著性水平，而对SO_2则具有1%显著性水平的正向影响。这与周宏春和李新（2010）[⑤]，Bai等（2012）[⑥]“正向论”不同的是，京津冀及周边地区的城镇化发展呈现出“双重效应”：一是人口和产业集聚拉动建筑业发展，进而促进水泥、钢铁等重工业壮大，致使扬（烟）尘等污染物增加，加剧大气污染。二是伴随产业结构集聚演化的逐步调整升级，第三产业集聚速度快于第二产业、技术主导型产业集聚速度快于能源消耗型产业，将有助于缓解大气污染。因此，要持续注重与推进城镇化的有效发展。（3）交通情况（CAR）对PM_{10}、SO_2、O_3的正向影响系数依次为0.133、0.843与0.324，且分别通过了10%、1%、10%的显著性水平检验；对$PM_{2.5}$的正向影响接近于10%的显著性水平。张铁映（2010）[⑦]，柯水发等（2015）[⑧]探讨得出，汽车排放对大气污染具有“稳健性”影响。虽然我国新能源汽车市场正在快速崛起，但因高技术开发成本引致的高销售价格，传统能源汽车仍是京津冀及周边地区民用汽车市场的主流，立足于“供-需”两端同步推动汽车能源结构转型，是大气污染源防控的重要方向。（4）科技进步（PA）对CO具有5%显著性水平的负向影响，系数为-0.078，对AQI具有接近于10%显著性水

① Mani M, Wheeler D. In Search of Pollution Havens Dirty Industry in the World Economy, 1960 to 1995 [J]. The Journal of Environment and Development, 1998, 7 (3): 215-247.

② Cole M A. Trade, the Pollution Haven Hypothesis and the Environmental Kuznets Curve: Examining the Linkages[J]. Ecological Economics, 2004, 48 (1): 71-81.

③ Vandeweghe J R, Kennedy C. A Spatial Analysis of Residential Greenhouse Gas Emissions in the Toronto Census Metropolitan Area [J]. Journal of Industrial Ecology, 2007, 11 (2): 133-144.

④ 何文举，张华峰，陈雄超，颜建军.中国省域人口密度、产业集聚与碳排放的实证研究——基于集聚经济、拥挤效应及空间效应的视角 [J].南开经济研究，2019 (2): 207-225.

⑤ 周宏春，李新.中国的城市化及其环境可持续性研究 [J].南京大学学报（哲学·人文科学·社会科学版），2010，47(4): 66-75.

⑥ Bai X, Chen J, Shi P. Landscape Urbanization and Economic Growth in China: Positive Feedbacks and Sustainability Dilemmas [J]. Environmental Science and Technology, 2012, 46 (1): 132-139.

⑦ 张铁映.城市不同交通方式能源消耗比较研究 [D].北京交通大学，2010.

⑧ 柯水发，王亚，陈奕钢，等.北京市交通运输业碳排放及减排情景分析 [J].中国人口·资源与环境，2015，25 (6): 81-88.

平的正向影响，而对其他污染物的影响均不显著。这与Levinson（2009）[①]，于峰等（2006）[②]的研究吻合，即京津冀及周边地区的科技进步对大气污染确实起到了一定程度的抑制作用，但整体影响力度尚有不足，且潜藏着“能源回弹效应”。正如杨飞等（2017）[③]提出的“科技效用门槛”观点，单纯地增加科学技术投入，不一定能有效保证地区大气污染的消减，还需辅有适配的节能减排与调控政策。

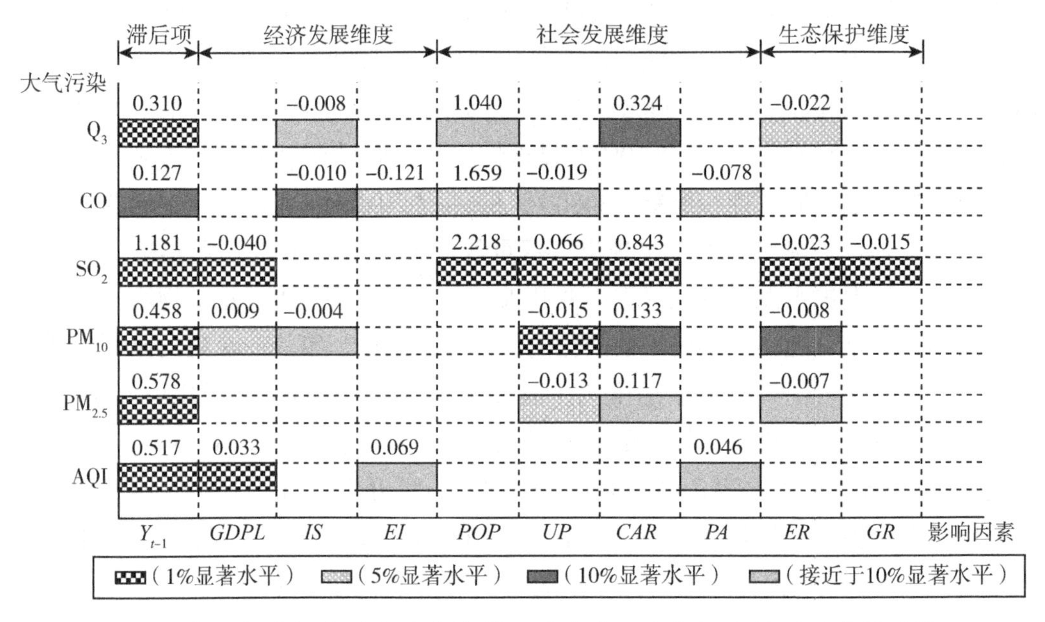

图4-4　基于邻接权重测度的京津冀及周边地区大气污染协同因素影响情况

第三，生态保护维度。（1）环境规制（ER）对PM_{10}、SO_2分别具有10%、1%显著性水平的负向影响，即节能环保支出每提高1%，会使PM_{10}、SO_2分别下降0.008%、0.023%；对$PM_{2.5}$的负向影响接近于10%的显著性水平；对O_3的正向影响系数为0.022，且通过了5%的显著性水平检验。这种“矛盾型”效果反映出两个问题：一是环境规制的整体投入力度不足。贺俊等（2016）[④]运用内生增长模型验证出，针对我国环境治理投资占GDP比重与环境污染的倒“U”型关系，比重超过1.8%才能遏制环境污染。目前京津冀及周边地区节能环保支出占GDP比重的取值范围为［0.19%，1.69%］，未达到有效抑制大气污染的标准。二是环境规制的效率偏低。地方政府关注倾向的差异过大、环保监督力度不足、法律法规建设不完善、

① Levinson A. Technology，International Trade and Pollution from US Manufacturing［J］. The American Economic Review，2009，99（5）：2177-2192.

② 于峰，齐建国，田晓林.经济发展对环境质量影响的实证分析——基于1999-2004年间各省市的面板数据［J］.中国工业经济，2006（8）：36-44.

③ 杨飞，孙文远，张松林.全球价值链嵌入，技术进步与污染排放——基于中国分行业数据的实证研究［J］.世界经济研究，2017（2）：126-134，137.

④ 贺俊，刘亮亮，张玉娟.税收竞争、收入分权与中国环境污染［J］.中国人口·资源与环境，2016，26（4）：1-7.

企业及公众的环保意识较薄弱等，导致京津冀及周边地区节能环保支出的整体成效不足。（2）绿化建设（GR）对SO_2具有1%显著性水平的负向影响，即绿化覆盖率每提升1%，将使SO_2降低0.015%；但对AQI及其他污染物的影响尚不显著。说明提升京津冀及周边地区的绿化水平是缓解大气污染的有效途径，可进一步加强多类型绿色植被的培育。

三、稳健性检验

为考察京津冀及周边地区大气污染D-SAR回归结果的稳健程度，本书将“邻接矩阵”替换为“反地理距离矩阵（$1/d^2$）”进行验证。执行这一操作，主要是基于以下两个方面的考虑：（1）在变换空间权重矩阵的基础上，保持既定模型设置与因素变量选取不变，可以确保实证思路的一致性。（2）现实中，强劲的风速将可能使本地区的大气污染外溢效应超出相邻地区的范围，即在有效距离内的非相邻地区也可能受到一定程度的影响。将地理距离作为测定空间外溢效应的辐射强度，既是对原有约束条件的延展，又能在实质评判准则上保持一致。具体的检验结果如表4-9所示。

表4-9　京津冀及周边地区大气污染的D-SAR稳健性检验情况

	$\ln P_{AQI}$	$\ln P_{PM_{2.5}}$	$\ln P_{PM_{10}}$	$\ln P_{SO_2}$	$\ln P_{CO}$	$\ln P_{O_3}$
$\ln Y_{t-1}$	0.486^{***} （0.046）	0.433^{***} （0.070）	0.399^{***} （0.055）	0.479^{***} （0.059）	0.115 （0.077）	0.293^{***} （0.068）
$GDPL$	0.031^{***} （0.008）	0.006 （0.004）	0.008^{**} （0.004）	-0.011 （0.007）	-0.005 （0.009）	-0.006 （0.009）
$\ln POP$	0.576 （0.638）	0.037 （0.334）	0.141 （0.308）	1.702^{***} （0.524）	1.820^{**} （0.726）	0.945 （0.692）
IS	0.005 （0.005）	0.003 （0.003）	-0.003 （0.002）	0.004 （0.004）	-0.010^{*} （0.006）	-0.007 （0.005）
ER	0.009 （0.009）	-0.001 （0.005）	-0.003 （0.004）	-0.009 （0.007）	-0.002 （0.010）	0.020^{**} （0.010）
PA	0.046 （0.029）	-0.022 （0.015）	-0.011 （0.014）	0.005 （0.024）	-0.088^{***} （0.034）	-0.004 （0.032）
UP	-0.004 （0.012）	-0.019^{***} （0.006）	-0.017^{***} （0.006）	0.012 （0.010）	-0.023^{*} （0.013）	-0.006 （0.012）
$\ln EI$	0.056 （0.050）	-0.037 （0.027）	-0.003 （0.024）	-0.132^{***} （0.042）	-0.133^{**} （0.058）	-0.042 （0.055）

续表

	$\ln P_{AQI}$	$\ln P_{PM_{2.5}}$	$\ln P_{PM_{10}}$	$\ln P_{SO_2}$	$\ln P_{CO}$	$\ln P_{O_3}$
GR	0.002 （0.004）	0.002 （0.002）	0.001 （0.002）	0.001 （0.003）	0.008* （0.004）	0.005 （0.004）
ln*CAR*	−0.093 （0.163）	0.184** （0.086）	0.154* （0.079）	*0.222* （*0.141*）	−0.007 （0.186）	*0.278* （*0.174*）
Spatial rho	0.347*** （0.098）	0.520*** （0.081）	0.442*** （0.087）	0.797*** （0.063）	0.357*** （0.100）	0.413*** （0.107）
Log-likelihood	99.4061	194.8346	209.7002	113.1658	78.5703	85.0671

注：***p<0.01，** p<0.05，*p<0.1，斜体数值为接近于10%的显著性水平。

整体而言，AQI及5种污染物的空间外溢效应方向及显著性水平不变，整体强度基本一致，且除CO外的全部滞后项（Y_{t-1}）系数仍具有1%显著性水平的正向影响，这表明，京津冀及周边地区大气污染的动态空间外溢效应显著且稳健。

各类相关因素的影响变动情况（见图4–5）如下：（1）经济发展维度。经济增长（GDPL）对SO_2的负向影响由1%显著性水平变为不显著（接近于10%的显著性水平）；产业结构（IS）对PM_{10}、O_3的负向影响显著程度进一步降低；对外开放（EI）对SO_2的负向影响由不显著变为1%显著性水平，而对AQI的正向影响显著程度则进一步降低。（2）社会发展维度。人口密度（POP）的整体影响方向和显著性水平不变，但对SO_2与CO的影响强度存在“此消彼长”态势；城镇化率（UP）对SO_2的正向影响由1%显著性水平变为不显著，对CO的负向影响由不显著变为10%显著性水平；交通情况（CAR）对$PM_{2.5}$的正向影响由不显著变为5%显著性水平，而对SO_2、O_3的正向影响分别由1%、10%显著性水平变为不显著；科技进步（PA）对CO负向影响的显著性水平由5%上升为1%，且对$PM_{2.5}$具有接近于10%显著性水平的负向影响。（3）生态保护维度。环境规制（ER）减少了对PM_{10}与SO_2的显著性负向影响；绿化建设（GR）对SO_2的负向影响由1%显著性水平变为不显著，但对CO产生了10%显著性水平的正向影响，即现有绿化建设结构未有效发挥出净化CO的效能，需推进更多元化的绿色植被栽培。综上可知，两类空间权重情境的检验结果基本一致，表明D–SAR模型设置与影响因素选取具有良好的稳健性。因此，以属地“多域协同”为基础单元的全局多中心协同实践模式，可成为提升京津冀及周边地区大气污染深化治理成效的探寻方向。

基于不同权重测度情境的动态空间自回归检验结果可知，相较于降水、风力等不可控的自然因素，经济社会发展、生态建设等可调控性因素，对京津冀及周边地区的大气污染演化有着非常显著的影响。属地内部及相互之间多元影响因素的交叠作用，引致出区域多层次、复合型大气污染空间相关关系。因此，以地方政府为

“主责者”，精准发掘不同地区大气污染的形成根源与演化规律，全面统筹、协调、把控好局域与全域性关键因素的合理规制，是实现区域大气污染协同治理攻坚目标的可行性策略选择。

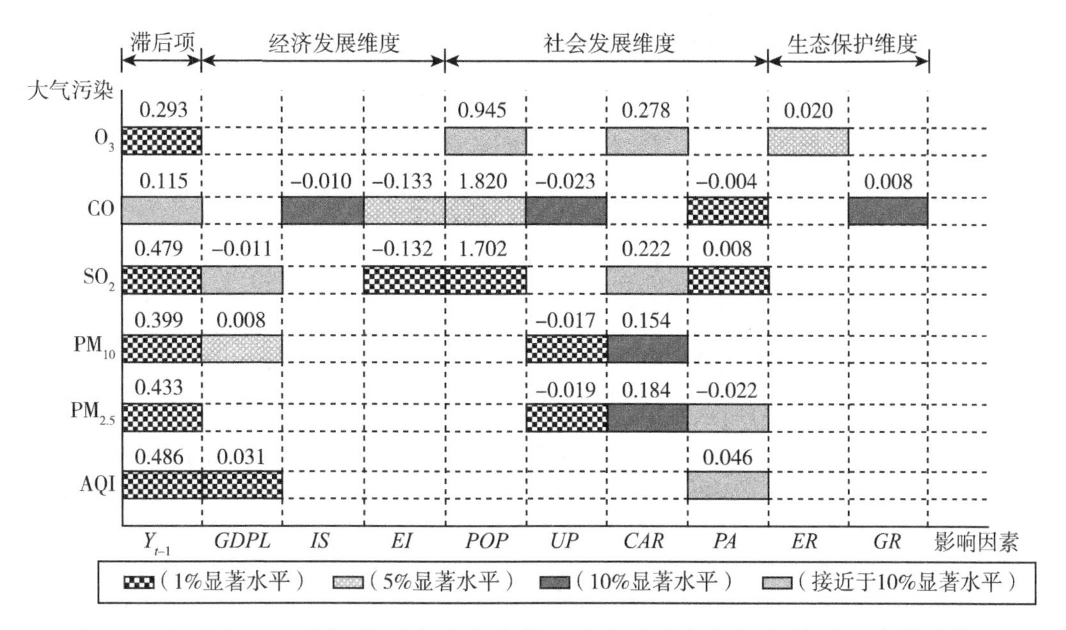

图4-5 基于地理距离权重测度的京津冀及周边地区大气污染协同因素影响情况

第四节 本章小结

大气污染复合性、流动性与极强的外部性，决定了大气污染治理必然是一项长期性、系统性的工程。现阶段，根据各地区资源禀赋、经济基础、市场环境、技术条件、污染源结构等实情，精准识别京津冀及周边地区（2+26+3市）大气污染动态空间外溢效应的演化特征与多元相关因素的影响情况，是持续、稳步提升区域联防协作治理效果的突破口。

基于局部与全局空间的关联性分析可知：一是京津冀及周边地区大气污染具有显著的复合型局部集聚特征。2013—2018年，AQI、$PM_{2.5}$、PM_{10}均以高–高集聚为主，SO_2、CO及O_3为高–高集聚与低–低集聚并存，NO_2的分布较为均匀，无显著的集聚特征；石家庄、邯郸等10个地区以高–高集聚为主，北京、天津等6个地区以低–低集聚为主，其他地区均呈现出混合集聚特征。二是各类大气污染物的全局演化方向基本一致，但显著程度存在差异。$PM_{2.5}$、PM_{10}及SO_2的显著性强，CO与O_3相对较弱，NO_2则完全不显著。根据D–SAR模型的实证检验与相关因素影响分析得出：一是京津冀及周边地区的大气污染演化具有极强的"时空尺度效应"，即本地区相关污染物浓度的提升，对自身与邻近地区均存在显著的正向影响。二是现阶段，各类影响因素对属地大气污染演化具有显著的复合型作用。具体而言，经济与社会发展类因素以正向影响为主，而生态保护类因素则主要发挥负向作用，且前两者的整体贡献强度明显高于后者。

为全面改善京津冀及周边地区的大气质量，可着重从四个方向统筹考虑：一是协调好属地发展诉求与区域协同治理目标的对立统一关系。通过建立健全区域内环保利益差核算与转移支付（补偿）机制，摆脱"发展"与"保大气质量"使命的博弈困境。二是统筹好全局与局部"共同但有差别"

的联防联控步调。按地缘关系逐步完善多中心、复合型联合治理体系，探寻因类、因域、因时施治的精细化路径。三是积极推动“三维一体”协同体系建设。立足于经济、社会、生态因素的影响方向及强度，求解各地区达成稳固性合作联盟的“最大公约数”，制定持续有效的专项协同方案。四是完善地方政府绩效考核及晋升体制的改革。通过拓展环境治理绩效维度、调减经济增长的权重、创新绿色GDP核算体系等，强化其融入区域协同体系的内在动力与主责意识。

本章揭示了属地经济、社会、生态发展与区域大气污染治理之间的强劲型动态空间相关关系，进一步呈现出地方政府“行动”博弈的关键症结范畴。立足于不同地区多领域发展要素的比较优势，推行专项责任目标引导的综合治理绩效测度与考核，是充分发挥属地（基础单元）的主观能动性、提升区域整体性深化治理水平的内在要求。因此，本章通过对第三章各类主体协同路径及均衡策略在不同大气污染物动态空间外溢情境中的具象化表征描述与检验，为第五章的约束条件设定、模型构建、指标分解与筛选、绩效结果评定与比较等，奠定了有效的现实基础。

▶ 第五章 动态空间视域下京津冀及周边地区大气污染协同治理绩效评价

内容提要

通过主体行动选择与客体空间联动层面的分析可知，在我国由高增速向高质量转型升级的新常态背景下，根据大气污染复合性、公共性、外溢性等本质属性，立足于区域有序性动态空间发展的战略布局，逐步化解经济、社会快速发展与资源环境负荷过重的矛盾，妥善解决属地内部投入–产出失衡、提升地方政府综合治理绩效水平，从而有效破除功能定位、生态补偿等引致的地区（政府）非对称性利益博弈困境，提升整体性绿色发展福利水平，已成为京津冀及周边地区大气污染协同治理可持续性深化所亟待解决的问题。为此，参照现有探讨多地区、多系统协同发展逻辑与绩效测度的相关成果，本章将立足于第二章构建的逻辑框架、第三章与第四章提炼的影响因素集合，设计指标体系与理论模型，考察2+26+3市经济–社会–生态子系统的耦合协同程度，并从静态与动态层面，测定出地方政府的综合治理绩效情况及其演化规律，为提升区域“协同–绩效”水平的可行性路径探索提供相关参考。

第一节　大气污染治理的经济－社会－生态协同绩效评价体系构建

一、评价思路剖析

根据大气污染无界性溢出效应与大气污染物空间流动特征，本书拟从两个维度，考察京津冀及周边地区（2+26+3市）的协同治理绩效情况：一是基于“五位一体”发展战略视角，考察同一地区经济、社会及生态系统之间互动关系与内在关联程度的耦合协同评价。先求出三个系统的综合序参量结果，再以彼此之间的耦合度和协同度测算，明确它们长期以来的相互影响与协调情况。耦合度是衡量两个及以上系统的相互依赖程度；协同度是衡量系统之间同步发展、相互促进的和谐程度。耦合度越高，则表明系统之间的相互依赖性越强。在高耦合度的前提下，协同度越高，说明系统和谐共生的关联性越强，地区的可持续发展潜力越大。在系统低耦合度情境中，协同度的实际测度意义较差，难以有效说明彼此之间的互促情况。二是基于成本－收益视角，考察一定时期内地方政府经济－社会－生态的综合治理绩效情况。政府作为非营利性公共组织，其大气污染治理是一个多对象、多投入、多产出的过程，且因资源禀赋、环境承载力、经济社会基础、科学技术条件、规制政策导向等差异性约束，各地区在实际治理过程中均具有自身的比较优、劣势。为此，本书选取以求解帕累托最优为核心、呈现相对效率差异的数据包络分析（Data Envelopment Analysis，DEA）方法，通过投入－产出效率的静态与动态层面测量，对地方政府的绩效水平进行测度与纵－横向比较（见图5-1）。融合京津冀及周边地区（2+26+3市）的经济－社会－生态耦合协同评价与政府综合治理绩效评价实情，是推动全面把握区际差异、精准深化职责分工、合理协调利益矛盾等路径执行及其优化的有效基础。

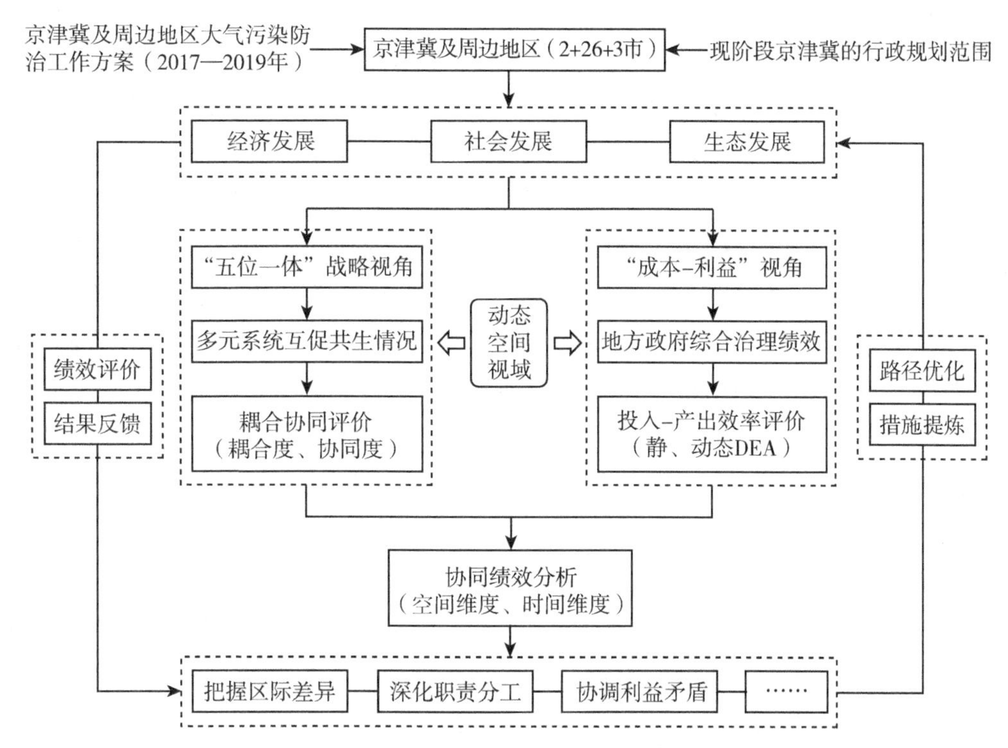

图5-1　京津冀及周边地区大气污染治理的经济-社会-生态协同绩效评价体系

二、评价指标选取

目前，国内外针对区域大气污染治理成效的测度指标选取，主要可分为以下三个维度：一是污染排放与处理情况，如二氧化硫（氮）排放量、工业烟（粉）尘净化率、工业固体废弃物综合处理率等；二是资源消耗与节约情况，如非化石能源占一次能源消费比重、原材料消耗强度、单位GDP能耗削减率等；三是绿化建设与保护情况，如森林覆盖率、人均绿地面积等。与此同时，根据区域多元系统交叠演化态势、政府多元职能交融承载特征、"五位一体"和谐共生战略目标等，通过融入经济速度、产业结构、贸易规模、人口流动、城镇化、教育程度、技术进步等考察维度，构建起多层次、统筹型绩效评价指标体系。

本书基于地方政府可调控原则与动态空间视域，从经济、社会及生态系统的基本内涵和要素网络出发，细分出经济增长、人口发展、资源利用、环境规制等11个二级指标。通过借鉴"敏感性–弹性–压力"模型①②、"压力–状态–响应"（P–S–R）模型③④、"投入–产出"模型⑤⑥等研究成果，参照京津冀及周边地区的"绿色发展指标体系"、"生态文明建设考核目标体系"，共选取100个可行性三级指标，其中，经济发展指标29个、社会发展指标26个、生态发展指标45个。运用相关性检验、可鉴力检验及信度检验方法，最终筛选出46个有效指标（见表5–1）。考虑到区域复杂系统的各个领域变化具有相对独立性，且主观评价的个人偏好差异较大，故全部选用客观指标。受新冠疫情、暴雨等不可抗力因素影响，2019年以来部分地区的数据发布时间及统计口径变动较大，可直接应用的效能相对不足。为此，本书聚焦于区域大气污染治理攻坚期（2013—2018年）的"协同–绩效"评估，数据来源包括《中国统计年鉴》《中国环境统计年鉴》《中国城市统计年鉴》《中国能源统计年鉴》，以及地区《统计年鉴》《环境质量公报》《财政决算报告》《政府工作报告》《国民经济和社会发展统计公报》等，少部分缺失数据采用线性插值法加以补充。

具体而言，三级指标的筛选步骤如下：一是指标无量纲处理。假设x为原始值、s为标准差、z为标准化值，则按$z_{ik}=(x_{ik}-\bar{x}_i)/s_i$方式，得出新指标体系，以消除不同计量单位对评价结果的影响。二是相关性检验。先计算指标之间的相关系数R_{ij}，公式为$R_{ij}=\left[\sum_{k=1}^{n}(z_{ik}-\bar{z}_i)(z_{jk}-\bar{z}_j)\right]/\left[\sum_{k=1}^{n}(z_{ik}-\bar{z}_i)^2(z_{jk}-\bar{z}_j)^2\right]^{\frac{1}{2}}$，再根据临界值$M$（$0<M<1$）标准，在相关系数矩阵中进行筛选。若$R_{ij}>M$，则删除其中一个指标；反之，则两个指标均保留。在此，参考罗燕（2012）⑦，王小燕（2015）⑧，宋文（2017）⑨等学者的研究成果，以M=0.85为边界，共剔除39个指标，保留61个指标。三是可鉴力检验。计算指标的变异系数CV_i，假设$\bar{X}$为全部指标的平均值，S_i为各个指标的标准差，即有$CV_i=S_i/\bar{X}$。CV_i越大，表明该指标针对不同地区差异化特

① Hershkovitz L. Political Ecology and Environmental Management in the Loess Plateau, China [J]. Human Ecology, 1993, 21 (4): 327–353.

② 尚虎平.我国西部生态脆弱性的评估：预控研究［J］.中国软科学，2011（9）：122–132.

③ 李春瑜.大气环境治理绩效实证分析：基于PSR模型的主成分分析法［J］.中央财经大学学报，2016（3）：104–112.

④ Duan L, Xiang M, Yang J, et al. Eco–Environmental Assessment of Earthquake–Stricken Area Based on Pressure–State–Response (P–S–R) Model [J]. International Journal of Design and Nature and Ecodynamics, 2020, 15 (4): 545–553.

⑤ 成金华，孙琼，郭明晶，等.中国生态效率的区域差异及动态演化研究［J］.中国人口·资源与环境，2014，24（1）：47–54.

⑥ 关斌.地方政府环境治理中绩效压力是把双刃剑吗？——基于公共价值冲突视角的实证分析［J］.公共管理学报，2020，17（2）：53–69，168.

⑦ 罗艳.基于DEA方法的指标选取和环境效率评价研究［D］.中国科学技术大学，2012.

⑧ 王小艳.地方政府低碳治理绩效评价及治理模式研究［D］.湖南大学，2015.

⑨ 宋文.基于松弛变量测度的能源与环境绩效评估［D］.中国科学技术大学，2017.

征的可鉴力越强；反之，可鉴力越差。当CV_i<0.1时，判定为不具有可鉴力。按此标准，共剔除15个指标，保留46个指标。四是信度检验。相较于折半信度、重测信度及平行信度等方法，选取内部一致性信度（克劳伯克α系数），对指标进行测量，公式为$\alpha = \left[m/(m-1)\right]\left[1-(\sum s_i^2)/s^2\right]$。其中，$m$为指标数量，$s_i^2$为第$i$个指标的方差值，$s^2$为全部保留指标的总方差值。已有的探寻经验表明，当$\alpha \geqslant 0.7$时，评价指标体系达到信度要求。最终计算结果显示，京津冀及周边地区经济发展、社会发展、生态发展的α系数分别为0.8445、0.8886、0.7941，均超过临界值，即该指标体系具有良好的信度水平。

表5-1　京津冀及周边地区大气污染治理的经济–社会–生态协同绩效指标体系

一级指标	二级指标	三级指标	编码	方向	单位	CV值	α值	权重值
经济发展	经济增长	GDP增长率	Y_1	正	%	0.2581	0.8445	0.0174
		人均GDP	Y_2	正	万元/人	0.4590		0.1075
		经济密度	Y_3	正	万元/m^2	0.9314		0.1161
	收入水平	地区人均可支配收入水平	Y_4	正	%	0.3099		0.1135
		城镇居民人均可支配收入增长率	Y_5	正	%	0.1708		0.0382
		农村居民人均可支配收入增长率	Y_6	正	%	0.2058		0.0654
		人均可支配收入占人均GDP比重	Y_7	正	%	0.2094		0.0843
		城镇登记失业率	X_1	负	%	0.2945		0.0707
	经济结构	财政分权程度	Y_8	正	%	0.3312		0.1017
		第二产业增加值占GDP比重	X_2	负	%	0.1882		0.0579
		第三产业增加值占GDP比重	Y_9	正	%	0.2422		0.0786
	对外开放	进出口贸易总额增长率	Y_{10}	正	%	4.0888		0.0493
		外商直接投资额增长率	Y_{11}	正	%	5.2046		0.0993
社会发展	人口发展	人口自然增长率	Y_{12}	正	%	0.7217	0.8886	0.0177
		人口密度（常住）	X_3	正	人/km^2	0.4593		0.0483
		平均受教育程度	Y_{13}	正	%	1.0824		0.0879
		人均教育支出	Y_{14}	正	元/人	0.4388		0.0706
		教育支出占GDP比重	Y_{15}	正	%	0.2539		0.0444
	城镇发展	城镇化率（常住）	Y_{16}	正	%	0.2099		0.0545
		城镇化率（建设）	Y_{17}	正	%	0.7447		0.0677
		万元GDP建设用地面积	X_4	负	m^2	0.3583		0.0503
		房地产投资占固定资产投资比重	X_5	正	%	0.6425		0.0786
	交通发展	民用汽车拥有量	X_6	正	万辆	0.8943		0.0833
		全面公共汽（电）车客运总量	Y_{18}	正	万人次	2.1356		0.1113

续表

一级指标	二级指标	三级指标	编码	方向	单位	CV值	α值	权重值
社会发展	科技进步	R&D内部经费支出总额	Y_{19}	正	万元	1.2981	0.8886	0.0951
		R&D从业人员折合全时当量	Y_{20}	正	人年	2.1842		0.1105
		科学技术支出占一般预算支出比重	Y_{21}	正	%	0.7443		0.0798
生态发展	资源利用	规模以上工业企业能源消费总量	X_7	负	万吨标准煤	0.9951	0.7941	0.0636
		万元工业增加值能源消耗量	X_8	负	吨标准煤	0.8374		0.0624
		单位GDP能源消耗降低率	Y_{22}	正	%	-1.0223		0.0323
		单位GDP电量消耗降低率	Y_{23}	正	%	-78.6645		0.0483
		人均社会用电量	X_9	负	千瓦时/人	0.7273		0.0617
		一般工业固体废物综合利用率	Y_{24}	正	%	0.2797		0.0229
	环境规制	节能环保支出总额	Y_{25}	正	万元	2.0108		0.0714
		节能环保支出占一般预算支出比重	Y_{26}	正	%	0.5165		0.0515
		工业二氧化硫排放量	X_{10}	负	吨	0.8600		0.0584
		工业二氧化硫排放强度	X_{11}	负	吨/亿元	1.0097		0.0609
		工业二氧化硫排放量削减率	Y_{27}	正	%	-1.1938		0.0383
		工业氮氧化物排放量	X_{12}	负	吨	0.8645		0.0589
		工业氮氧化物排放强度	X_{13}	负	吨/亿元	0.7835		0.0562
		工业氮氧化物排放量削减率	Y_{28}	正	%	-2.4672		0.0428
		工业烟（粉）尘排放量	X_{14}	负	吨	1.4560		0.0672
		工业烟（粉）尘排放强度	X_{15}	负	吨/亿元	1.1707		0.0638
		工业烟（粉）尘排放量削减率	Y_{29}	正	%	-33.0699		0.0570
	绿化建设	建成区绿化覆盖率	Y_{30}	正	%	0.1249		0.0341
		人均绿地面积	Y_{31}	正	m^2/人	0.3447		0.0483

资料来源：根据2013—2018年的面板数据测算所得。

三、评价模型设置

为全面和精准地考察2013—2018年京津冀及周边地区（2+26+3市）大气污染协同治理的成效，本书在参考国内外已有研究成果的基础上，立足于区域经济-社会-生态系统互促共生情况与地方政府综合治理效率的考察维度，分别构建出耦合协同评价模型与政府绩效评价模型（静态层面与动态层面）。

（一）耦合协同评价模型

借鉴容量耦合系数模型①、复合系统协调度模型②③等研究思路，通过三个阶段形成经济-社会-生态耦合协同评价模型。第一阶段，以熵值法确定指标权重。具体分为以下三个步骤：一是基于标准化指标体系，计算各个样本值的比重，即$P_{ij}=x'_{ij}/\sum_{i=1}^{m}x'_{ij}$，其中，$x'_{ij}$是标准化的指标样本值；二是计算指标的熵值，即$E_j=-(1/\ln m)\sum_{i=1}^{m}P_{ij}\ln P_{ij}$，若存在$P_{ij}$=0，则定义$P_{ij}\ln P_{ij}$在$P_{ij}\to 0$条件下的极限值为0；三是计算指标的权重值，即$w_j=(1-E_j)/\sum_{j=1}^{m}E_j$。第二阶段，采用多目标规划原理的功效系数法，计算经济、社会及生态系统的综合序参量。分为以下两个步骤：一是计算序参量的功效函数。假设X_{ij}为第i个子系统第j个指标（序参量），α_{ij}、β_{ij}分别为系统序参量的上、下限值，x''_{ij}为各个指标序参量得分。若X_{ij}具有正功效，$x''_{ij}=(X_{ij}-\beta_{ij})/(\alpha_{ij}-\beta_{ij})$；反之，$x''_{ij}=(\alpha_{ij}-X_{ij})/(\alpha_{ij}-\beta_{ij})$。二是计算系统的综合序参量，即$U_i=\sum_{j=1}^{m}w_{ij}x''_{ij}$。第三阶段，计算系统的耦合度与协同度。分为以下三个步骤：一是计算系统耦合度，即$C=3(U_1\times U_2\times U_3)^{\frac{1}{3}}/(U_1+U_2+U_3)$，其中，$U_1$、$U_2$、$U_3$分别为经济、社会及生态系统的综合序参量；二是计算综合协调指数，即$T=aU_1+bU_2+cU_3$，其中，a、b、c是反映三个系统重要程度的待定参数，本书认为它们都同等重要，即取值均为1/3；三是计算系统协同度，即$D=(C\times T)^{\frac{1}{2}}$。同时，参照已有研究成果，制定出耦合协同评价的分级标准（见表5-2）。

表5-2　京津冀及周边地区大气污染治理的经济-社会-生态耦合协同评价分级标准

耦合度C	C=0	0<C<0.3	0.3≤C<0.5	0.5≤C<0.8	0.8≤C<1	C=1
耦合等级	无耦合	低度耦合	颉颃耦合	磨合	高度耦合	新良性耦合
协同度D	D=0	0<D<0.1	0.1≤D<0.2	0.2≤D<0.3	0.3≤D<0.4	0.4≤D<0.5
协同等级	完全失调	极度失调	严重失调	中度失调	轻度失调	濒临失调
协同度D	0.5≤D<0.6	0.6≤D<0.7	0.7≤D<0.8	0.8≤D<0.9	0.9≤D<0.8	D=1
协同等级	勉强协调	初级协调	中级协调	良好协调	优质协调	完全协调

① Illingworth V. The Penguin Dictionary of Physics［M］. London：Penguin Book，1996.

② Ferrary M，Granovetter M. The Role of Venture Capital Firms in Silicon Valley's Complex Innovation Network［J］. Economy and Society，2009，38（2）：326-359.

③ 张杨，王德起. 基于复合系统协同度的京津冀协同发展定量测度［J］. 经济与管理研究，2017，38（12）：33-39.

（二）政府绩效评价模型

根据经济-社会-生态发展特征，本书的政府绩效评价分为静态和动态两个层面。

静态层面，以投入-产出效率为政府绩效水平测定的有效依据。根据我国战略布局和实践现状，府际合作是京津冀及周边地区大气污染深化治理的基础。为此，通过借鉴CCR DEA模型①、BCC DEA模型②、交叉效率模型③、Super-SBM模型④等评价思路，按以下三个阶段，构建出包含自评和他评维度的利众型策略交叉效率模型。假设有n个被评价的决策单元DUMs，令DMU_d的投入向量为$x_d=(x_{1d},x_{2d},\cdots,x_{md})^T$，产出向量为$y_d=(y_{1d},y_{2d},\cdots,y_{sd})^T$。第一阶段，运用经典CCR DEA模型，确定某一个决策单元DMU_d的自评效率值e_{dd}。计算公式为：$e_{dd}=\max\sum_{r=1}^{s}u_r y_{rd}$，$s.t.\sum_{r=1}^{s}u_r y_{rj}-\sum_{i=1}^{m}v_i x_{ij}\leqslant 0$，$j=1,\cdots,n$；$\sum_{i=1}^{m}v_i x_{rd}=1$；$u_r$，$v_i\geqslant 0$，$r=1,\cdots,s$，$i=1,\cdots,m$。第二阶段，在保持$DUM_d$自评效率不变的条件下，引入利众型策略二次目标，确定交叉效率的权重。计算公式为：$\max\sum_{j\neq d}\left(\sum_{r=1}^{s}v_r y_{rj}-\sum_{i=1}^{m}u_i x_{ij}\right)$，$s.t.\sum_{r=1}^{s}u_r y_{rj}-\sum_{i=1}^{m}u_{id}x_{ij}\leqslant 0$，$j=1,\cdots,n$；$\sum_{r=1}^{s}v_{rd}y_{rd}-e_{dd}\sum_{i=1}^{m}u_{id}x_{id}=0$；$\sum_{i=1}^{m}u_{id}x_{id}=1$，$v_{rd}$，$u_{id}\geqslant 0$，$r=1,\cdots,s$，$i=1,\cdots,m$。令最优权重解为（$v^*_{rd}$，$u^*_{id}$），可知$DMU_k$的利众型交叉效率为：$e_{dk}=\sum_{r=1}^{s}v^*_{rd}y_{rk}/\sum_{i=1}^{m}u^*_{id}x_{ik}$，$k=1,\cdots,n$。第三阶段，根据全部DMU结果，得出效率矩阵$E$。其中，对角线元素为自评效率值，非对角线元素为利众型策略条件下的交叉效率值（即他评效率），二者的算术平均值为DMU_d的静态评价效率，即$E_d=(\sum_{j=1}^{n}e_{dj})/n$。

$$E=\begin{bmatrix} e_{11} & e_{12} & \cdots & e_{1n} \\ e_{21} & e_{22} & \cdots & e_{2n} \\ \vdots & \vdots & \ddots & \vdots \\ e_{1n} & e_{2n} & \cdots & e_{nn} \end{bmatrix}$$

① Charnes A, Cooper W W, Rhodes E. Measuring the Efficiency of Decision Making Units [J]. European Journal of Operational Research, 1978, 2 (6): 429-444.

② Banker R D, Charnes A, Cooper W W. Some Models for Estimating Technical and Scale Inefficiencies in Data Envelopment Analysis [J]. Management Science, 1984, 30 (9): 1078-1092.

③ Sexton T R, Silkman R H, Hogan A J. Data Envelopment Analysis: Critique and Extensions [J]. New Directions for Program Evaluation, 1986 (32): 73-105.

④ Tone K. A Slacks-Based Measure of Super-Efficiency in Data Envelopment Analysis [J]. European Journal of Operational Research, 2002, 143 (1): 32-41.

动态层面，构建交叉效率测定与窗口分析相结合的评价模型，以探寻京津冀及周边地区大气污染协同治理绩效随时间演化的规律。假定总时间长度为T，窗口宽度为σ，即对每个被评价的决策单元DMU_d（$d=1$，…，$T\cdot n$），构建$T-\sigma+1$个测度窗口。基于投入向量$x_d=(x_{1d}, x_{2d}, \cdots, x_{md})^T$和产出向量$y_d=(y_{1d}, y_{2d}, \cdots, y_{sd})^T$，按静态评价的步骤，计算第t个窗口的自评效率$e_{dd}$和交叉效率$e_{dj}$，其中$d, j=(t-1)\cdot n+1, \cdots, (t-1)\cdot n+\sigma\cdot n$，并根据效率矩阵$E(t)$，得出动态效率$E_d'=\sum_{j=1}^{\sigma\cdot n} e_{dj}/(\sigma\cdot n)$。

$$E(t)=\begin{bmatrix} e_{(t-1)\cdot n+1,(t-1)\cdot n+1} & e_{(t-1)\cdot n+1,(t-1)\cdot n+2} & \cdots & e_{(t-1)\cdot n+1,(t-1)\cdot n+\sigma\cdot n} \\ e_{(t-1)\cdot n+2,(t-1)\cdot n+1} & e_{(t-1)\cdot n+2,(t-1)\cdot n+2} & \cdots & e_{(t-1)\cdot n+2,(t-1)\cdot n+\sigma\cdot n} \\ \vdots & \vdots & \ddots & \vdots \\ e_{(t-1)\cdot n+\sigma\cdot n,(t-1)\cdot n+1} & e_{(t-1)\cdot n+\sigma\cdot n,(t-1)\cdot n+2} & \cdots & e_{(t-1)\cdot n+\sigma\cdot n,(t-1)\cdot n+\sigma\cdot n} \end{bmatrix}$$

▶ 第二节 京津冀及周边地区大气污染治理的经济–社会–生态耦合协同评价

在京津冀及周边地区（2+26+3市）2013—2018年面板数据的基础上，本书首先通过熵值法得出适用于研究对象的指标权重值（见表5–1），然后按耦合协同评价模型的操作步骤，依次测算出区域经济–社会–生态子发展系统之间的综合序参量、耦合度及协同度（见表5–3）。

一、系统综合序参量结果分析

根据功效系数测定原理，单个系统的综合序参量值越高，表明发展水平越高。就京津冀及周边地区的实情而言：一是经济发展综合序参量U_1的值域为（0.275，0.693），整体平均值为0.395。其中，$U_1<0.3$的地区为邯郸、邢台、保定与长治；$0.3<U_1<0.4$的地区共有17个，包括石家庄、承德、张家口、沧州等；$0.4<U_1<0.5$的地区为唐山、廊坊、太原、滨州与焦作；$0.5<U_1<0.6$的地区为济南、淄博与郑州；$U_1>0.6$的地区为北京与天津。二是社会发展综合序参量U_2的值域为（0.142，0.791），整体平均值为0.243。其中，$U_2<0.2$的地区共有18个，包括承德、张家口、唐山、邯郸等；$0.2<U_2<0.3$的地区共有8个，包括石家庄、保定、沧州等；$0.3<U_2<0.4$的地区为太原与济南；$0.4<U_2<0.5$的地区为郑州；$0.5<U_2<0.6$的地区为天津；$U_2>0.6$的地区为北京。三是生态发展综合序参量U_3的值域为（0.349，0.749），整体平均值为0.540。其中，$U_3<0.4$的地区为唐山；$0.4<U_3<0.5$的地区为邯郸、阳泉、长治、滨州与安阳；$0.5<U_3<0.6$的地区共有22个，包括天津、石家庄、承德、张家口等；$0.6<U_3<0.7$的地区为廊坊与衡水；$U_2>0.7$的地区为北京。由上述分析可知，目前京津冀及周边地区（2+26+3市）

的经济、社会发展整体水平低，生态发展水平相对较高，但尚未达到及格线。同时，三个子系统内部均存在显著的阶梯性区际差异，且大部分地区仍位于低水平层级（见图5–2）。因此，全面提升经济与社会保障水平、缩小区际差距，是京津冀及周边地区大气污染可持续性深化治理的关键。

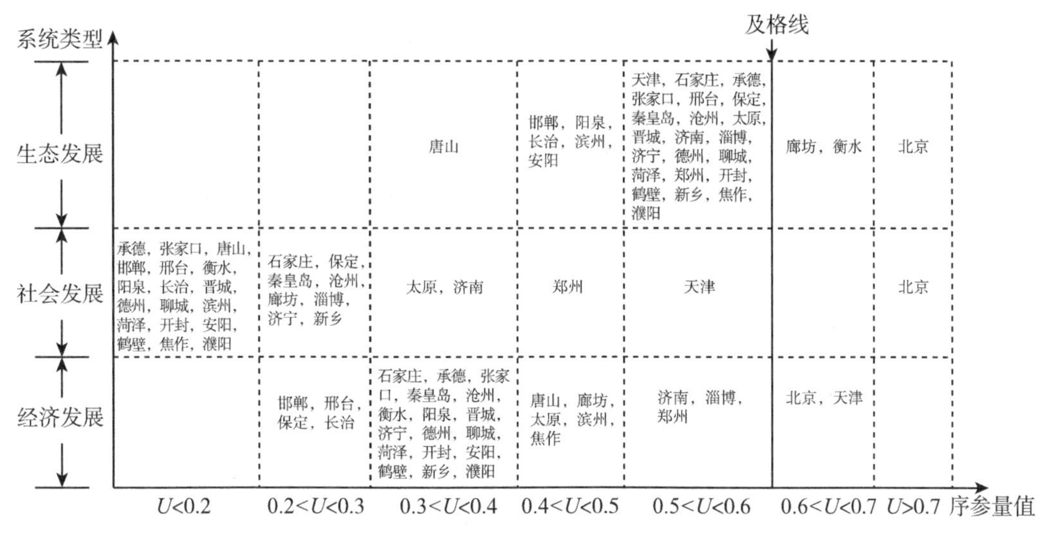

图5–2　京津冀及周边地区经济–社会–生态系统发展情况

二、耦合协同评价结果分析

根据耦合协同评价模型反映的数据结构规律，在系统之间耦合度高的条件下，达到高协同度需具备两个前提：一是彼此的综合序参量处于整体水平的较高值；二是不同综合序参量之间的差距较小。从京津冀及周边地区经济–社会–生态系统来看：一是耦合度C的值域为（0.861，0.999），整体平均值为0.927，即所有地区处于“高度耦合”情境，表明三个系统具有高度的相互依赖关系。二是协同度D的值域为（0.526，0.862），整体平均值为0.601，即全域均处于“初级协调”层级，但不同地区之间存在显著的阶梯性差距。其中，北京处于“良好协调”层级；天津、济南与郑州处于“中级协调”层级；石家庄、沧州、廊坊及太原等6个地区处于“初级协调”层级；承德、张家口、秦皇岛等21个地区处于“勉强协调”层级（见表5–3）。综上可知，经济–社会–生态发展的综合序参量小且系统之间的差距大，导致了现阶段京津及周边地区大气污染治理处于“高耦合、低协同”层级的局面。

基于“高耦合、低协同”特征，可探寻出以下三点重要问题。

一是经济、社会、生态发展之间存在强劲的嵌套型互动关系，都是区域复杂系统形成及演化的必要组成部分。这意味着京津冀及周边地区的大气污染深化治理，必然是一个牵涉面广、关系网络复杂且见效较慢的过程，需具备融合经济发展、社会进步与生态保护的统筹型绩效理念，以实现三者可持续的和谐互促。

二是经济、社会、生态发展之间相互促进的和谐程度低，区域内部的“负外溢”效应大于“正外溢”效应。一方面，京津冀及周边地区整体的生态发展综合序参量（0.540）明显高于经济和社会发展综合序参量（0.395、0.243），表明在大气污染治理过程中存在严重的“顾此失彼”问题，建立在经济、社会等损失基础上的环境质量改善，缺乏长期有效的内在动力机制，从而难以真正提高区域的生态福利水平。另一方面，大部分地区（占比约为67.74%）的协同度未达到“及格线”层级，存在显著的区域大气污染协同治理“短板”。这不仅源自资源禀赋、政治位势、技术水平、市场环境等现实约束，更是常规治理和运动治理相互转化的连续谱系[①]中“搭便车”“向底线竞争”等不良“行动”博弈理念驱使的结果[②]，致使难以形成有序联动的区域治理空间格局。

三是基于整体性大气污染协同治理战略布局，多中心、复合型“高耦合度”与“高协同度”互促体系亟待建立与完善。由于不同地区经济、社会、生态发展的相对水平存在显著差异，短期内难以实现发展进度的完全一致，应全面调整“重区域目标、轻属地诉求”的倾向。现阶段，根据不同系统演化规律与空间分布特征，将京津冀及周边地区细分为主体功能明确、优势交叠互补的多个“小圈层”，是进一步强化区域联防联控凝聚力与向心力、提升集体行动效率的可行性探究方向。

表5-3　京津冀及周边地区大气污染治理的经济-社会-生态耦合协同情况

序号	地区	经济发展综合序参量	社会发展综合序参量	生态保护综合序参量	耦合度	协同度	耦合强度与协同程度（分级情况）
		U_1	U_2	U_3	C	D	
1	北京	0.692491	0.790131	0.748995	0.998540	0.861851	高度耦合，良好协调
2	天津	0.615185	0.509242	0.567851	0.997021	0.749941	高度耦合，中级协调
3	石家庄	0.398180	0.279189	0.547980	0.963331	0.627274	高度耦合，初级协调
4	承德	0.367898	0.149095	0.540539	0.878011	0.556335	高度耦合，勉强协调
5	张家口	0.329766	0.180442	0.520272	0.914126	0.560354	高度耦合，勉强协调
6	秦皇岛	0.346075	0.235253	0.525152	0.948072	0.591332	高度耦合，勉强协调
7	唐山	0.480044	0.165070	0.349430	0.912571	0.550028	高度耦合，勉强协调

① 徐岩，范娜娜，陈那波.合法性承载：对运动式治理及其转变的新解释——以A市18年创卫历程为例［J］.公共行政评论，2015，8（2）：22-46，179.

② 王红梅，谢永乐，孙静.不同情境下京津冀大气污染治理的“行动”博弈与协同因素研究［J］.中国人口·资源与环境，2019，29（8）：20-30.

续表

序号	地区	经济发展综合序参量	社会发展综合序参量	生态保护综合序参量	耦合度	协同度	耦合强度与协同程度（分级情况）
		U_1	U_2	U_3	C	D	
8	邯郸	0.293567	0.188838	0.477437	0.931449	0.545907	高度耦合，勉强协调
9	邢台	0.275235	0.179293	0.503934	0.913608	0.540265	高度耦合，勉强协调
10	保定	0.292230	0.234324	0.591670	0.921438	0.586053	高度耦合，勉强协调
11	沧州	0.386036	0.221446	0.570907	0.930364	0.604519	高度耦合，初级协调
12	廊坊	0.403164	0.264318	0.618655	0.942294	0.635589	高度耦合，初级协调
13	衡水	0.320911	0.154867	0.603584	0.863604	0.557417	高度耦合，勉强协调
14	太原	0.443793	0.366467	0.513306	0.990618	0.661097	高度耦合，初级协调
15	阳泉	0.318995	0.159187	0.434374	0.921963	0.529573	高度耦合，勉强协调
16	长治	0.288758	0.163696	0.451992	0.920392	0.526765	高度耦合，勉强协调
17	晋城	0.314087	0.174489	0.504779	0.913391	0.549946	高度耦合，勉强协调
18	济南	0.550895	0.384834	0.563687	0.985506	0.701827	高度耦合，中级协调
19	淄博	0.555299	0.217816	0.538907	0.920217	0.634388	高度耦合，初级协调
20	济宁	0.399269	0.218642	0.540145	0.935898	0.601061	高度耦合，初级协调
21	德州	0.384168	0.171656	0.586676	0.888091	0.581562	高度耦合，勉强协调
22	聊城	0.368316	0.141539	0.565547	0.861798	0.555812	高度耦合，勉强协调
23	滨州	0.406848	0.147251	0.492295	0.885791	0.555844	高度耦合，勉强协调
24	菏泽	0.307805	0.182550	0.537754	0.908858	0.558094	高度耦合，勉强协调
25	郑州	0.556978	0.488782	0.577872	0.997460	0.734735	高度耦合，中级协调
26	开封	0.351310	0.186560	0.558773	0.908456	0.576267	高度耦合，勉强协调
27	安阳	0.322007	0.187976	0.476494	0.932630	0.553780	高度耦合，勉强协调
28	鹤壁	0.363830	0.165290	0.573786	0.885553	0.570579	高度耦合，勉强协调
29	新乡	0.332594	0.240381	0.562669	0.939511	0.596364	高度耦合，勉强协调
30	焦作	0.431062	0.198838	0.533179	0.922181	0.597932	高度耦合，勉强协调
31	濮阳	0.331184	0.194343	0.560486	0.912754	0.574822	高度耦合，勉强协调
32	整体	0.394451	0.243284	0.539972	0.927274	0.600881	高度耦合，初级协调

资料来源：根据2013—2018年的面板数据测算所得。

第三节 京津冀及周边地区大气污染治理的经济-社会-生态综合绩效评价

一、预算约束下政府绩效评价系统构建

由于京津冀及周边地区的整体及个体既有预算存量均有限，而大气污染治理是一个长周期、多投入、多产出（期望和非期望）的过程，在实际绩效评价过程中，地方政府作为决策者，往往希望获得更多的期望产出和更少的非期望产出。为此，参照Liu等（2010）的扩展性强自由处置原则[①]，将非期望产出视为期望投入（x），其余为期望产出（y），从而构建出包括城镇登记失业率等15个期望投入指标（X）与GDP增长率等31个期望产出指标（Y）的经济-社会-生态绩效评价系统（见图5-3）。

二、静态绩效评价结果分析

表5-4为运用利众型策略交叉效率模型，基于京津冀及周边地区（2+26+3市）2013—2018年面板数据，得出的地方政府大气污染综合治理绩效评价结果。就市域层面而言，在充分考虑自身优势因素的前提下，平均效率的值域为（0.741，1]，即具有显著的区际差距。

---

① Liu W B，Meng W，Li X X，Zhang D Q. DEA Models with Undesirable Inputs and Outputs [J]. Annals of Operational Research，2010，173：177-194.

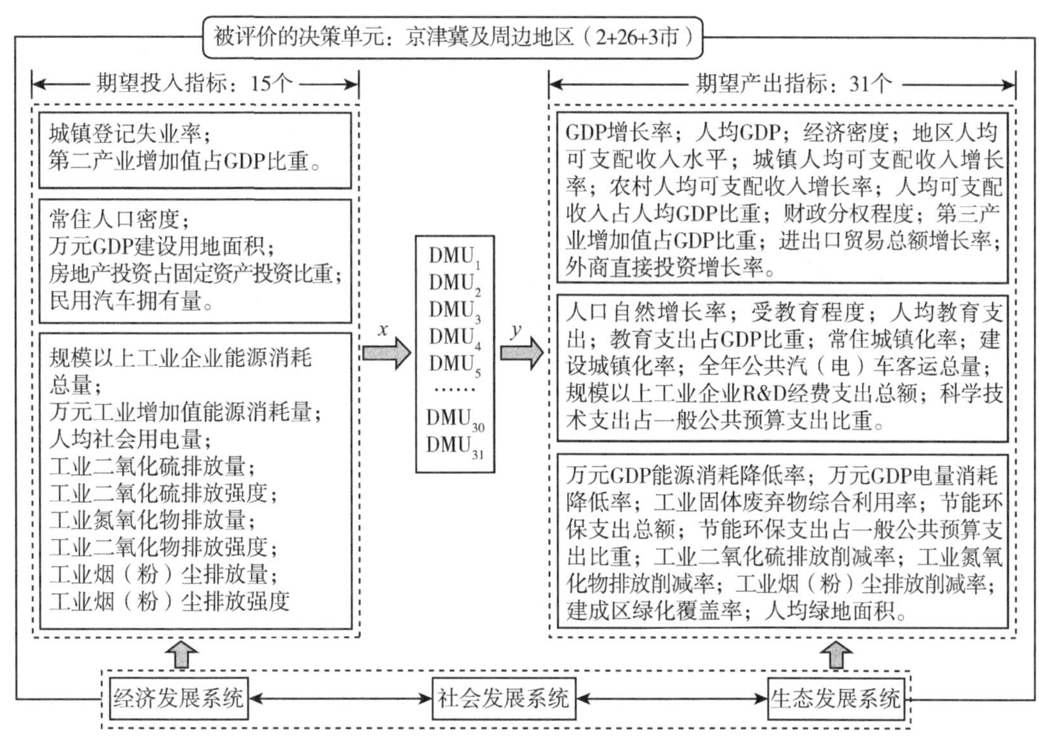

图5-3　京津冀及周边地区大气污染治理的经济-社会-生态绩效评价系统

一是北京和承德拥有最高效率值1。北京是我国政治和文化中心，技术、人才集聚与战略性新兴产业崛起的高速度，促使其清洁能源替换、市场排污交易/融资、“散乱污”企业整治等全面发展体系不断完善，如第三产业占比高达80%以上，年均万元GDP能源消耗量降低率为4.85%等；而承德作为旅游城市，高耗能产业的占比少，且非常注重环保宣传与绿化建设，2013—2018年的人均绿地面积达79.18平方米。因此，二者在发展过程中产生的“污染因子”少，经济-社会-生态综合治理效率高，对相邻地区具有正外溢效应。二是济南（0.998）、开封（0.996）、廊坊（0.993）、张家口（0.987）、沧州（0.985）、济宁（0.983）、晋城（0.981）、天津（0.978）依次排进前10名。通过访谈调研了解到，这些地区都积极致力于构建和完善灵活的宏观调控政策体系，如根据经济产值、体量规模、生产工艺等实施的“一行（企）一策”制度；网格化监管与绩效考核制度，专项目标责任督察机制，大数据动态监测预警机制等。这些措施突破了“环保一刀切”、经济利益主导等理念约束，有助于从传统能源依附型发展模式向高新技术导向型发展模式的有序演进，提升地区发展的规模收益率。三是排在最后5名的是滨州（0.873）、保定（0.848）、菏泽（0.835）、阳泉（0.755）、唐山（0.741）。一方面，它们多是依赖煤炭与石油等传统能源的重工业城市，高素质人才储备量低，市场环境相对单一，受经济增长与社会就业压力影响，产业结构转型升级的进度缓慢。2013—2018年，这

5个城市的平均受教育程度分别为1.33%、1.74%、0.52%、1.02%、1.50%，第二产业平均占比分别为48.1%、46.6%、52.4%、50.4%、56.2%。另一方面，综合治理体系建设的水平较低，排放清单模糊、制度评价体系缺乏、精细化管理布局粗糙、部门利益博弈等，导致它们的技术密集型产业升级、城中村污染等难题尚未得到有效解决。

表5-4 京津冀及周边地区大气污染治理的静态性经济-社会-生态绩效评价情况

DUM	平均效率值	排名	DUM	平均效率值	排名	DUM	平均效率值	排名
北京	1.000000	1	廊坊	0.992836	5	滨州	0.872895	27
天津	0.978037	10	衡水	0.922610	19	菏泽	0.835308	29
石家庄	0.898449	25	太原	0.955004	15	郑州	0.911547	21
承德	1.000000	1	阳泉	0.755212	30	开封	0.996232	4
张家口	0.986995	6	长治	0.914967	20	安阳	0.889984	26
秦皇岛	0.902777	24	晋城	0.980623	9	鹤壁	0.937220	17
唐山	0.741360	31	济南	0.998472	3	新乡	0.952631	16
邯郸	0.908625	22	淄博	0.969160	11	焦作	0.964744	14
邢台	0.967958	12	济宁	0.982579	8	濮阳	0.905507	23
保定	0.847762	28	德州	0.966527	13	整体	0.930826	—
沧州	0.985126	7	聊城	0.934470	18			

注：在此呈现的是地区平均效率值及其排序结果（年度效率值请见附录1）。

从按省域范围划分的平均效率值来看，河北11个地区的值域为（0.741，1]，山西4个地区的值域为（0.981，0.995），山东7个地区的值域为（0.835，0.998），河南7个地区的值域为（0.890，0.996）。由此可知，京津冀及周边地区大气污染治理的绩效水平差距集中体现于河北，山东次之，这与前期验证的“地区之间综合发展协同度低”的结论相符。究其根源，资源禀赋、政治位势、产业结构、市场环境等的同质性程度高，致使个体利益为主导的区际竞争意识强，未形成有效的区域性经济-社会-生态发展联盟，从而难以通过优势互补的方式，实现投入-产出的帕累托最优目标。从时间维度来看，平均效率值前10名地区的年度效率变化幅度很小，“波距”为0.117。第11—第21名地区的年度效率变化幅度相对较大，“波距”为0.239，且具有较显著的单向演化特征，如淄博、太原与长治呈上升态势，衡水与聊城为下降态势。第22—第31名地区的年度变化幅度大，“波距”为0.456，且存在多元演化特征。其中，滨州与邯郸呈下降态势，濮阳、秦皇岛、石家庄、保定及唐山呈“降-升”态势，阳泉与菏泽呈“升-降”态势，而安阳呈“降-升-降”态势。这表明，目前仍有较多地区缺乏明确的中、长期经济-社会-生态综合发展目标，在短期利益的驱使下，易采取“弃卒保车”措施，致使阶段性效率水平不稳定、整体成效偏低。根据自身实情制定并完善可持续操作战略，是提升属地大气污染综合治理绩效水平、强化区域专项分工协作合力的必然要求。

三、动态绩效评价结果分析

任何组织的绩效水平都会随时间变化而呈现出一定的多样性和动态性，仅对地方政府大气污染综合治理绩效进行静态评价，难以精准把控在同等约束条件和测度标准下的演化规律，故而需从动态评价层面做进一步探究。本书根据交叉效率评价和动态窗口分析的特征，取窗口宽度σ=2，即共分为5个窗口——2013—2014年、2014—2015年、2015—2016年、2016—2017年、2017—2018年，依次测定同一地区在不同窗口的效率值及变动态势（见表5-5），进而得出各地区的平均效率值与排名情况。

在此，可从以下三个维度探寻演化特征。

第一，横向比较。平均效率值排前10名的依次是济南（0.989）、开封（0.973）、北京（0.971）、晋城（0.968）、济宁（0.963）、德州（0.960）、承德（0.960）、廊坊（0.959）、天津（0.950）、淄博（0.941）；而排在最后5名的是菏泽（0.818）、石家庄（0.796）、保定（0.744）、阳泉（0.724）、唐山（0.704）。可知，京津冀及周边地区大气污染综合治理效率“三阶段”格局的变动较小，但前10名地区的排序变动较大，这源于它们绩效评价优势的差异更为显著，对测度标准的变化更为敏感。

第二，纵向比较。一方面，区域2013—2018年平均效率值呈小幅度的“升-降-升-降”态势，“波距”为0.043，即大气污染综合治理绩效水平较为稳定。另一方面，各地区在不同窗口的效率有增有减，整体呈下降态势。其中，效率变化幅度排在前5名的依次是阳泉［–54.008%，40.862%］、保定［–25.086%，41.498%］、滨州［–49.028%，11.578%］、安阳［–27.889%，16.188%］、长治［–20.554%，22.039%］，整体下降幅度排在前10名的地区依次是衡水（–10.422%）、沧州（–10.261%）、张家口（–8.874%）、邯郸（–8.428%）、阳泉（–7.717%）、承德（–7.622%）、石家庄（–7.169%）、秦皇岛（–6.743%）、天津（–6.658%）、新乡（–6.603%）。这反映出以下两个问题：一是属地大气污染治理具有显著的“运动式”特征，尚未探寻出有效的全面、平稳发展路径，导致其绩效水平受经济贸易环境、特殊政治任务、资源存储容量等因素变化的影响大①②。二是区域内部潜藏着较严重的“搭便车”和“向

① 李茜，姚慧琴.京津冀城市群大气污染治理效率及影响因素研究［J］.生态经济，2018，34（8）：188–192.

② 孙静，马海涛，王红梅.财政分权、政策协同与大气污染治理效率——基于京津冀及周边地区城市群面板数据分析［J］.中国软科学，2019（8）：154–165.

底线竞争”问题，虽然目前能保证“正外溢效应”与“负外部性影响”的基本持平，但属地常态性治理内在驱动力的逐步衰退，不利于京津冀及周边地区联防联控战略的可持续性执行与优化。

第三，立足于省域层面的横-纵向比较。除北京和天津以外，河北省11个地区的平均效率值为0.864，极差为0.256；山西省4个地区的平均效率值为0.843，极差为0.244；山东省7个地区的平均效率值为0.910，极差为0.170；河南省7个地区的平均效率值为0.894，极差为0.118。在动态窗口评价情境中，山东片区的平均绩效水平最高，河南片区的绩效水平差距最小，同时，河北省与山西片区的平均绩效水平偏低且内部的差距较大。这与静态评价的结果基本一致，表明在省域内和各省之间，大气污染综合治理的正、负向外部性问题均显著，需参照现阶段的大气污染集聚演化格局与资源环境承载力、经济贸易环境、技术与教育结构、城镇化水平等实情，同步做好省域、市域层面的专项目标责任分解、主体功能分区、复杂任务分块等联防联控工作，通过“共同但有差别”的属地型经济-社会-生态协同发展，稳步提升京津冀及周边地区整体性大气污染深化治理成效。

表5-5　　京津冀及周边地区大气污染治理的动态性经济-社会-生态绩效评价情况

城市	窗口划分	2013年	2014年	2015年	2016年	2017年	2018年	窗口变化率	平均变化率
北京	窗口1	0.965629	0.999649					3.523%	-2.241%
	窗口2		0.997349	0.968947				-2.848%	
	窗口3			0.979155	0.998843			2.011%	
	窗口4				0.997839	0.947565		-5.038%	
	窗口5					0.999403	0.915860	-8.359%	
天津	窗口1	0.970819	0.997588					2.757%	-6.658%
	窗口2		0.999351	0.945265				-5.412%	
	窗口3			0.987210	0.975609			-1.175%	
	窗口4				0.998689	0.787015		-21.195%	
	窗口5					0.965671	0.903961	-6.390%	
石家庄	窗口1	0.784913	0.630804					-19.634%	-7.169%
	窗口2		0.772160	0.789477				2.243%	
	窗口3			0.855499	0.838232			-2.018%	
	窗口4				0.836936	0.709401		-15.238%	
	窗口5					0.846276	0.854911	1.020%	

续表

城市	窗口划分	2013年	2014年	2015年	2016年	2017年	2018年	窗口变化率	平均变化率
太原	窗口1	0.733482	0.740242					0.922%	−2.648%
	窗口2		0.887288	0.777299				−12.396%	
	窗口3			0.776137	0.742624			−4.318%	
	窗口4				0.951676	0.897599		−5.682%	
	窗口5					0.857639	0.939915	9.593%	
济南	窗口1	0.999094	0.975526					−2.359%	−1.888%
	窗口2		0.999966	0.960401				−3.957%	
	窗口3			0.998326	0.992601			−0.573%	
	窗口4				0.999843	0.984205		−1.564%	
	窗口5					0.991493	0.982083	−0.949%	
郑州	窗口1	0.905859	0.838300					−7.458%	−1.164%
	窗口2		0.837189	0.888363				6.133%	
	窗口3			0.922294	0.810386			−12.134%	
	窗口4				0.833775	0.861314		3.303%	
	窗口5					0.826300	0.874313	5.811%	

注：因篇幅有限，在此仅呈现省级城市的动态绩效评价情况（详细结果请见附录2）。

第四节　本章小结

现阶段，立足于预算资源存量有限、自然负荷容量有度、经济基础不平衡、环境衍生无界等实情，精准把控属地经济-社会-生态耦合协同发展的脉络，完善区际主体功能与专项责任目标分解体系，强化地方政府的内在动力，是京津冀及周边大气污染深化治理的关键。本章基于主体行动选择与客体空间关联分析提炼的影响因素集合，构建指标体系与理论模型，对京津冀及周边地区（2+26+3市）攻坚期（2013—2018年）的大气污染协同治理绩效情况进行测度。

基于“五位一体”战略视角的耦合协同评价发现：一是经济、社会及生态系统之间具有强劲的嵌套型互动关系，共同构成复杂多变的区域动态空间系统，使大气污染治理的牵涉面广、关系网络复杂且见效较慢。二是经济、社会及生态系统之间相互促进的和谐程度低。经济与社会发展的整体水平低，相对较高的生态发展尚未达到及格线。三个系统内部均存在显著的阶梯性差距，且大部分地区处于低层级，导致区域整体的“负外溢”效应大于“正外溢”效应。根据“成本-收益”考察视角的地方政府综合绩效评价得出：一是大气污染综合治理效率存在显著的区际差异。资源禀赋、政治位势、产业结构、市场环境等的高同质性，使地区之间的利益竞争意识强，难以通过优势互补的协作方式，实现投入-产出帕累托最优目标。二是区域大气污染综合治理效率“三阶段”排名格局比较稳定，各地区在不同评价窗口的效率有增有减，但整体呈下降态势。在自身优势差异及敏感性变动差距的约束条件下，属地大气污染治理具有显著的“运动式”特征，且在区域内部潜藏着较严重的“搭便车”“向底线竞争”“排名疲劳”等问题，不利于区域联防联控战略的长期性执行与优化。

因此，要立足于我国生态保护红线、环境质量底线、资源利用上线与生态环境准入清单标准，以提升经济-社会-生态“三维一体”耦合协同水平为基础，推动京津冀及周边地区稳固性大气污染协同治理联盟的达成与运行。

▶ 第六章
美国、英国与日本大气污染治理“协同－绩效”模式的经验借鉴

内容提要

作为最早的工业化国家，美国、英国、日本分别在其大气环境“污染—反思—探索—治理”的全过程中积累了诸多经验。本章分别从府际协同、政策工具协同与政府环境治理绩效评价维度，聚类剖析三个国家的大气污染治理“协同－绩效”模式。府际协同涵盖了纵向和横向两个层面，即同时考察不同层级、不同地区之间的联防协作情况。政策工具协同重在探寻强制型、激励型、自愿型政策工具的创新建设与组合应用情况。其中，强制型政策工具包括法律法规、监测响应机制、管理制度等，激励型政策工具包括以价值和市场规律为导向的价格、税收、信贷、投资及保险等，自愿型政策工具包括以社会公众、非政府组织等为代表的有序参与、信息透明、舆论监督、自愿协议和环境教育等[①]。政府环境治理绩效评价旨在探讨大气污染联防联控进程中的专项职责履行考察标准、评价依据与程序、结果应用及奖惩机制等内容。

① 王红梅，谢永乐.基于政策工具视角的美英日大气污染治理模式比较与启示［J］.中国行政管理，2019（10）：142-148.

第一节 美国多边联合型“协同－绩效”模式剖析

美国作为典型的联邦制国家，其生态环境治理的职责传递脉络为“联邦政府制定基本政策、法规及排放限值标准等，并授权地方政府实施”[①]。自第二次世界大战以后，美国工业、交通等迅速发展引发了严重的大气污染问题，如1943年洛杉矶光化学烟雾事件、1948年多若拉烟雾事件，对社会公众健康和国民经济发展造成了巨大损失。为有效推动地方政府全方位治理大气污染，美国致力于探讨多边联合型大气污染治理“协同–绩效”的路径，具体包括四个方面：一是建立健全纵横齐动的多层级、网格化区域联防联控机制体系，深化州内、州际及国际协同合作；二是优化环境税费与污染物排放权交易政策等多元市场实现方式；三是完善信息发布平台与有序参与渠道，提升多元利益相关主体的协同合力；四是打造以环境影响评价制度为主、多元辅助机制共同作用的政府绩效评价体系。

一、纵横齐动的府际协同体系

自19世纪中叶以来，美国大气污染的府际协同治理可分为三个阶段：第一阶段为1955年之前，地方（州）政府为主导者，联邦政府的权力有限。随着各地区对大气污染问题及其影响的日益重视，一系列属地大气污染防控的法律法规相继出台，如纽约市《烟尘法令》(1881)、加利福尼亚州《清

① 李蔚军.美、日、英三国环境治理比较研究及其对中国的启示——体制、政策与行动［D］.复旦大学，2008.

洁空气法》(1941)等[①]。但受资源禀赋、行政分割、污染源结构差异等约束，导致了各自为政的“碎片化”管制局面。第二阶段为1955—1970年，联邦政府开始主导大气污染治理，开启纵向型府际协同征程。联邦政府颁布的《空气污染控制法》(1955)明确规定，地方政府是治理“主责者”，联邦政府提供调研、培训和技术等支援。《清洁空气法》(1963)、《机动车空气污染控制法》(1965)与《空气质量法》(1967)进一步厘清了联邦与地方政府权责。第三阶段为1970年至今，纵横联动型府际协同体系不断完善。一是联邦政府的主导与调控权进一步强化，负责制定全国性防控计划、政策、审查标准等，并考核地方政府的执行情况[②]。二是地方政府的权责范畴界定日益清晰。作为联邦政府授权的辖区主责者，地方政府根据大气污染物的集聚演化规律，不断探索跨部门、跨区域、跨国界的多边协同合作路径。

(一)纵向府际协同治理体系

美国联邦政府与地方(州)政府的大气污染协同治理始于20世纪50年代，随着1970年国家环境保护署(EPA)的设立而成型并不断完善，最终建成“以联邦政府为主导者、地方政府为执行主体”的协同治理体系(见图6-1)。

联邦政府层面：一是根据《联邦清洁空气法》(1963)、《国家环境政策法》(1969)等设立国家环境保护署(EPA)，由17个部门、10个区域环境办公室及17个实验室组成[③]，主要负责制定大气环境保护标准、筛选与完善环保技术、发布与管理相关法律法规、提供地方政府联防协作的专项预算资金援助等。二是设立管理与预算办公室(OMB)，负责审计评估国家环境保护署(EPA)财政预算执行的合法合规程度与绩效情况。三是设立国家环境质量委员会(CEQ)、国会和政府间关系办公室(OCIR)，以联合自然保护部、公众健康部等，负责大气污染治理相关问题的咨询与指导，并制定地区(州)实施计划等[④]。

地方政府层面：一是按科层管理体制和实际需求设立地方(州)环保局，经授权后分解执行联邦政府制定的环境防治专项计划，并通过臭氧传输委员会(OTC)等机构反馈相关问题[⑤]。二是根据辖区的主要污染特征与地理、气候条件等因素，

① Nordenstam B J, Lambright W H, Berger M E, et al. A Framework for Analysis of Transboundary Institutions for Air Pollution Policy in the United States [J]. Environmental Science and Policy, 1998, 1(3): 231-238.

② Cote I, Samet J, John J V. U.S. Air Quality Management: Local, Regional and Global Approaches [J]. Journal of Toxicology and Environmental Health Part A, 2008, 71: 63-73.

③ 李卫东，黄霞.美国雾霾治理经验及其启示[J].合作经济与科技，2017(2): 182-184.

④ 车国骊，田爱民，李扬，赵只增，董宁.美国环境管理体系研究[J].世界农业，2012(2): 43-46.

⑤ 汪小勇，万玉秋，姜文，缪旭波，朱晓东.美国跨界大气环境监管经验对中国的借鉴[J].中国人口·资源与环境，2012, 22(3): 118-123.

结合总量控制目标，制定与执行专项责任计划[①]。在实践中，美国纵向府际协同机制的运行路径非常灵活。基于联邦政府的专项职责授权，地方政府可以在满足最低标准与防控目标的基础上，根据自身辖区发展实情制定和执行各具特色的大气污染防控法案、计划等。联邦政府通过多元途径提供丰厚的奖励，以激发地方政府积极落实相关环保法案的内在驱动力，并允许有实力的地方政府申请成为《清洁空气法》的主要执法责任人。

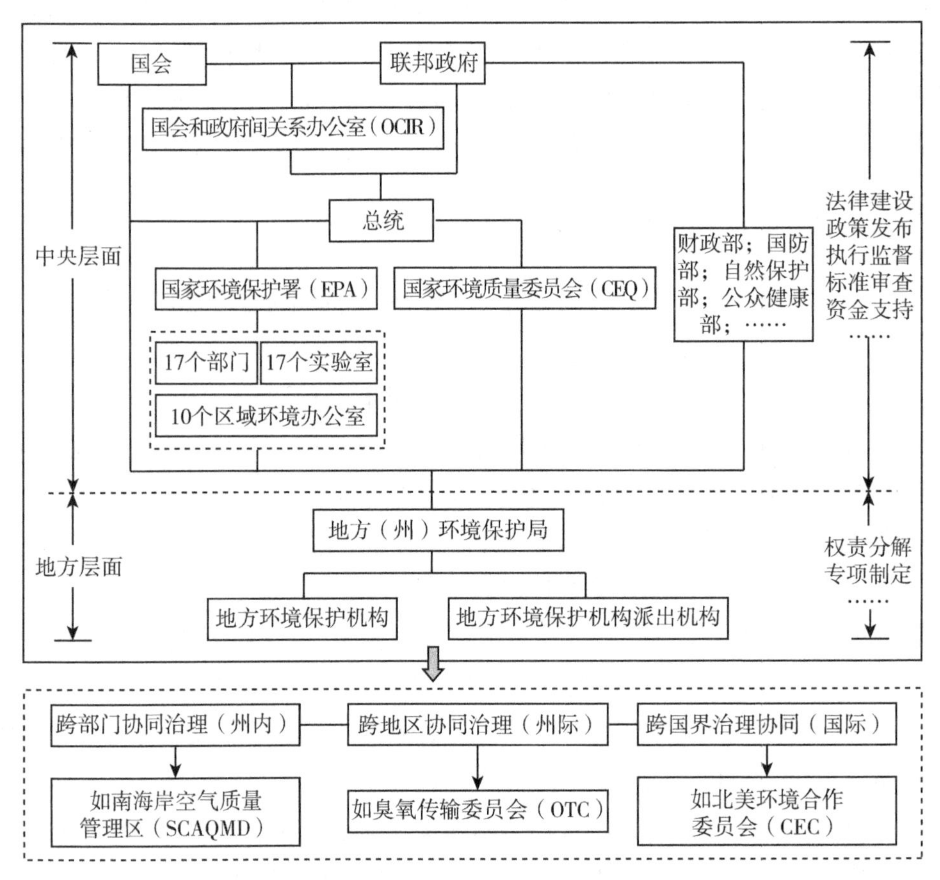

图6-1 美国大气污染治理的纵向府际协同体系

（二）横向府际协同治理体系

受限于经济基础、科学技术等现实约束，早期美国不同地区“各自为政”式大气污染治理的成效参差不齐。为此，国家环境保护署（EPA）将全国划分为10个环境管理区域，并通过《清洁空气法》明确规定：积极鼓励各级地方政府之间开展联

① 周胜男，宋国君，张冰.美国加州空气质量政府管理模式及对中国的启示［J］.环境污染与防治，2013（8）：105-110.

防协作[①]。随着实践的推进，逐渐形成了州内、州际及国际层级的制度化、精细化横向府际协同体系。

第一，州内协同，旨在有效协调辖区内不同政府组织、部门的权责分工与协作。加利福尼亚州1976年建立的南海岸空气质量管理区（SCAQMD）是典型代表。它根据国家立法机关和政府授权，在管理委员会下设12个委员，其中3个为州政府代表，其他9个由各县及部分规模较大的城市组成[②]，具体包含管理委员会、执行办公室、总顾问、科技促进会、地区规划规则与资源办公室等10个部门（见图6-2），其职责是统一区域大气质量标准、全面整合行政管理资源、优化多部门联合执法方式，并与南加州政府协会（SCAG）及空气资源委员会（ARB）等共同制定、执行区域联防联控计划[③]。

第二，州际协同，旨在根据大气污染物的集聚演化态势与经济社会、资源禀赋等情况，建立区域联防联控同盟。臭氧传输委员会（OTC）作为美国最具代表性的州际协同组织，共包括美国东北部11个州和华盛顿特区的代表及环保局成员，负责解决臭氧运输和氮氧化物抵换交易问题，其目标是通过风险评估、移动与固定污染源剖析等，制定使对流层（地面）臭氧达到联邦标准的防控措施[④⑤]。实践中，臭氧传输委员会（OTC）成员通过联合决议机制促进多边合作，共商区域内多元污染源控制问题，并以集体名义向国家环境保护署（EPA）提出相关建议。

第三，国际协同，实质是跨越国界的地区协同，旨在通过与相邻国家存在同类大气污染问题地区的联防协作，妥善解决相互之间的负外部性问题。美国主要与北美地区的国家进行协同合作，如1991年美国与加拿大共同签署《空气质量协定》，并成立加拿大+美国航空公司质量委员会、两个工作小组委员会，负责协定实施与评估、科技合作与创新[⑥⑦]。1993年美国、加拿大、墨西哥共同签署了《北美环境合作协定》（NAAEC），成立了包括部长级理事会、秘书处、联合公众咨询委员会等

① 吴雪萍，高明等.美国大气污染治理的立法、税费与联控实践［J］.华北电力大学学报（社会科学版），2017（3）：1-6.

② Bradley，Michael J. Meeting the Future Challenges of Air Quality Management in the United States［J］. Journal of Toxicol Environment Health Part A，2008，71（1）：40-42.

③ Sheldon K，Michael R F. Intergovernmental Relations and Clean——Air Policy in Southern California［J］. The State of American Federalism 1990-1991，1991：143-154.

④ 王迪，向欣，聂锐.改革开放四十年大气污染防控的国际经验及其对中国的启示［J］.中国矿业大学学报（社会科学版），2018，20（6）：57-69.

⑤ 杨昆，黄一彦，石峰，范纹嘉，周国梅.美日臭氧污染问题及治理经验借鉴研究［J］.中国环境管理，2018，10（2）：85-90.

⑥ Mclean B，Barton J. U.S.—Canada Cooperation：The U.S.—Canada Air Quality Agreement［J］. Journal of Toxicology and Environmental Health Part A，2008，71（9-10）：564-569.

⑦ 蔡岚.空气污染治理中的政府间关系——以美国加利福尼亚州为例［J］.中国行政管理，2013（10）：96-100.

机构在内的北美环境合作委员会（CEC）[①②]，通过联络政府官员、专家顾问及社会公众等，共同推进合作区域的大气环境改善。

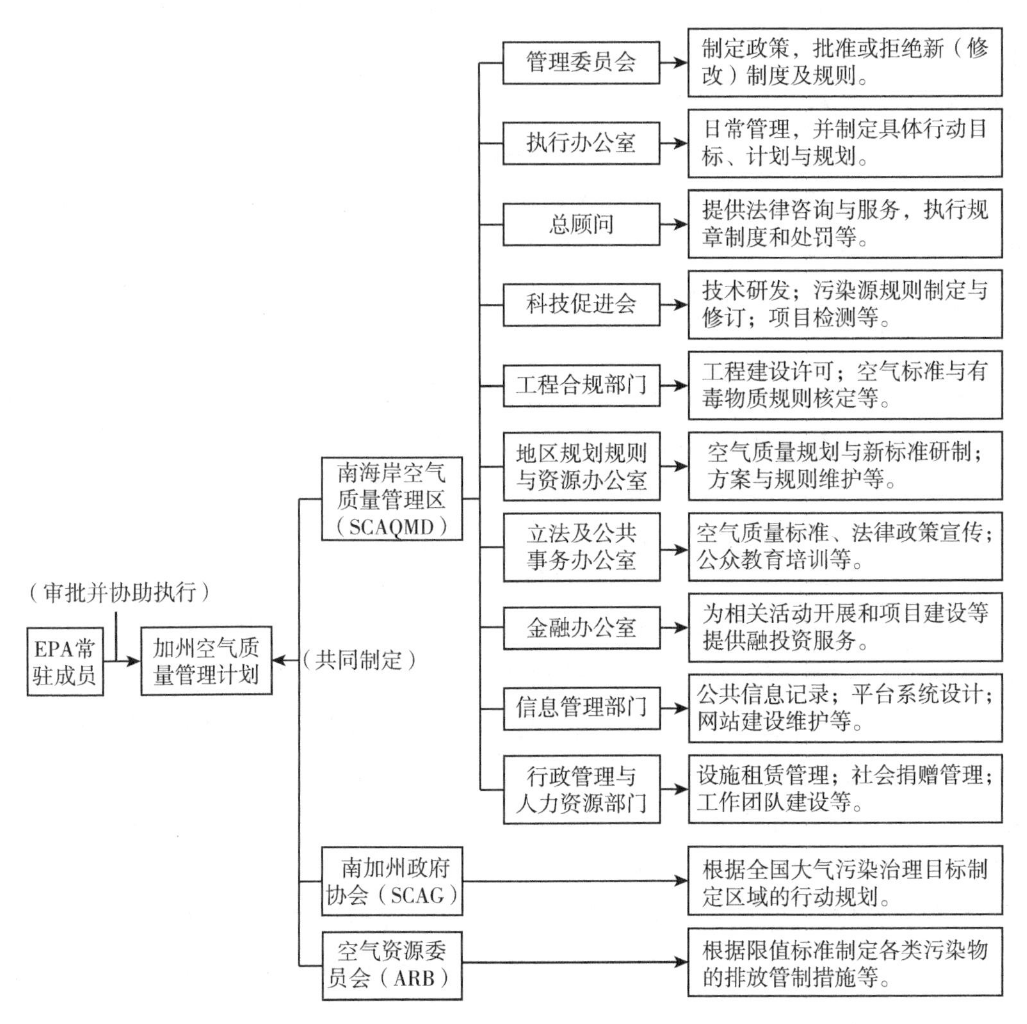

图6-2　美国加利福尼亚州（州内）大气污染协同治理体系

二、多类政策工具协同应用体系

伴随美国大气污染治理实践的深化，形成了强制型、激励型和自愿型三类政策工具体系，并根据不同时期的需求对不同的政策工具进行灵活组合与应用。具体而

① Mukerjee S. Selected Air Quality Trends and Recent Air Pollution Investigations in the US-Mexico Border Region [J]. Science of the Total Environment，2001，276（1-3）：1-18.

② Hidy G M，Pennell W T. Multipollutant Air Quality Management [J]. Journal of the Air and Waste Management Association，2010，60（6）：645-674.

言，美国政策工具应用大致可分为两个阶段：第一阶段为20世纪80年代之前，以强制型政策工具应用为主，包括以1955年为界的地方政府主导型应用和联邦政府主导型应用。第二阶段为20世纪80年代之后，激励型与自愿型政策工具的建设不断完善，"成本-效益"治理模式的效用日益增强，逐步形成了多元政策工具协同应用体系（见图6-3）。

（一）强制型政策工具应用

首先，美国地方政府很早就关注大气污染防控问题，并根据辖区实情颁布了相关法案制度。如圣路易斯市《空气污染控制法》（1864）要求，市内所有烟囱必须高于其周围建筑物20尺以上；纽约市《烟尘法令》（1881）明确禁止使用含硫比率高的烟煤作为燃料[①]。据统计，美国1900—1930年共有45个城市颁布了大气污染控制法律。加利福尼亚州政府是强制型政策工具建设与应用的典型代表，它于1941年制定了美国历史上最完善的《清洁空气法》；于1946年在洛杉矶市成立第一个地方空气质量管理部门——烟雾控制局，并建立了第一套工业、机动车污染气体排放标准和许可证制度[②③]；于1955—1967年相继制定《空气污染控制法》《机动车空气污染控制法》《空气质量法》等法案，形成严格的"刚性"约束体系。

其次，联邦政府基于法律法规的建设，共制定出4项执行机制：一是包括6种污染物、2个分层级别（保护敏感人群的健康与充分安全、保护公众福利）的国家空气质量标准[④⑤]，要求地方政府必须按此要求提交执行计划（SIP）。二是达标区域划分与未达标区域控制规定。依据大气质量、污染物排放量、地理特征及其管辖边界等，确定达标区、未达标区和无法判定区，并要求未达标区必须在规定期限内制定并实施重大污染源许可证制度、机动车强制检查与保养制度等有效措施[⑥]。三是州实施计划制度，参照全国总质量目标和各项标准政策制定并执行，含新建与改建重大污染源审批、大气检测系统升级、颗粒污染物排放清单等[⑦]。四是多层级

---

① 徐苗苗.美国大气污染防治法治实践及对我国的启示［D］.河北大学，2018.

② 蔡岚.美国空气污染治理政策模式研究［J］.广东行政学院学报，2016，28（2）：11-18.

③ Kelly J A，Vollebergh H R J. Adaptive Policy Mechanisms for Transboundary Air Pollution Regulation：Reasons and Recommendations［J］. Working Papers，2012，21（1）：73-83.

④ Liao K J，Hou X. Optimization of Multipollutant Air Quality Management Strategies：A Case Study for Five Cities in the United States［J］. Journal of Air Waste Management Association，2015，65（6）：732-742.

⑤ Goldstein B D，Carruth R S. Implications of the Precuationary Principle for Environmental Regulation in the United States：Examples from the Control of Hazardous Air Pollutants in the 1990 Clean Air Act Amendments［J］. Law and Contemporary Problems，2003，66：247-261.

⑥ 王肃之，张铖，吕建超.英、美、日等国依法治理大气污染的经验与启示［J］.河北科技师范学院学报（社会科学版），2014，13（2）：54-59.

⑦ 孟露露，单春艳，李洋阳，赵佳佳，吴晓璇，陈杨.美国$PM_{2.5}$未达标区控制对策及对中国的启示［J］.南开大学学报（自然科学版），2016，49（1）：54-61.

监测与区域环境联控机制。建有国家级空气质量监测子站1080个、地方级空气质量监测子站4000多个、清洁空气状况和趋势监测子站约80个[①②]，国家环境保护署（EPA）在全国划分了10个环境区域，分别设立区域办公室进行统一监督管理，以确保联邦政府与地方政府大气污染治理步调一致[③]。

（二）激励型政策工具应用

为有效调解强制型政策工具应用引致的诸多源自社会公众、企业、非政府组织等利益相关者的斥责压力，美国以市场和经济手段为基础制定出两大类激励型政策工具。主要运用情况如下。

第一，环境税费制度体系，主要包括氟氯烃税、超级基金税、漏油责任税、废旧矿井税、空气污染税、高耗油车税等[④]。其建设经历了三个阶段：一是初级阶段——20世纪70年代，以二氧化硫、煤炭和非商业性航空燃料等单一污染物为征税对象，旨在通过提高排放成本，促使生产者自主处理排放的大气污染物或向更清洁的生产方式改造升级[⑤]。二是发展阶段——20世纪80年代，随着《超级基金法案》（1980）的修订与执行，筹资途径扩宽，形成了环境税收、环境收费与环境治理基金共同作用的"事前引导与事后治理"一体化财政投融资制度体系[⑥]。三是深化阶段——20世纪90年代，环境税费同时承担着筹集公共资金与引导约束行为的"双重"功能。此时，联邦和地方政府减征、停征或替代（废止）了一部分税种，并对影响重大的税种扩大征税范围、提高税率等。清洁能源使用税收减免及抵扣、环境治理专项债券利息免税、公共环保设施建设税收返还等优惠政策的引导功能不断凸显[⑦⑧]。

第二，排污权交易政策体系。根据《清洁空气法修正案》（1990）确立的排污权交易制度，基本思路是建立合法的大气污染物排放权利（削减信用），在政府规

① 白志鹏，耿春梅，杜世勇，杨文，等.空气颗粒物测量技术［M］.北京：化学工业出版社，2014.

② 崔艳红.欧美国家治理大气污染的经验以及对我国生态文明建设的启示［J］.国际论坛，2015，17（5）：13-18，79.

③ 李春林，庄锶锶.美国空气污染治理机制的维度构造与制度启示［J］.华北电力大学学报（社会科学版），2017（4）：1-8.

④ Lockhart J A. Environmental Tax Policy in the United States：Alternatives to the Polluter Pays Principle［J］. Asia-Pacific Journal of Accounting，1997，4（2）：219-239.

⑤ Hymel M L. Environmental Tax Policy in the United States：A'Bit' of History［J］. Social Science Electronic Publishing，2013（3）：157-182.

⑥ 卢洪友.外国环境公共治理：理论、制度与模式［M］.北京：中国社会科学出版社，2014.

⑦ 廖红.美国环境管理的历史与发展［M］.北京：中国环境科学出版社，2006.

⑧ 邬乐雅，曾维华，时京京，王文懿.美国绿色经济转型的驱动因素及相关环保措施研究［J］.生态经济（学术版），2013（2）：153-157.

制下，允许该项权利的自由买卖，以控制污染物的总排放量[①②]。具体分解为4项政策：一是气泡政策。将一家工厂或一个地区的大气污染物视为一个“气泡”，在未超过排放总量的前提下，“气泡”内部可根据实际需求进行协商式排污配额交易。二是抵消政策。不同污染源的排污削减量与增加量可以相互抵扣；新建或改建污染单位可通过购买“排污削减信用”抵扣自身的排污量；通过排污治理费的自由流动，为大气污染治理提供可持续性资金支持。三是存储政策。同一企业主体本年度排污配额剩余量，可存入国家指定机构或银行以供下一年度使用，但不允许透支本年度的配额。四是净得政策。如果一个企业在其所属的区域内趋于零排污净增量，则其在改建或扩建时，可以获得免除环保部门审查新污染源的特权[③④⑤]。

第三，自愿型政策工具应用。在“强调政府权威”向“注重多元主体协作”转变的改革过程中，美国为非政府组织、企业、社会公众等的自愿、有序参与提供了完善的渠道与政策保障，形成“预案参与—过程参与—末端参与—行为参与”联动型体系[⑥]。主要包括以下两大类：（1）信息手段类。一是通过动态监测系统、空气质量计算与预测系统、污染物排放清单公示平台、定期审查与评估信息公开平台等媒介，及时发布国家（地区）大气质量演化情况，揭示相关污染物的传播路径等，以充分保障各类主体的知情权[⑦]。二是通过课堂教学、新闻媒体宣传、环保素质拓展活动、社会民意调查、专题听证会等，增强非政府利益相关者的“主人翁”意识和参与动力（Kelsea和Vivek,2019）[⑧]。（2）自愿协议类。一是在完善多层级政府联防联控体系的同时，积极鼓励与引导环境保护基金会（1967）、自然资源保护委员会（1970）、绿色和平组织（1971）等民间自发性环保团体的建设[⑨]。二是通过签订战略合作协议、环评共商备忘录等方式，凝聚多方资金力量，建设以政府为主导（中央规划+地方执行）、多元利益相关主体有序参与的环保教育机构、专项科研

---

① 陶品竹.城市空气污染治理的美国立法经验：1943-2014［J］.城市发展研究，2015，22（4）：9-13，24.

② 罗丽.美国排污权交易制度及其对我国的启示［J］.北京理工大学学报（社会科学版），2004（1）：61-64，68.

③ González G A. Local Growth Coalitions and Air Pollution Controls：The Ecological Modernization of the US in Historical Perspective［J］. Environmental Politics，2002，11（3）：121-144.

④ 陈燕，蓝楠.美国环境经济政策对我国的启示［J］.中国地质大学学报（社会科学版），2010，10（2）：38-42.

⑤ 高国力，丁丁，刘国艳.国际上关于生态保护区域利益补偿的理论、方法、实践及启示［J］.宏观经济研究，2009（5）：67-72，79.

⑥ 温东辉，陈吕军，张文心.美国新环境管理与政策模式：自愿性伙伴合作计划［J］.环境保护，2003（7）：61-64.

⑦ 姚玉刚，顾钧，康晓风，张仁泉，邹强.美国加州南岸地区空气质量监测系统运行管理与借鉴［J］.中国环境监测，2015，31（4）：17-21.

⑧ Kelsea A S，Vivek S. Rescaling Air Quality Management：An Assessment of Local air Quality Authorities in the United States［J］. Air，Soil and Water Research，2019（12）：1-13.

⑨ Jian X，Ji X，Zhao L，et al. Cooperative Econometric Model for Regional Air Pollution Control with the Additional Goal of Promoting Employment［J］. Journal of Cleaner Production，2019：1-10.

团队等组织联盟体系[①]，形成稳健的相互监督与约束关系网络，以有效的集体性自组织协同行动，全面提升大气污染治理实践与经济社会发展现实需求的融合程度。

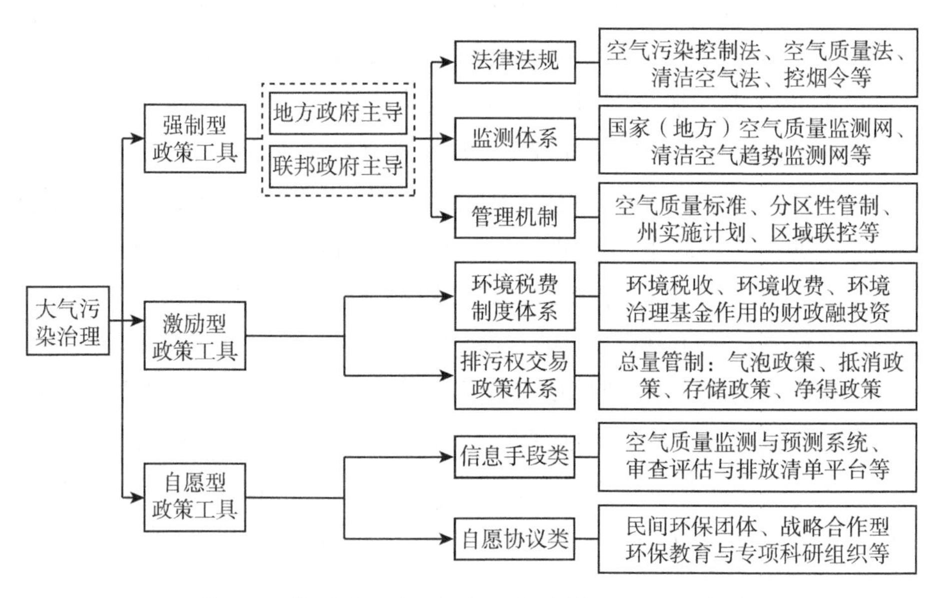

图6-3　美国大气污染治理的政策工具应用体系

三、多元融合型环境治理绩效体系

（一）政府绩效评价的演化

美国政府绩效评价起源于1906年纽约市政研究院发起的绩效评估实践[②]，历经数十年发展，形成包括联邦、州和更低一级地方政府在内的绩效评价体系。具体可分为以下三个演化阶段。

第一，萌芽时期（1900—1940年）。20世纪初，随着科学管理运动的发展和社会对公共行政关注度的提升，开始出现以政府效率为核心的专门绩效评价研究组织和学术团体。此时，评价重点在于政府效率本身而不是结果或既定目标的实现情况，并逐渐由聚焦于政府部门运行效率转变为关注政府提供社会公共服务的经济效率[③]。

① 沈文辉.三位一体——美国环境管理体系的构建及启示［J］.北京理工大学学报（社会科学版），2010，12（4）：78-83.

② 高小平，贾凌民，吴建南.美国政府绩效管理的实践与启示——“提高政府绩效”研讨会及访美情况概述［J］.中国行政管理，2008（9）：125-126.

③ 陈天祥.美国政府绩效评估的缘起和发展［J］.武汉大学学报（哲学社会科学版），2007（2）：165-170.

第二，专项改革时期（1940—1980年）。为充分发挥预算对政府效率提升的激励和引导作用，联邦政府进行了一系列改革。例如，1947年第一届胡佛委员会提出由“重投入”向“重产出和过程”转型的绩效评价标准，且强调将预算规模与评价结果挂钩[①]；1960—1965年形成的计划-项目-预算制度（PPBS），要求政府各部门根据投入/成本、产出及业务目标等信息编制和调控预算，并作为定期评价的依据[②③]；1973年尼克松政府通过预算办公室统筹各个部门行动计划的目标管理改革；1977年卡特政府实行零基预算绩效评价[④⑤]。该阶段改革推动了政府绩效评价机制的发展，但涉及的范围相对有限，地方政府的融入程度不高。

第三，全面发展时期（1980年至今）。严重的管理赤字、信用赤字和绩效赤字等问题，促使政府绩效评价关注度不断提升。如克林顿政府颁布的《政府绩效和结果法案》（GPRA）明确规定把战略规划与执行、预算和绩效评价相融合，并建立了国家绩效审查委员会（NPR），强化联邦政府对具体实践的引导与规制[⑥⑦]。自此，政府绩效评价制度在全国范围内推行，1993年以后，美国所有联邦政府部门都建立了绩效评价系统，州和地方政府逐步建立并完善了辖区绩效评价机制。例如，俄勒冈州波特兰市参照标杆管理战略，设计出以绩效测量可操作性与年度预算可行性为核心内容，涵盖政府自身发展、部门战略规划、城市战略规划三大指标范畴的“综合绩效测量系统”。加利福尼亚州圣何塞市基于顾客、政策制定者、管理人员及政府雇员之间的协作关系，建立起包括预算编制、适应需要、向使命看齐、识别机遇、服务管理、测量手段开发及结果管理等七大环节的“成果投资心形模型”等[⑧⑨]。

---

① Melkers J, Willoughby K. The State of the States: Performance-Based Budgeting Requirements in 47 out of 50 [J]. Public Administration Review, 1998 (1): 66-73.

② Duarte B P M, Reis A. Developing a Projects Evaluation System Based on Multiple Attribute Value Theory [J]. Computers and Operations Research, 2006, 33 (5): 1488-1504.

③ Amirkhanyan A A. Collaborative Performance Measurement: Examining and Explaining the Prevalence of Collaboration in State and Local Government Contracts [J]. Journal of Public Administration Research and Theory, 2008, 19 (3): 523-554.

④ Holling R L. Reinventing Government: An Analysis and Annotated Bibliography [M]. Commack, NY: Nova Science Publishers, 1996.

⑤ 朱立言，张强.美国政府绩效评估的历史演变［J］.湘潭大学学报（哲学社会科学版），2005（1）：1-7.

⑥ Poister T H, Streib G. Performance Measurement in Municipal Government: Assessing the State of the Practice [J]. Public Administration Review, 1999, 59 (4): 325-335.

⑦ 张强，朱立言.美国联邦政府绩效评估的最新进展及启示［J］.湘潭大学学报（哲学社会科学版），2009（5）：24-30.

⑧ Bemstein D. Local Government Measurement Use to Focus on Performance and Results [J]. Evaluation and Program Planning, 2001 (24): 95-101.

⑨ 王建民.美国地方政府绩效考评：实践与经验——以弗吉尼亚州费尔法克斯县为例［J］.北京师范大学学报（社会科学版），2005（5）：107-111.

（二）环境绩效评价体系的发展

伴随大气污染治理实践的深化，自20世纪60年代开始，美国逐步将政府绩效评价引入环境治理领域。具体来看，1969年，《国家环境政策法》（NEPA）第一次确立了环境评价制度；1970年颁布《改善环境质量法》；1978年，国家质量委员会发布的《国家环境政策法实施条例》（CEQ条例）明确提出环境治理绩效评价的操作标准和程序[①]；2002年，美国管理与预算办公室（OMB）公布了用于环境类项目的分级绩效评价工具（RART）。目前，美国根据多边联合型府际协同体系，已构建起以环境影响评价制度（EIA）为主导，公众参与机制、替代方案机制与部门协调机制等为辅助的多元融合型环境治理绩效评价体系[②③④]（见图6–4）。

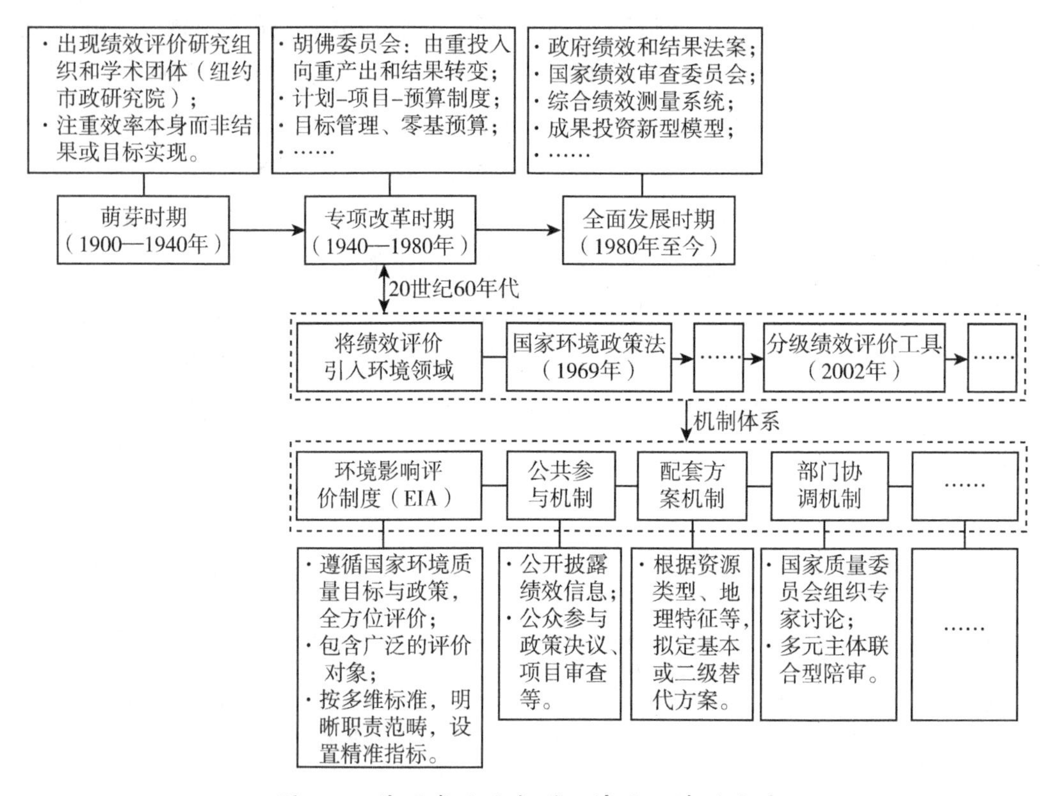

图6–4 美国多元融合型环境治理绩效体系

第一，环境影响评价制度（EIA）是美国环境治理绩效评价的重要基石。其具

---

① 王曦.美国环境法概论［M］.武汉：武汉大学出版社，1992.

② 周莹.中外环境影响评价法律制度比较研究［D］.中国地质大学（北京），2008.

③ 杨玉楠，康洪强，孙晖，程亮，孙宁，吴舜泽.美国环境类公共支出项目绩效评估体系研究［J］.环境污染与防治，2011，33（1）：87–91.

④ Kutz F W，Linthurst R A. A Systems–Evel Approach to Environmental Assessment［J］. Toxicological and Environmental Chemistry Reviews，1990，28（2–3）：105–114.

体贡献在于以下三个方面：一是要求根据国家环境质量目标和相关政策，对各级政府行为及其所批准的各类项目等，进行严格的环境影响测度与考核。二是确立广泛的评价对象，包括立法行为和行政行为（分为行政行为与抽象行政行为）。既关注纯粹的联邦行为，也考察“联邦化”的州、地方政府和私人行为。三是倡导根据参与程度、批准或否定项目的权利、参与时间长短等标准，明确不同情境下“领头者”与“合作者”的专项职责划分与考核范畴，以构建精准的评价指标体系①②。

第二，公众参与、替代方案、部门协调等配套机制，分别从主体、工具及部门协同层面，对美国环境治理绩效评价的可持续性推进发挥了重要保障作用。其中，公众参与机制是指在公开披露信息（设定特有“通知和评论”时期）的基础上，引导不同知识层级和职业类型的社会公众有序参与环境决策决议、建设项目审查、环境影响报告（EIS）编制等全过程，以补充可能被政府忽略的环境绩效评价关键信息③④。替代方案机制是指在拟定环境治理绩效评价等活动方案时，有效制定出实现活动目标的备选方案，以协助消除解决或减少资源类型、地理特征、执行方式等差异产生的风险，按替代性质划分为基本替代方案和二等替代方案⑤。部门协调机制是指当某一部门对其他部门制定的环境政策或开发项目规划存在疑问或持有不同意见时，可提请国家环境品质委员会组织相关专家进行讨论和咨询。若仍然不能成功解决，则可采用法律诉讼程序进行强制性裁决，并联合由环保专家、非政府组织、企业、社会公众等利益相关者共同组成的陪审团，对“主责”部门拟推政策/开发项目的环境影响进行全面评价⑥⑦。

总体而言，美国多元融合型环境治理绩效评价体系，是以联邦与地方政府为“主责者”，按国家整体性环境质量目标和不同层级、地区政府/部门的权责分工，制定涵盖经济性、效率性及效果性等维度的绩效评价标准与战略政策执行计划，兼具显著的纵向和横向联动特征。实践中，基于生态环境的无界性、流动性等特征，通过预算与评价结果直接挂钩等方式，不断完善以环境影响评价为引导的主体—工具—部门协同机制体系，有效实现了与分级、分区、分类环境治理绩效体系的双向良性融合与促动。

---

① 李艳芳.关于环境影响评价制度建设的思考［J］.南京社会科学，2000（7）：72-77.

② Ma Z，Dennis R B，Michael A K. Barriers to and Opportunities for Effective Cumulative Impact Assessment Within State-Level Environmental Review Frameworks in the United States［J］. Journal of Environmental Planning and Management，2012，55（7）：961-978.

③ Garver G，Podhora A. Transboundary Environmental Impact Assessment as Part of the North American Agreement on Environmental Cooperation［J］. Project Appraisal，2008，26（4）：253-263.

④ 李艳芳.环境影响评价制度中的公众参与［J］.中国地质大学学报（社会科学版），2002（1）：70-73.

⑤ 石淑华.美国环境规制体制的创新及其对我国的启示［J］.经济社会体制比较，2008（1）：166-171.

⑥ Curkovic S，Sroufe R. Total Quality Environmental Management and Total Cost Assessment：An Exploratory Study［J］. International Journal of Production Economics，2007，105（2）：560-579.

⑦ 孙巍，于森淼.中美环境影响评价法律制度比较与借鉴研究［J］.北方经贸，2017（11）：63-64.

第二节 英国分层复合型“协同－绩效”模式剖析

最早进入工业化阶段的英国，也最早受到工业化和城市化的负面影响。17—18世纪，英国一些工业城市出现严重煤烟污染，城市环境异常恶劣，伦敦更是被称为“雾都”。20世纪上半叶，在欧盟共同环境保护政策的引导下，英国开始探索以纵向职责划分（联合国欧洲经济委员会—欧盟—英国环境、食品和农村事业部—英国环境署—地方政府）为基础，以政府间、部门间多元化横向协作为主导的分层复合型环境协同治理路径，强调将其充分融入政府预算编制与绩效体系，以充分激发不同地区联防联控的内在驱动力[①]。整体而言，英国分层复合型大气污染治理“协同－绩效”模式的特点主要表现在以下三个方面：一是将欧盟标准与本国诉求/目标共同置于政府战略范畴，实现“大同”与“小异”的有效融合；二是推动非政府环保组织发展、社会公众有序参与、稳健性排放权交易体系与政企合作关系；三是促使辖区环境治理效果内含于政府绩效评价等。

一、双层标准耦合的行动战略体系

欧盟自1972年开始探索共同环境保护政策的建设，逐步形成完善的标准与评价体系。首先，环境标准体系主要由系列法案指令组成。如《关于协调成员国防止机动车内燃发动机空气污染法律的第70/220/EEC指令》（1970），具体分为大气质量标准、固定源大气污染物排放标准、移动源大气污染

① 崔艳红.英国治理伦敦大气污染的政策措施与经验启示［J］.区域与全球发展，2017，1（2）：69-79，156-157.

物排放标准[①②]。在此基础上，成员国通过签署《远距离跨界大气污染公约》、《欧洲洁净空气计划》（CAFE）等，建设起区域大气污染联防联控的制度体系[③]。其次，环境影响评价体系划分为欧盟层级和成员国层级。其中，欧盟层级主要由成员国集体制定的基础条约及其衍生法规、指令、行动计划等组成，成员国层级主要是为实施欧盟共同环境政策目标所指定的内部法案。欧盟与各成员国之间不是强制的上下级关系，成员国拥有相当大的“自主权”。欧盟大气环境标准与评价法案等，是基于全域范畴做出的政策引导与基准目标规定，针对各类污染源的治理路径、不同污染物的排放要求等，成员国可根据自身经济社会发展实情制定环保措施与执行计划。实施过程分为以下两个阶段：一是指令转化，即在规定期限内将欧盟整体性指令转化为本国专项性环境法律法规；二是指令执行，即通过贯彻特定时期/地区的行动战略，确保达到基准目标[④⑤]。

自《环境法》（1995）和《欧盟空气质量框架指令》（1996/62/EC）颁布以来，英国在大气质量管理政策体系建设及完善方面，始终坚持实行“双轨”标准：一方面，积极遵守欧盟各项空气质量法案，如《国家排放上限指令》（2001/81/EC，现已修订为NECD2016/ 2284/EC）和《环境空气质量指令》（2008/50/EC），并将专项职责分解至英格兰、苏格兰、威尔士和北爱尔兰的大气质量管理局。另一方面，英国环境法案规定了自身的空气质量目标，并要求地方政府通过地方空气质量管理（LAQM）制度等制定管理战略，以精准识别和解决超出预设目标的“点”，进而拟定行动计划[⑥]。虽然英国已于2020年1月31日正式“脱欧”，但作为曾经的欧盟成员国之一，多年来通过执行蕴含欧盟与本国环境标准、评价要求、政策导向等内容的大气污染治理战略，有效推动了跨区域、跨部门的多元化分层协同机制体系建设与完善，为大气环境的可持续性改善奠定了有效基础。

---

① Parker, Albert. Air Pollution Research and Control in Great Britain [J]. An Journal Public Health Nations Health, 1957, 47 (5): 559–569.

② Beattie C I, Longhurst J W S, Woodfield N K. Air Quality Management: Evolution of Policy and Practice in the UK as Exemplified by the Experience of English Local Government [J]. Atmospheric Environment, 2001, 35 (8): 1479–1490.

③ 宁森，孙亚梅，杨金田.国内外区域大气污染联防联控管理模式分析 [J].环境与可持续发展，2012，37 (5): 11–18.

④ Elsom D M. Development and Implementation of Strategic Frameworks for Air Quality Management in the UK and the European Community [J]. Journal of Environmental Planning and Management, 1999, 42 (1): 103–121.

⑤ 万融.欧盟的环境政策及其局限性分析 [J].山西财经大学学报，2003 (2): 5–9.

⑥ Barnes J H, Hayes E T, Chatterton T J, et al. Policy Disconnect: A Critical Review of UK Air Quality Policy in Relation to EU and LAQM Responsibilities Over the Last 20 Years [J]. Environmental Science and Policy, 2018, 85: 28–39.

二、职责分层型府际协同体系

根据空气污染特点与政府治理方式的调整，英国大气污染治理实践大致可分为三个阶段：一是且污染且治理阶段（13世纪至20世纪50年代）。面临工业革命带来的煤炭型烟尘污染，相继颁布了“限制使用煤炭燃料”条例（1273）、《烟尘禁止法》（1821）、《制碱法案》（1863）等法令。因治理手段单一、治理对象片面，英国在经济利益驱使下陷入“污染—治理—再污染—再治理”的恶性循环，最终爆发伦敦烟雾危机[①]。二是治霾专项动员阶段（20世纪50—80年代）。针对煤炭型大气污染，英国于1953年成立公共质询委员会，并颁布了《清洁空气法案》（1955）、《制碱业及其他工业管理法案》（1906）等，明确了烟雾排放总量控制、无烟区建设、黑烟排放限制技术、能源结构调整等内容。自1961年开始在全国范围内建立一个由450个团体参与、共设有1200个子站点的大气质量监测网，并动员帝国理工学院、谢菲尔德大学等科研机构开展关于车辆尾气检测、灰尘及其他污染物测定仪器改进等问题的深入研究[②]。三是全面深化治理阶段（20世纪80年代至今）。伴随烟雾污染程度的减轻，二氧化硫、二氧化碳等非可见性污染物成为核心治理对象。具体包括“节能、使用可再生替代能源”“机动车尾气排放管制”“交通分流发展战略”“多元经济激励手段”“绿化建设”等措施[③④]。在长期探索中，英国建立了以职责分层为导向的府际协同体系（见图6-5）。

（一）纵向职责分层体系

英国《环境法》（1995）明确提出，中央政府的主要责任是建立大气质量管理机制体系，并将改善大气质量的核心任务分解给地方政府，由它们主导小规模工业、属地交通等治理，环境署是大型工业的管控者[⑤⑥]，以实现“在最低行政层级对资源进行最优配置和使用”的目标。从广义上看，英国大气环境治理职责体系共包括以下五个层级：第一层级是联合国欧洲经济委员会，负责制定环境保护的公约、协定等，如《长距离越境大气污染公约》《哥德堡协定》《持久性有机污染物协定》

① ［英］布雷恩·威廉·克拉普.工业革命以来的英国环境史［M］.王黎，译.北京：中国环境科学出版社，2011.

② 顾向荣.伦敦综合治理城市大气污染的举措［J］.北京规划建设，2000（2）：36-38.

③ 杨娟.英国政府大气污染治理的历程、经验和启示［D］.天津师范大学，2015.

④ 张亚欣.英国空气污染及其治理研究（1950-2000）［D］.郑州大学，2018.

⑤ Beattie C I，Elsom D M，Gibbs D C，et al. The UK National Air Quality Strategy：The Effects of the Proposed Changes on Local Air Quality Management［J］. Air Pollution VII，1999，29：213-222.

⑥ 梅雪芹.工业革命以来西方主要国家环境污染与治理的历史考察［J］.世界历史，2000（6）：20-28，128.

等。第二层级是欧盟，负责颁布共同环境保护战略、法案、政策及指令等，内容涵盖环保行动规划、核心污染物排放限值等。第三层级是英国环境、食品和农村事业部，负责颁布本国环境保护的政策法规，为环境署和地方政府设定7类大气污染物（苯、丁二烯、一氧化碳、铅、二氧化碳、颗粒物及二氧化碳）目标值，为国家设定2类大气污染物（臭氧、可吸入颗粒物）目标值[①②]。第四层级是英国环境署，负责研制实现欧盟和本国大气质量目标和污染物排放限值的控制技术与检测方法，颁发环境许可证等。第五层级是地方政府，负责制定并执行辖区大气质量监测与评估、空间发展和交通规划、多元污染物/污染源管控等规定[③④]。因此，基于欧盟环境治理的顶层设计，英国中央政府主要提供"全国大气质量目标、规划审查和评估步骤、大气管理区域划分"等宏观战略指导，并辅以针对性的政策和技术支持，作为"主责者"的地方政府则根据辖区污染情况与经济社会发展需求精准施治。

（二）横向复合协同体系

根据大气污染无界性流动本质特征与欧盟共同环境管理要求，英国建设了跨区域与跨部门有机结合的府际协同治理体系。具体运作方式包括以下三类。

一是地方政府间合作，通过组建区域大气污染治理小组，以联合共商方式制定集体性审查和评估方法，促使相关地区就大气质量管理达成一致意见。国家空气质量论坛、空气质量管理委员会、郡联合污染治理小组是英国地方政府间合作的主要模式。例如，伴随《空气质量条例》（1997）启动的威尔特郡空气质量工作小组，由索里兹伯里、威尔特郡西、肯尼特及威尔特郡北组成，每月召开一次团体会议，商讨大气污染治理政策制定和技术革新问题、交流成功经验、反馈现实困难，参与者包括政府公务员、咨询顾问和其他专业人员等[⑤⑥]。

二是政府部门间合作，通过职能各异的多部门协同管控，实现地区大气质量管理目标。例如，曼彻斯特LAQM工作组通过举办由环境卫生、交通、规划、首席行

---

① Joanna H B, Enda T H, Tim J C, Longhurst J W S. Air Quality Action Planning: Why Do Barriers to Remediation in Local Air Quality Management Remain? [J]. Journal of Environmental Planning and Management, 2014, 57 (5): 660-681.

② 张彩玲，裴秋月.英国环境治理的经验及其借鉴［J］.沈阳师范大学学报（社会科学版），2015，39（3）：39-42.

③ Elsom D M, Longhurst J W S. A Theoretical Perspective on Air Quality Management in the UK[M]. Air Pollution V, 1997.

④ Beattie C I, Longhurst J W S, Woodfield N K. Air Quality Action Plans: Early Indicators of Urban Local Authority Practice in England [J]. Environmental Science and Policy, 2002, 5 (6): 463-470.

⑤ Beattie C I, Elsom D M, Gibbs D C, et al. Implementation of Air Quality Management in Urban Areas Within England—Some Evidence from Current Practice [J]. Advances in Air Pollution, 1998, 21: 353-364.

⑥ Woodfield N K, Longhurst J W S, Beattie C I, et al. Regional Collaborative Urban Air Quality Management: Case Studies Across Great Britain [J]. Environmental Modelling and Software, 2006, 21 (4): 595-599.

政官等代表参加的非正式论坛，促进大气治理行动的协同推进[①②]。布里斯托尔市为了在地方交通规划实践中充分考虑大气污染因素，由交通、环境卫生及战略规划部门组成联合组织，以专题会议形式讨论具体事宜。并在确定特定管理区域后引入更多相关职责部门，以探寻将大气质量改善战略与交通规划方案有效融合的路径[③④]。

三是地方政府间与部门间合作的复合推进。《环境法案》和LAQM制度明确提出，地方政府在大气污染治理过程中必须与邻近的地方政府、自身内部相关职责部门、辖区环保团体等充分协商[⑤⑥]。在环环相扣的纵向职责分层体系中，多元、灵活的横向府际协同机制有效提升了英国大气污染治理效率。

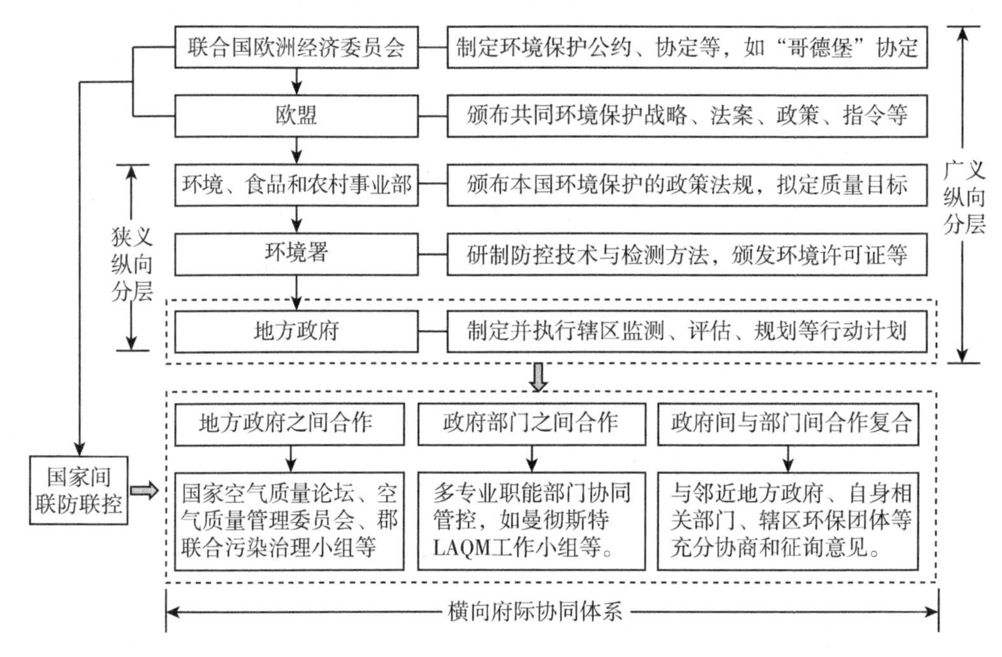

图6-5　英国大气污染治理的府际协同体系

① Longhurst J W S, Conlan D E. Changing Air Quality in the Greater Manchester Conurbation［J］. Air Pollution Ⅱ, 2014, 3: 349-356.

② 蔡岚.空气污染整体治理：英国实践及借鉴［J］.华中师范大学学报（人文社会科学版），2014，53（2）：21-28.

③ Beattie C I, Longhurst J W S. Joint Working Within Local Government: Air Quality as a Case-Study［J］. Local Environment, 2000, 5（4）: 401-414.

④ 李浩，奚旦立，唐振华，陈亦军.英国大气污染控制及行动措施［J］.干旱环境监测，2005（1）：29-32.

⑤ 梅雪芹.工业革命以来英国大气污染及防治措施研究［J］.北京师范大学学报（人文社会科学版），2001（2）：118-125.

⑥ 崔艳红.第二次工业革命时期非政府组织在英国大气污染治理中的作用［J］.战略决策研究，2015，6（3）：59-72，101.

三、效能分层型政策工具协同体系

随着英国大气污染治理的推进，融合了欧盟与本国“双轨”分层标准的强制型、激励型、自愿型政策工具的不断优化，构建了复合型组合应用体系。具体来看，不同阶段的政策工具建设与应用有一定差异：13世纪至20世纪50年代，主要采用以法律法规为主导的强制型政策工具，虽取得短暂性成效，却未能从根源上解决问题。20世纪50—80年代，针对煤烟型污染危机，注重多元政策工具的使用，如在制定与贯彻《清洁空气法》的基础上，积极推行调整能源结构、鼓励工业企业迁移、建立监测网等策略，但对不同政策工具的职能区分较为模糊。20世纪80年代以来，随着《环境法》、环境税费制度、排放权交易体系、环境改善基金、多元主体有序参与机制等的深化建设，形成了三类政策工具有效分工、有机融合的应用体系（见图6–6）。

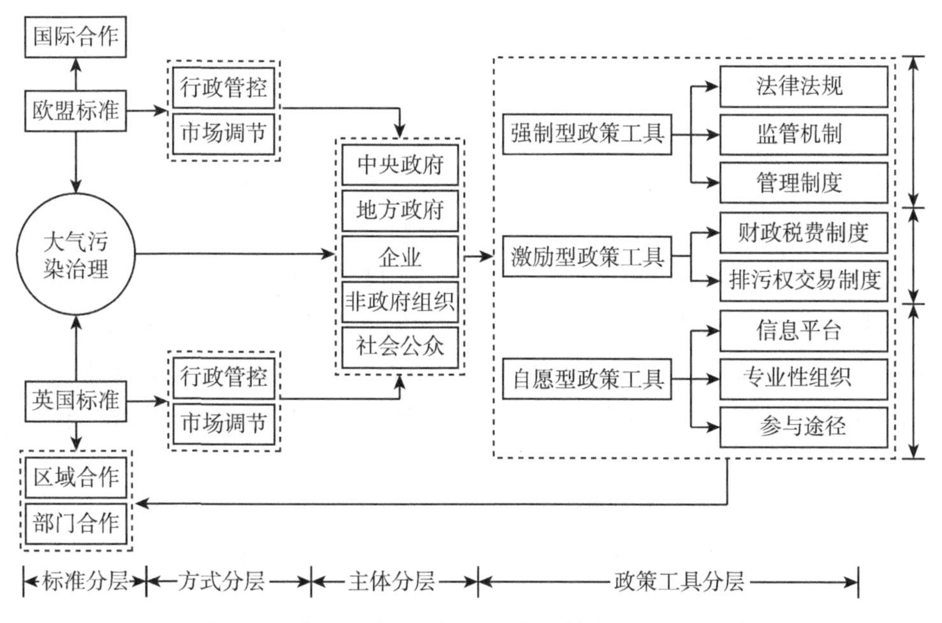

图6–6　英国大气污染治理的政策工具应用体系

（一）强制型政策工具应用

英国于19世纪早期开始研制大气污染治理的法案法规，完成了“以地方政府立法为主”向“以中央政府立法为主”转变。早期的地方政府立法具有单一性，未能有效兼顾其他环境保护问题，如《伦敦公共卫生法案》（1872）、《利兹改善法案》（1842）、《控制蒸汽机和炉灶排放烟尘法》（1843）、《烟尘污染控制法》（1853）、

《公共健康法》(1875)等[①]。中央政府把大气治理纳入整个环保体系，法律法规更具统筹性，如《污染控制法》(1974)、《大气清洁法案》(1993)、《自由信息法》(2005)、《气候变化法案》(2008)等[②③]。

具体而言，英国共制定了4项核心管理机制：一是三级垂直监管机制，即中央环境部门统一领导、地方政府设专门监管机构、民间监督组织(团体)参与。二是全覆盖监测机制，共建设了超过1600个大气监测站，实现全国范围的自动化监测；设立"英国空气质量档案"体系，方便及时储存与查询监测信息。三是工业生产管理制度，要求用新型清洁燃料替代污染物含量大的传统型燃料，同时实行企业分类管理制度，对重污染工业执行搬迁改造、责令限期整改等政策。四是交通规划与管制制度，在大气污染问题严重的城市，强力限制某些种类和型号的机动车出行，或按机动车类型分流并限制行驶速度等[④⑤⑥]。

(二)激励型政策工具应用

伴随欧盟经济一体化发展，英国大气污染治理与市场运行的结合日益紧密，由此形成了两大类激励型政策工具体系。

第一类为财政税费制度体系，具体包括四项内容：第一，财政支出制度。一是通过财政投入先期在卫星城建立商店、学校、住宅及娱乐场所等基础设施，并给予迁入居民和企业相应的补贴；二是通过财政采购与补贴促使居民更新供暖设备，支持可再生能源与新能源的开发与应用；三是大幅度降低传统制造业、煤炭采掘业等的政策补贴，转而大力扶持服务业与新型产业的发展[⑦]。第二，环保税费制度。环境税包括机动车环境税、气候变化税、垃圾桶税、垃圾填埋税、机场旅客税、石方税、购房出租税、汽车使用税等，环境费包括停车费、进城费、拥堵费、垃圾清运

---

① 崔艳红.英国治理伦敦大气污染的政策措施与经验启示[J].区域与全球发展，2017，1(2)：69-79，156-157.

② 许建飞.20世纪英国大气环境保护立法研究——以治理伦敦烟雾污染为例[J].财经政法资讯，2014，30(1)：49-53.

③ 杨拓，张德辉.英国伦敦雾霾治理经验及启示[J].当代经济管理，2014，36(4)：93-97.

④ 李浩，奚旦立，唐振华，陈亦军.英国大气污染控制及行动措施[J].干旱环境监测，2005(1)：29-32.

⑤ Chatterton T，Longhurst J，Leksmono N，Hayes E，Symonds J. Ten Years of Local Air Quality Management Experience in the UK：An Analysis of the Process[J]. Clean air and Environmental Quality，2007，41(6)：26-31.

⑥ Shaddick G，Zidek J V. A Case Study in Preferential Sampling：Long Term Monitoring of Air Pollution in the UK[J]. Spatial Stats，2014，9：51-65.

⑦ Baldwin S T，Everard M，Hayes E T，Longhurst J W S. Exploring Barriers to and Opportunities for the Co-Management of Air Quality and Carbon in South West England：A Review of Progress[J]. Air Pollution XVII，2009，123：101-110.

费等[①②]。第三，使用者付费制度。要求排污个体或组织按地方政府规定的标准缴纳相应费用，以弥补自身排污行为产生的负经济性效应。第四，财政投融资制度。在银行柜台开设专项业务窗口，并与金融机构联合设立特色型环保基金，如碳基金、环境改善基金、绿色能源基金等。

第二类为排污权市场交易制度体系，主要包括以下两项制度：第一，排污许可证制度。一是按空气质量明确规定不同时期内颗粒物、二氧化硫、氮氧化物、其他污染物的排放限值；二是明确将排放总量与项目信用相结合，在法定标准范围内，通过市场交易调剂主体间的减排量[③]。第二，排污检查与报告制度。给予定期进行排污设备检查并制作详细分析报告的企业一定的政策性激励。

（三）自愿型政策工具应用

为减小执行强制型政策工具的经济与社会成本，实现不同利益相关主体之间的“激励相容”，英国积极探索公众、非政府组织等参与路径，以提高社会资本影响力。欧共体《关于自由获取环境信息的指令》（1990）与英国《公共健康法》（1875）、《环境信息条例》（1992）、《自由信息法》（2005）等法案，致力于多元化信息平台、专业性团体组织、有序参与途径的建设与完善。

第一，多元化信息平台。通过民意调查文书和信函、宣传栏及折页、电视与广播公告、互联网、官方网站公告、定期性政府部门总结与计划报告、空气质量学术论坛等媒介，有效确保社会公众的知情权与监督权[④⑤]。第二，专业性团体组织。实践中，成立了烟雾减排委员会（1881）、煤烟减排协会（1898）、大不列颠烟雾联排联盟（1909），通过科学实验研究等，协助政府制定与执行战略[⑥⑦]。第三，有序参与途径。据统计，约66%的地方政府通过文书或信函征求其他政府部门和非政府组织意见，27%的地方政府在公共场合进行信息咨询，26%的地方政府通过宣传折页收集信息，24%的地方政府召开公众会议来征询意见。此外，通过调查问卷、新闻

---

① 吕晨光，周珂.英国环境保护命令控制与经济激励的综合运用［J］.法学杂志，2004（6）：41-44.

② Beattie C I，Longhurst J W S，Woodfield N K. Air Quality Management：Challenges and Solutions in Delivering Air Quality Action Plans［J］. Energy and Environment，2000，11（6）：729-747.

③ 肖建华，陈思航.中英雾霾防治对比分析［J］.中南林业科技大学学报（社会科学版），2015，9（2）：79-83.

④ Blsom D M. The Development of Urban Air Quality Management Systems in the United Kingdom［J］. Air Pollution Ⅱ，1994，4：545-552.

⑤ 鲁晓雯.英国大气污染的政府治理模式及启示［D］.黑龙江大学，2017.

⑥ 崔艳红.第二次工业革命时期非政府组织在英国大气污染治理中的作用［J］.战略决策研究，2015，6（3）：59-72，101.

⑦ Brunt H，Barnes J，Longhurst J W S，et al. Local Air Quality Management Policy and Practice in the UK：The Case for Greater Public Health Integration and Engagement［J］. Environmental Science and Policy，2016，58：52-60.

发布会、空气质量论坛、电话调查等途径，增强公众的环境风险意识[①②]。

四、多向关联型环境治理绩效架构

（一）政府绩效评价的演化

英国是当代西方行政改革的先驱，也是最早实行政府绩效评价的国家之一。自1979年“雷纳评审”以来，英国整体呈现出“由效率转向服务和质量、由单一性政府部门转向引入市场和公众参与、结果逐步公开化并直接向相关对象负责”的态势。据此，可将英国政府绩效评价的演化界定为以下两个阶段。

一是以经济和效率为主导的“效率优位”阶段（20世纪70年代末至20世纪80年代中期）。这一时期追求产出比率最大化，即政府部门的最低成本开支。例如，撒切尔夫人为全面考察政府部门运作情况所开展的“雷纳评审”，基于官僚主义、X-效率及抵制革新等问题，提出了许多优化措施[③]；英国环境大臣赫赛尔建立的绩效评估-目标管理-信息技术等融合型“部长管理信息系统”，在有效规避传统层级隐瞒上报问题的基础上，推进了以目标需求主导的资源配置效率提升。根据统计，在该系统建设的4年内，英国环境事务部在工作任务不减、工作质量提升的同时，精简29%的人员，远超其他部门的平均水平[④⑤]。

二是以质量和满意度为重点的“质量优位”阶段（20世纪80年代以来）。伴随“管理型政府”向“服务型政府”深化发展的推进，英国政府绩效评价的侧重点逐步转向公共服务质量、效益和满意度，评价过程日益规范化。例如，1989年发布了《中央政府产出与绩效评估技术指南》；1990年发起旨在引入市场竞争机制，打造“以质量为本、以顾客满意度为标准”评价理念的公民宪章运动；1999年制定新《地方政府法》，明确提出地方政府要始终坚持“3E原则”（经济、效率、效益），实现“最佳服务效果”目标；2001年国家审计委员会开发了地方政府全面绩效评

① 侯小伏.英国环境管理的公众参与及其对中国的启示［J］.中国人口·资源与环境，2004（5）：127-131.

② 环境保护部宣传教育司公众参与调研组.英国在环境共治与环保公众参与方面的经验及对我国的启示［J］.环境保护，2017，45（16）：67-68.

③ 赵路，聂常虹.西方典型国家政府绩效考评的理论实践及其对中国的启示［J］.宏观经济研究，2009（3）：82-89.

④ 包国宪，周云飞.英国全面绩效评价体系：实践及启示［J］.北京行政学院学报，2010（5）：32-36.

⑤ Mihaiu D M，Opreana A，Cristescu M P. Efficiency，Effectiveness and Performance of the Public sector［J］. Romanian Journal of Economic Forecasting，2011，13（4）：132-147.

价体系等[①②③]。日益完善的绩效评价体系，使政府多向职责执行情况被有效纳入相应的考核范畴，有助于分层复合型府际协同实践的可持续性深化。

（二）环境治理绩效评价的发展

在欧盟环境保护法案与自身发展需要的引导下，英国自20世纪70年代起，逐步将政府绩效评价引入环境治理领域，并经历了环境影响评价、可持续性评价、战略环境评价“交织演进”过程[④]。具体而言，分为以下三个阶段。

第一，初级探索与讨论阶段（20世纪70年代至20世纪80年代初）。苏格兰地区的石油钻探、北海石油和天然气开采等活动，促使政府对环境影响评价的重视程度越来越高[⑤⑥]，为此，学术界针对如何实行科学性评价做了大量研究，但指导性政策文件与法律法规的发布甚少。

第二，环境影响评价的制度化阶段（1985—2001年）。立足于欧盟《环境影响评价（EIA）指令》，英国1998年正式施行《苏格兰和北爱尔兰城乡规划条例》。与此同时，发布了《苏格兰和北爱尔兰具体环境评价条例》，且《规划与补偿法》（1991）明确规定，EIA在英国全境范围内具有强制性权威。此外，还制定了一系列关于战略环境评价（SEA）的指导政策。例如，适用于英国全境范围的《发展规划的环境评估实践指导》（1993），适用于英格兰地区的《SEA与EIA指导》（1996）、《实践指导：区域规划纲要可持续性评价》（1999），适用于苏格兰地区的《环境评价试点》（1994）和《发展规划环境评价：苏格兰自然遗产署员工指导》（1995）等。从此，环境影响评价与可持续性评价被纳入英国地方、区域发展规划层面，并遵循“判例法系”依据，通过相关案例积淀，开展渐进式的制度体系建设[⑦⑧⑨]。

---

① 蔡立辉.西方国家政府绩效评估的理念及其启示［J］.清华大学学报（哲学社会科学版），2003（1）：76-84.

② 朱广忠.西方国家政府绩效评估：特征、缺陷及启示［J］.中国行政管理，2013（12）：106-109.

③ Ho T K. From Performance Budgeting to Performance Budget Management：Theory and Practice［J］. Public Administration Review，2018，78（5）：748-758.

④ 孙冰，田蕴，李志林，包存宽.英国环境影响评价制度演进对中国的启示［J］.中国环境管理，2018，10（5）：15-23.

⑤ Glasson J，Bellanger C. Divergent Practice in a Converging System？ The Case of EIA in France and the UK［J］. Environmental Impact Assessment Review，2003，23（5）：605-624.

⑥ Fischer T B，Jha T U，Hayes S. Environmental Impact Assessment and Strategic Environmental Assessment Research in the UK［J］. Journal of Environmental Assessment Policy and Management，2015，17（1）：1-12.

⑦ Thomas B F. Benefits Arising from SEA Application—A Comparative Review of North West England，Noord-Holland，and Brandenburg-Berlin［J］. Environmental Impact Assessment Review，1999，19（2）：143-173.

⑧ 操小娟，王一.北爱尔兰政府环境机构的绩效管理研究［J］.环境保护，2014，42（18）：67-70.

⑨ 杨开峰，邢小宇.央地关系与地方政府绩效管理制度设计：英国实践的分析［J］.中国行政管理，2020（4）：134-144.

第三，战略环境评价的制度化阶段（2001年以来）。欧盟《战略环评指令》（2001）出台，促使各地区根据自身现实需求，基于责任机构、咨询机构、时间维度等方面，发布一系列规章制度，如《规划与计划的环评规章》（2004）、《环评法》（2005）等[①②]。同时，在可持续性评价与战略环境评价的融合执行过程中，受资源禀赋、经济社会发展、机制改革等因素影响，伴随环境治理绩效评价权责下移，形成了三种典型模式：英格兰“中央主导”模式——中央集权；威尔士“中央主导向地方自治过渡”模式——弱地区、强地方；苏格兰“地方自主”模式——强地区、弱地方（见图6-7）。它们在考核维度、指标体系、测定方法、评价标准与程序等方面呈现出“多向差异性关联”特征[③]。

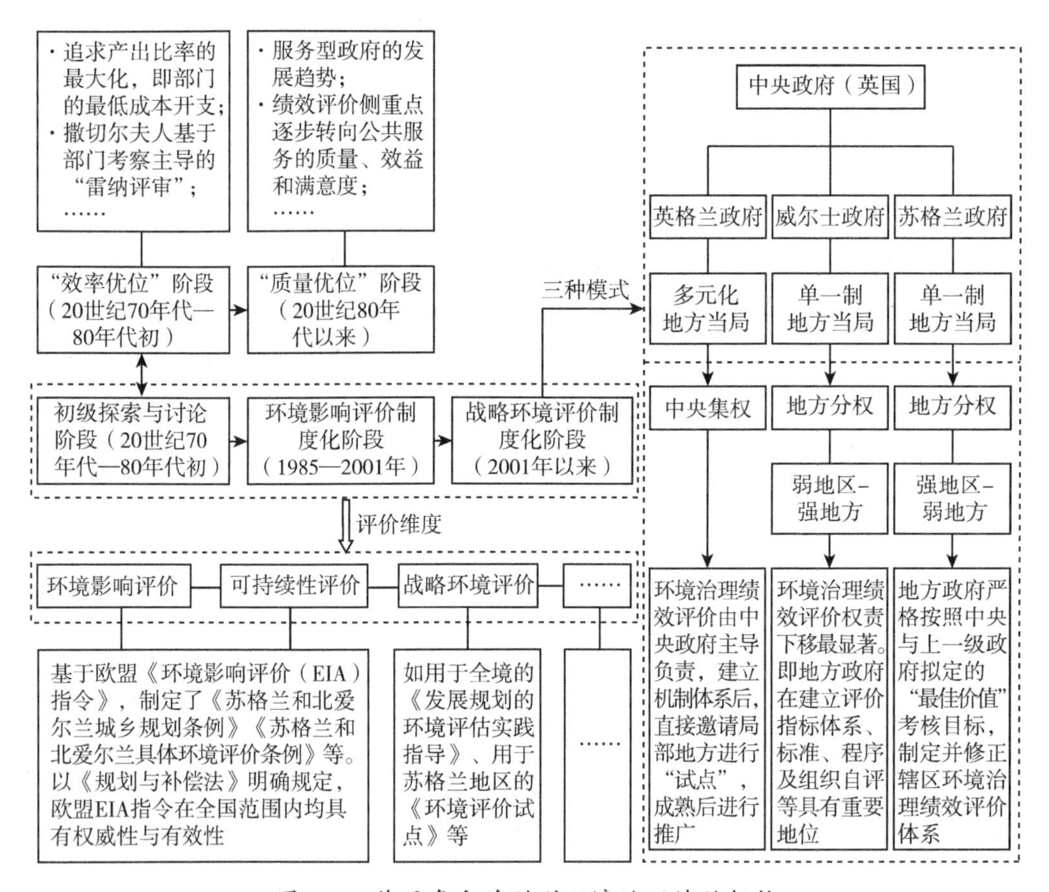

图6-7　英国多向关联型环境治理绩效架构

① Partidario M R. Elements of an SEA Framework-Improving the Added-Value of SEA [J]. Environmental Impact Assessment Review, 2000, 20 (6): 647-663.

② Barker A, Fischer T B. English Regionalism and Sustainability: Towards the Development of an Integrated Approach to SEA [J]. European Planning Studies, 2003, 11 (6): 697-716.

③ 许涓，郑洋，郭瑞，蒋文博，周强.英国环境绩效考核制度研究及我国危险废物规范化管理的建议[J].环境与可持续发展，2018，43（3）：111-114.

综上来看，英国多向关联型环境治理绩效评价体系建设，是伴随法案修订、政策倾向调整而进行的“自上而下”与“自下而上”有机结合型的动态完善过程。一方面，它深受欧盟共同环境保护政策法案的引导，有效完成了全国范围内环境治理绩效评价体系的制度化进程；另一方面，在关注不同地区府际协作治理情况与现实诉求的前提下，合理保留了自身“求同存异”的制度建设特色。兼具双轨标准的“纵向分层、横向分域”型绩效评价体系，为英国可持续性深化环境治理起了坚定的保障与助力作用。

第三节 日本三元分工型“协同－绩效”模式剖析

第二次世界大战后，日本经济发展的主要能源从煤炭逐步转为石油，致使其大气的“颗粒状”污染问题转变为“硫磺酸化物”污染困境。20世纪50—70年代，日本的呼吸道疾病患者比率骤增，1959年爆发的“四日市哮喘事件”，给伴随经济快速复苏而产生的人身健康问题敲了警钟①。20世纪80年代，日本开始基于政府、企业及社会公众维度，从“中央政府—环境管理事务所—地方政府”的金字塔式权责结构，探索多渠道并行的大气污染协同治理路径。由于对环境保护极为重视，日本在人口密集的狭小国土上，取得了显著成就。

整体而言，日本三元分工型大气污染治理“协同－绩效”模式的特点包括以下五个方面：一是强调主导者（政府）、实施者（企业）、监督者（公众）的主体职责定位与专项分工；二是注重在完善环保法律法规的基础上强化不同层级政府的权威；三是积极推动环保教育与素质拓展等实践活动的法制化、规范化发展；四是通过政－企合作与政－民合作，全面调动社会公众力量；五是以实效考核为主导的环境治理绩效评价“倒逼”政府执行体系的建设与完善。

一、科层主导型府际协同体系

结合经济社会等发展情况，日本大气污染治理具有明显的阶段性特征：第一，1965—1974年，伴随战后经济的快速复苏，以“四日市哮喘事件”为代表的大气污染问题引发社

① Managi S. Are There Increasing Returns to Pollution Abatement? Empirical Analytics of the Environmental Kuznets Curve in Pesticides [J]. Ecological Economics, 2006, 58 (3): 617-636.

会公众的高度关注，促使政府紧急进入激化型应对征程。第二，1975—1984年，因大量廉价石油的应用，二氧化硫成为大气污染的核心因子，治理难度进一步加大。第三，1985—1999年，在二氧化硫、浮游颗粒物（SPM）等污染物浓度降低的同时，传统型汽车快速普及引致了严重的氮氧化物污染问题。第四，自2000年以来，政府以促进企业自主进行环保管制为目的，通过采取“环保标签”“领跑者特惠”等政策措施，有效推动了相关技术革新，大气质量稳步提升[①②③]。在日本的整个治理进程中，央–地科层制主导的府际协同是核心驱动力（见图6–8）。

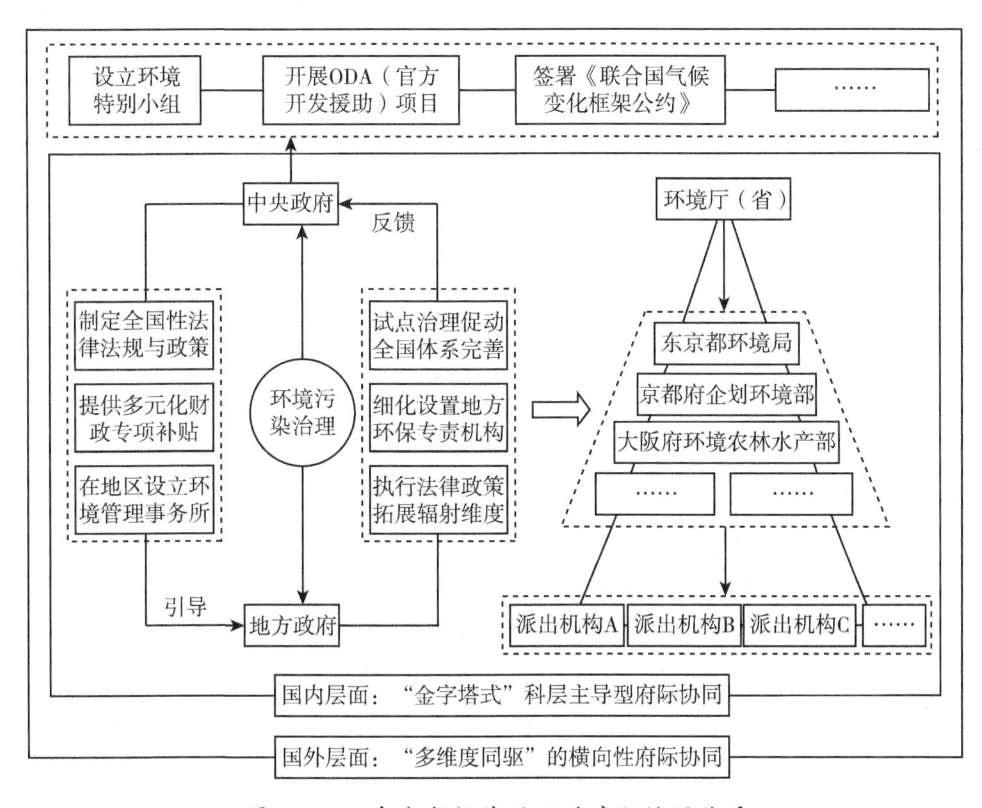

图6–8　日本大气污染治理的府际协同体系

日本央–地府际协同关系具体表现为以下三个方面：一是中央政府负责建设国家法律法规与政策体系，并通过财政补贴等方式参与不同地区的治理实践，形成中央引导与地方自主有机结合的机制架构。二是中央政府在各地区设立环境管理事务所，并根据经济社会等差异性要素约束进行精细化施政，以“承上启下”方式，促

① Honda N. The Role of the Social Capacity for Environmental Management in Air Pollution Control: An Application to Three Pollution Problems in Japan［J］. Papers on Environmental Information Science，2004（18）：271–276.

② Murakami K，Matsuoka S. An Empirical Study of the Methodology for Assessing Social Capacity［J］. Japanese Journal of Evaluation Studies，2006，6：43–58.

③ 丁红卫，姜茗予. 日本大气污染治理经验对我国的借鉴——基于环境管理社会能力理论［J］. 环境保护，2019，47（22）：69–73.

进央-地政府之间关于环境治理问题的有效互动。三是地方政府在法定权责与辖区范围内，负责治理措施的贯彻执行，并通过自下而上的方式将相关意见反馈到中央环境厅（2001年升格为环境省），进而为全国性环境政策体系的建设与完善提供现实依据[①②③]。

就大气污染治理实践而言，中央与地方政府的权责分工日益精确。首先，中央政府层面，自1970年“公害国会”成立起，相继出台了诸多法案，如《公害对策基本法（修订）》（1970）、《公害健康损害赔偿法》（1973）、《健康基本法》（1993）等，扩大了政策辐射的区域维度与污染物范围，促进了不同层级政府之间的职责协同。同时，通过环境厅的设立与改制，以政策统一、标准统一、程序统一等方法，强力攻克了管理机构之间的“碎片化”行动困境难题[④⑤]。其次，地方政府层面，参照1971年以来的中央环境厅（省）组织架构，依次设置东京都环境局、大阪府环境农林水产部、京都府企划环境部等专职机构，且在部（局）之下按辖区实际需要细分出若干“课、处、科”级部门，如环境政策课、自然保护科等[⑥⑦]。此外，县（省）政府还在市、町一级建立了许多环保派出机构，形成“金字塔式”网格化协同治理体系。在国家已有的基准目标上，部分地方政府制定了一系列更为严格的规章措施，且通过它们的实践成效，直接促成全国法律政策体系的完善。例如，东京都《公害防治条例》（1969）在全面明确保障都市居民生活必须性公害防治措施的基础上，将管辖维度进一步拓展到同时期中央法律尚未涉及的相关领域；东京都的《汽车尾气颗粒物排放限值》（1999）逐渐成为全国性防控标准等[⑧⑨]。

受岛国地形与科层制政体的影响，日本地方政府的横向大气污染协同治理广度与深度远不及美国与英国。但自1992年6月在巴西里约热内卢召开“联合国环境与发展大会”以来，日本开始探索由国内治理向国际合作转变的环境外交路径。具体包括以下两个方面：一是于1989年在外务省设立环境特别小组，专门负责研制开展国际环境治理合作的相关政策、措施及解决跨国环境纠纷的方法等。二是通过开

① Shafik N. Economic Development and Environmental Quality: An Econometric Analysis [J]. Oxford Economic Papers, 1994, 46: 757-773.

② 乌力吉图.日本地方政府的环境管理制度与能力分析［J］.管理评论，2008（5）：58-62，50，64.

③ 李博.日本政府环境管理及对中国的启示［D］.大连海事大学，2017.

④［美］詹姆斯·L.麦克莱恩.日本史［M］.王翔，译.海南：海南出版社，2009.

⑤ 徐世刚，王琦.论日本政府在环境保护中的作用及其对我国的启示［J］.当代经济研究，2006（7）：34-37.

⑥ Memon M A, Imura H, Pearson C. Inter-City Environmental Cooperation: Case of the Kitakyushu Initiative for a Clean Environment [J]. International Review for Environmental Strategies, 2005, 5 (2): 531-536.

⑦ 王丰，张纯厚.日本地方政府在环境保护中的作用及其启示［J］.日本研究，2013（2）：28-34.

⑧ 卢洪友，祁毓.日本的环境治理与政府责任问题研究［J］.现代日本经济，2013（3）：68-79.

⑨ 刘铮，党春阁，宋丹娜，吴昊等.日本大气污染防治的经验与启示：以川崎市为例［J］.环境保护，2019，47（8）：70-73.

展ODA（官方开发援助）项目、加入“气候变化框架公约政府间谈判委员会”、签署《联合国气候变化框架公约》和《京都议定书》等战略合作协议，积极地参与全球环境协同治理实践[①②]。“内纵外横型”府际协同机制体系的完善与运行，为日本的大气环境优化提供了有效保障。

二、定位精确型政策工具协同体系

伴随市场经济的发展与社会环保意识的增强，日本根据政府、企业和公众在大气污染治理进程中的角色定位与职能分工，逐步构建起强制型、激励型、自愿型政策工具组合创新与协同应用体系（见图6-9）。但国家政治体制的差异，决定了日本三类政策工具的地位有别于美国和英国，即在整个演化进程中，政府应用的强制型政策工具始终居于主导地位，同时注重将应用于企业和社会公众的激励型、自愿型政策工具作为辅助，有效激发不同利益相关主体参与大气污染治理的内在驱动力。

（一）强制性政策工具应用

自20世纪50年代以来，环保法律法规建设始终是日本深入推进大气污染治理实践的“先行官”，具体包括《防治排烟条例》（1955）、《工厂废弃物控制法》（1958）、《烟尘排放规制法》（1962）、《公害防止协定》（1964）、《新大气污染防治法》（1968）、《公害对策基本法》（1970）、《公害健康损害赔偿法》（1973）、《环境基本法》（1993）、《关于推进地球温暖化对策的法律》（1998）、《多氯联苯废弃物妥善处理特别措施法》（2001）、《增进环境保护意识和推进环境教育法》（2003）等[③]。

在不断完善的法律体系基础上，日本建立健全了科层式监管机制，具体包括以下三项内容：第一,一省六部管理机制。在中央环境省（2001）下设立废弃与再生利用对策本部、综合环境政策局、环境保健部、地球环境局、水和大气环境局、自然环境局，分别承担废弃物治理与废弃资源再利用、环境保护基本政策企划、水资源统筹管理、化学物质负影响防控、地球变暖及臭氧保护事务处理、自然生态系统

① 杨昆，黄一彦，石峰，范纹嘉，周国梅.美日臭氧污染问题及治理经验借鉴研究［J］.中国环境管理，2018，10（2）：85-90.

② You M L, Shu C M, Chen W T, et al. Analysis of Cardinal Grey Relational Grade and Grey Entropy on Achievement of Air Pollution Reduction by Evaluating Air Quality Trend in Japan［J］. Journal of Cleaner Production，2017，142（4）：3883-3889.

③ 张瑞珍，奥田进一.日本环境法制定与实施对循环型经济社会形成的影响［J］.内蒙古财经学院学报，2007，3：48-52.

的修复建设等专项职责[①②]。第二，两级大气监测体制。国家监测网由9个大气环境测定所与10个汽车交通环境测定所组成，负责全国大气质量监测和技术开发；地方监测体系共包括1549个大气环境测定局与438个汽车尾气排放测定局，负责住宅等一般性区域与道路周边区域相关污染物的实时动态监测[③④]。第三，配套制度与措施。一是申报审查制度，包括设施型号与构造，可能排放的污染物种类、数量及浓度，污染物处理方法等；二是强制配备制度，包括要求重污染企业配置脱硫、脱硝设备，小型企业必须安装电除尘设备，汽车出厂时须加装尾气净化装置，出租车须全部替换成天然气引擎装置等；三是污染源总量及强度控制措施，包括浓度控制、K值控制、总量控制、强制车检制度及街头抽查制度等[⑤⑥]。

（二）激励性政策工具应用

在融合欧美国家经验与自身发展实情的基础上，日本基于财政税费制度与市场交易制度，积极推进激励型政策工具的建设与应用。

首先，财政税费制度体系。具体包括以下四项内容：一是环保投资扶持制度，即成立环境事业团、地球环境基金等非营利投融资平台，并通过政策投资银行、基金和中小企业金融公司等，向积极推进大气污染治理的环保企业及相关项目提供优惠利率的融资贷款[⑦]；二是低排放机动车核定制度，给予通过核定的9类机动车减免税收（如购置税、重置税等）、补助金、中长期低利率贷款等优惠，并对购买单位及个人提供补贴等资金支持[⑧⑨]；三是废旧物资商品化收费制度，即规定废弃者须按照标准支付旧家电与旧容器包装、旧汽车收集与再商品化等费用；四是污染物排放税（课征金）制度，即根据生产者使用煤炭、硫氮氧化物等所产生的污染物排放量及环境负荷量，判定企业的应缴纳税额——污染负荷量课征金[⑩⑪]。

其次，市场交易制度。日本温室气体排放权交易制度与英国许可证制度基本相似，均是在环保法所规定的排放总量范围内，允许市场主体排放额的自由交易。同

---

① ［日］环境省の组织（内部部局），http：//www.env.go.jp/an-nai/soshiki/bukyoku.html.

② 周永生.日本环境保护机制及措施［J］.国际资料信息，2007（4）：24-29.

③ 石淑华.日本的环境管制体系及其启示［J］.徐州师范大学学报（哲学社会科学版），2007（5）：101-105.

④ 孙方舟.日本治理大气雾霾的经验及借鉴［J］.黑龙江金融，2017（9）：56-58.

⑤ 汤天滋.中日环境政策及环境管理制度比较研究［J］.现代日本经济，2007（6）：1-6.

⑥ 傅喆，寺西俊一.日本大气污染问题的演变及其教训——对固定污染发生源治理的历史省察［J］.学术研究，2010（6）：105-114.

⑦ Tomoko H，杨静.日本环境税方案现状［J］.中国能源，2006（3）：45-49.

⑧ 李永东，路杨.日本的环境经济政策及其对我国的借鉴作用［J］.现代日本经济，2007（6）：12-16.

⑨ 刘家松.日本碳税：历程、成效、经验及中国借鉴［J］.财政研究，2014（12）：99-104.

⑩ 沈惠平.日本环境政策分析［J］.管理科学，2003（3）：92-96.

⑪ 王燕，王煦，白婧.日本碳税实践及对我国的启示［J］.税务研究，2011（4）：86-88.

时，日本又具有鲜明的政体特色：一是非常重视“中央政府是大气污染治理的统筹者，地方政府及民间部门担任第一责任人，企业与社会公众居于配合者地位”等级划分；二是强调积极规避“命令控制模式”与“经济诱因模式”机制的弊端，以有效划分权责与推广国民教育为交易制度的核心，推崇法律保证、高层决策、政府主导、统一计划、综合资源及群众参与等发展理念[①②③]。

（三）自愿型政策工具应用

日本大气污染治理的激励型与自愿型政策工具相辅相成、互为推动，伴随市场环境与运行机制的发展，促进多元利益主体协同行动的信息发布平台、有序参与渠道、联防合作机制等建设不断完善。

具体包括三个方面：一是实时信息发布平台。通过污染物广域监视系统与信息发布网站、动态预测系统、电视媒体、互联网、政府门户宣传栏等[④]，推进“玻璃缸式”生产与治理的实践进程。二是有序参与渠道。首先，灵活运用听证会、新闻发布会、社会民意调查、民间诉讼与反馈制度等方式，形成将政府审慎制定政策、企业认真贯彻执行、公众积极参与监督有机结合的“三元式”管理体系。其次，在全面推广学校环保教育和社会环保宣传的基础上，开展素质拓展活动，如2005年夏季“清凉装”和冬季“温暖装”活动、2006年“清凉亚洲”活动等。三是多元主体联防合作方式，包括政－企合作与政－民合作。其中，政－企合作方式包括自愿性防公害协议、土地买卖合同、备忘录及意向书等，如20世纪60—80年代，地方自治性团体与各类企业主体之间成功签订的自愿性协议达3万多件；政－民合作则主要通过合法、有序地组织各类公众环保运动，形成有效的社会舆论监督体系，以增强政府法规、政策、规划等的科学性运用，促进企业更有效地履行淘汰落后产能、改进生产技术等专项责任[⑤⑥]。

---

① Masuhara N, Baba K, Tokai A. Clarifying Relationships between Participatory Approaches, Issues, Processes and Results, Through Crosscutting Case Analysis in Japan's Environmental, Energy, and Food Policy Areas [J]. Environment Systems and Decisions, 2016, 36 (4): 421-437.

② Lu Y H, Chiu Y H, Chiu C R, et al. Metafrontier Analysis of the High-Tech Industry's Environmental Effciency in Japan and Taiwan [J]. Hitotsubashi Journal of Economics, 2018, 59 (1): 9-24.

③ Aldieri L, Ioppolo G, Vinci C P, et al. Waste Recycling Patents and Environmental Innovations: An Economic Analysis of Policy Instruments in the USA, Japan and Europe [J]. Waste Management, 2019, 95: 612-619.

④ 袁芳.日本的大气雾霾治理及启示——对我国经济的历史省察[J].赤峰学院学报（自然科学版），2015，31（5）：14-16.

⑤ 杨立华，蒙常胜.境外主要发达国家和地区空气污染治理经验——评《空气污染治理国际比较研究》[J].公共行政评论，2015，8（2）：162-178.

⑥ Hasan A. Innovative Environmental Policy in Promoting the Green Concept of Japanese Electronics Industry [J]. Global Business and Management Research: An International Journal, 2017, 9 (S): 714-727.

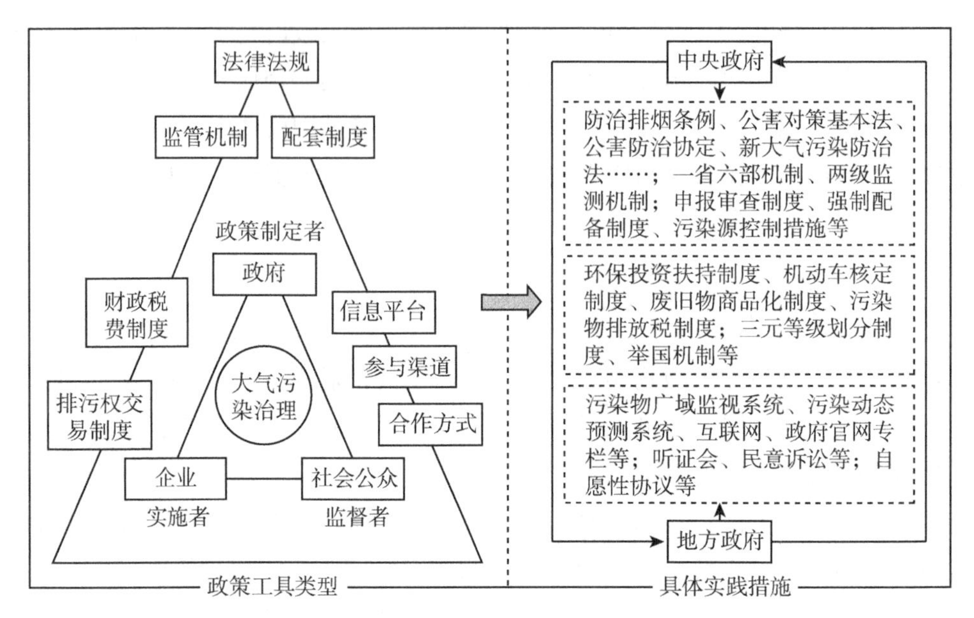

图6-9　日本大气污染治理的政策工具应用体系

三、上下互动型环境治理绩效措施

（一）政府绩效评价的范畴

日本政府绩效评价体系包括行政评价和政策评价两个维度。其中，政策评价是由总务省出台政策并监督检查、在中央政府层级开展的绩效评价，行政评价是由各个地方政府基于发展远景目标与综合计划、以提高公共服务满意度为出发点而自主进行的绩效评价。在具体执行过程中，国家层面主要进行自上而下的政策评价，地方层面则大力推行自下而上的行政评价，含事业评价与措施评价①②③。

基于日本行政改革实践的政府绩效评价可分为以下三个发展阶段。

第一，行政评价制度探索阶段（1994—1997年）。1994年，静冈县开始进行行政业务盘点活动；1995年，伴随《地方分权推进法》的发布，三重县开始推行事务及事业评价；1996年，北海道市导入适时评价；1997年，日本行政改革会议确立政策评价，中央政府层级开始实施再评价制度。第二，行政评价制度发展

① 袁娟.日本政府绩效评估模式研究［M］.北京：知识产权出版社，2010.

② 冉敏.国外政府绩效管理法制化研究述评——以美澳日韩四国为例［J］.天津行政学院学报，2016，18（1）：88-95.

③ Kazumi E. Corporate Governance Beyond the Shareholder—Stakeholder Dichotomy：Lessons from Japanese Corporations' Environmental Performance［J］. Business Strategy and the Environment，2020，29（4）：1625-1633.

阶段（1998—2000年）。1998年，制定中央省厅等改革基本法，明确提出建立政策评价机制；1999年，确定政策评价基本框架；2000年，实施地方分权一揽子法案，内阁会议确定行政改革纲要、中央省厅进行机构改革、总务省设置行政评价局，并以都、道、府、县为核心，探讨事务与事业评价的有效路径。第三，行政评价制度全面实施阶段（2001年至今）。2001年，颁布《关于行政机关进行政策评价的法律》，并于2002年正式施行。从此，日本政府绩效评价进入法治化建设阶段。在都、道、府、县层面，2001年，宫城县制定了全国首个行政评价手续条例，并导入业务管理系统；2002年，三重县启动政策评价系统。在政令制定层面，2001年，福冈市开始行政业务盘点；2002年，神户市将政策与行政业务绩效导入经营品质管理系统；2003年，广岛市发布绩效评价工作宣言等[①②③]。值得关注的是，日本在政府绩效评价过程中极其重视社会公众的有效参与，强调要精准把握直接与潜在“顾客”的多样化需求，全面提高政府公共服务的满意度[④]。

（二）环境治理绩效评价体系

日本从1972年开始将环境评价纳入公共事业领域，并于20世纪80年代前期和中期制定了与填土方、发电站、新干线等经济社会建设相关的“政策-行政-项目”一体化环境影响评价制度。为实现环境治理绩效评价目标、标准、方法、程序、结果运用等的有效衔接与有机统一，1983年日本国会提出《环境影响评价法案》；1984年日本内阁议会审核通过了《环境影响评价的实施条例》；1993年《环境基本法》颁布，标志着日本环境治理绩效评价正式以权威性法律形式推出；1997年制定《环境影响评价法》，并于1999年正式施行[⑤⑥⑦]。

日本环境治理绩效评价的范畴包括道路、坝区、铁路、飞机场及发电站等13类较大规模的发展建设领域，共涵盖以下四类环境要素：一是自然环境构成要素，包括大气环境、水环境、土壤环境等；二是生物多样性及生态循环体系保护要素；

① 杨宏山.政府绩效评估的国际比较及启示——以美国、英国、日本和韩国为例［J］.北京电子科技学院学报，2015，23（1）：26-34.

② 冉敏，刘志坚.基于立法文本分析的国外政府绩效管理法制化研究——以美国、英国、澳大利亚和日本为例［J］.行政论坛，2017，24（1）：122-128.

③ Sueyoshi T，Goto M. Performance Assessment of Japanese Electric Power Industry：DEA Measurement with Future Impreciseness［J］. Energies，2020，13（2）：1-24.

④ 白智立，南岛和久.试论日本政府绩效评估中的公众参与［J］.日本学刊，2014（3）：54-68.

⑤ 刘剑桥.美、日政府绩效评估立法对中国的启示［D］.吉林大学，2011.

⑥ 袁娟，沙磊.美国和日本政府绩效评估相关法律比较研究［J］.行政与法，2009（10）：39-42.

⑦ Endo K. Does the Stock Market Value Corporate Environmental Performance？Some Perils of Static Regression Models［J］. Corporate Social Responsibility and Environmental Management，2019，26（6）：1530-1538.

三是人与自然安全且广泛接触的要素；四是可能给环境承载力造成负担的要素。在实践过程中，日本地方政府主要是通过公开招投标方式甄选具体的经济社会规划建设项目，并根据项目规模、设备条件、技术水平等情况的综合评价，确定它们是否符合同一时期国家/地区环境治理绩效评价的考核标准①②。基于中央集权控制性质的地方自治制度体系，日本各地区不同发展阶段的环境治理绩效评价职责，由环境保护主管部门组织执行，并按自下而上的顺序依次完成地方（市町村—都道府县）和中央层级的审核。当其中任何一个环节出现否决情况时，则需进行整改，然后开展新一轮评价或终止相关项目的执行（见图6-10）。总体而言，越是上面的政府层级，越重视环境保护的战略与政策评价；越是下面的政府层级，越重视具体事务与实业建设的环境影响评价。同时，日本《环境影响评价法》等明确提出，非政府组织、公众等多元利益相关主体，可以通过民意调查与评议、专题听证会、环境保护宣传活动、提案建议反馈等方式，参与环境治理绩效评价的全流程③④⑤。

整体而言，日本环境治理绩效评价体系是中央主导与地方自治相结合的产物。一方面，严格遵循纵向科层体制运行要求，积极建设上下双向促动的“政策-行政-项目”分层绩效评价权责体系，以实现金字塔式统筹与协调治理目标；另一方面，注重地域比较优势，强调基于资源禀赋、环境承载力、经济社会发展基础等赋予地方政府相应的地方自主治理与绩效评价权限，实现横向分工目标。此外，对多元利益相关主体全程参与的高度重视，进一步强化了绩效评价标准、过程、结果等的科学性与可应用性。兼顾国家政体要求与地域发展实情、政府战略规划与公众利益诉求的环境治理绩效评价体系，为日本全面增强环境治理凝聚力奠定了基础。

① Ruiqian L, Ramakrishnan R. Impacts of Industrial Heterogeneity and Technical Innovation on the Relationship between Environmental Performance and Financial Performance [J]. Sustainability, 2018, 10 (5): 1-25.

② Yook K H, Choi J H, Suresh N C. Linking Green Purchasing Capabilities to Environmental and Economic Performance: The Moderating Role of Firm Size [J]. Journal of Purchasing and Supply Management, 2018, 24 (4): 326-337.

③ 殷培红.日本环境管理机构演变及其对我国的启示［J］.世界环境，2016（2）：27-29.

④ 张鑫冰.中日环境影响评价制度比较研究［D］.江西理工大学，2017.

⑤ 李维安，秦岚.日本公司绿色信息披露治理：环境报告制度的经验与借鉴［J］.经济社会体制比较，2021（3）：159-169.

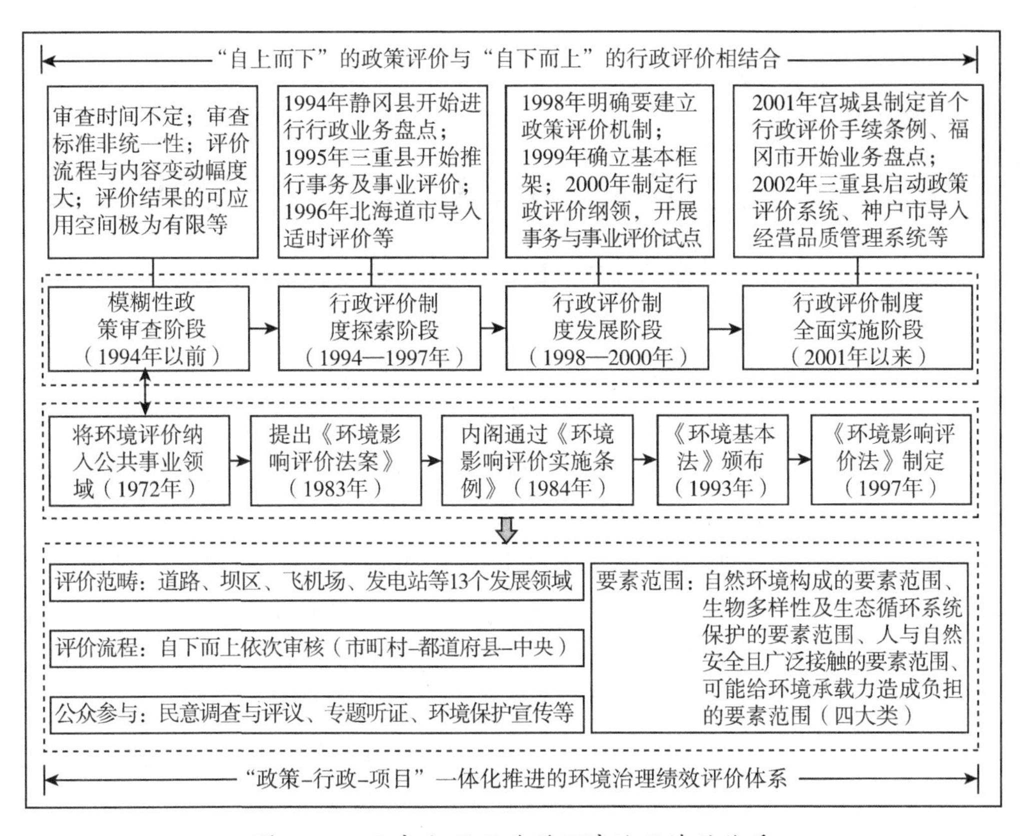

图6-10　日本上下互动型环境治理绩效体系

第四节 美国、英国、日本“协同－绩效”模式比较与启示

在经济－政治－社会－文化－生态复合交织的动态空间演化情境中，大气污染治理必然是一个受多重因素交叠影响的不断试验与改进的过程，往往“牵一发而动全身”。根据对府际协同、政策工具协同与环境治理绩效评价的剖析可知，作为成功解决大气污染难题的典型代表，美国“多边联合型”模式、英国“分层复合型”模式及日本“三元分工型”模式存在诸多共同之处，但因整体制度结构、经济社会发展基础、技术革新水平、传统文化习惯、自然承载力等差异性因素影响，它们对于同一维度的政策路径偏好（如主体职责划分、绩效标准与程序设置等）各有侧重，且对同一实践措施的辐射广度、探寻深度及相关利益主体权限范围设置等均各具特色。在此，通过三种模式的聚类比较（见图6-11），提炼具有本土化应用价值的经验启示。

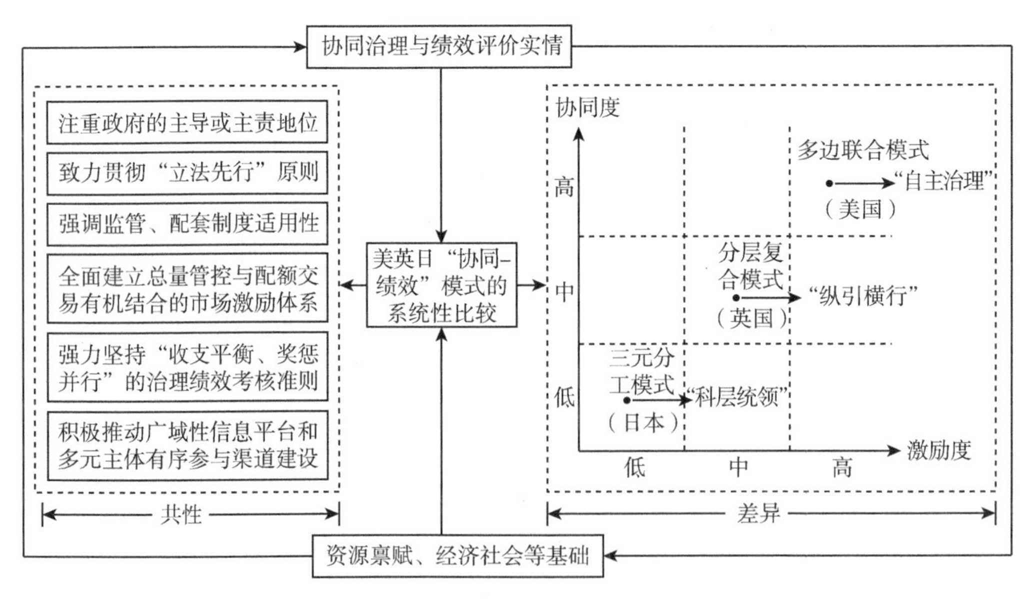

图6-11 美国、英国与日本“协同-绩效”模式的共性与差异

一、美国、英国、日本“协同－绩效”模式的共性

美国、英国、日本大气污染治理“协同－绩效”模式的共性体现在六个方面。

一是都非常注重中央与地方政府的主导或主责地位。以纵、横向府际合作与专项职责绩效为核心轴，构建了多层级、多中心、多维度、多元利益主体的复合型区域联防联控机制体系，并基于自身辖区治理实情与可持续发展目标，从不同层面逐步构建起“协同型”政策工具体系。二是都致力于贯彻“立法先行”宗旨。建设了涉及范围广、处理层次深、运作方式明确、考评对象清晰、实践内容成熟的法律法规体系，并始终以绩效结果为导向，推进政策措施的调试与改进。三是都十分强调监管机制与配套制度的规范性和可操作性。坚持“上承法律法规、中秉主体权责、下接现实难题”原则，强调将各项制度严格执行至其对应性范畴，形成了有效的“立法—体制机制建设—措施实践—绩效评价—完善立法”循环模式。四是都建立了“总量管控与配额交易有机结合”的市场激励体系。在确保区域大气质量整体达标的基础上，重视借助市场手段推进排污权配额的内部合理配置，以激发相关利益主体积极参与治理的内在驱动力。五是都强力坚持“收支平衡、奖惩并行”的绩效考核准则。通过财政投资支出与税费收入兼顾、优惠激励与违规严惩并存，在一定的成本－收益约束范围内，促使多向互动的利益相关者职责分工和执行更加精准。六是都积极推动广域性信息公开平台和多元化利益相关主体有序参与渠道建设。在切实保障企业、社会公众、非政府组织等主体知情、参与、诉讼、评议和反馈等实质性权利的同时，通过合理的宣传与教育方式，有效提升了规范、有序参与战略政策研制的能力。

二、美国、英国、日本“协同－绩效”模式的差异

美国、英国、日本大气污染治理“协同－绩效”模式的共性体现在三个方面。

一是行政调控理念差异。美国注重基于资源禀赋、经济社会基础等差异性条件的地方自主治理，强调构建“缝纫机”式区域管理与绩效机制网络体系；英国坚持“纵引横行”拓展原则，即在纵向政府职责精细化分工与考核的基础上，提升横向地区（政府）联防联控的广度。日本注重“科层统领”，坚持“中央协调、地方主责、社会群体参与”的制度安排，强调不同层级政府在大气污染治理与绩效范畴的主导地位。

二是政策工具“激励度”差异——美国最强、英国次之、日本最弱。美国非

常重视以市场运行规律为基础释放经济活力，强调用放权交易的市场信号引导排污者行为，使其主动承担应有的责任。英国严格坚持行政调控的激励原则，其财政支出、使用者付费、产业补贴、财政投融资等制度政策，均与强制型政策工具有着紧密的“链带式”关系。日本十分注重行政手段的作用，在激励型政策体系中依然强调政府主导地位，虽具有很强的执行保障，但市场活力的释放度偏低。

三是府际行动“协同度”差异——美国最强、英国次之、日本最弱。美国坚持从“强调中央权威”向“注重区域合作”转变的战略方向，从三个维度（联邦环保局区域办公室管理、特定大气污染问题区域管理、州政府区际行动）与三个层面（州内合作、州际合作、国别合作）建立完善的纵横齐动型“协同－绩效”体系。英国在“应对式”向“整体式”转变进程中，充分兼顾了欧盟与本国的“双轨”标准，构建起完善的区域、主体“协同－绩效”体系，但受战争、经济政治体制改革等制约，其全面性“国别联防共治体系”的建设进程较为缓慢。日本受地理位置（岛国）制约及军国主义文化影响，其“协同－绩效”工作主要集中于不同利益主体（政－企合作、政－民合作）和不同地域层面，国别联防共治体系建设尚未有实质性进展。

三、美国、英国、日本“协同－绩效”模式的经验启示

我国作为社会主义市场经济国家，政治体制与美国、英国及日本截然不同，经济发展水平、传统文化等也存在一定的差异，因此，在大气污染治理“协同－绩效”模式建设的经验借鉴过程中，需始终坚持两大原则：一是“因地制宜，量体裁衣”原则。不能直接进行全盘式照搬现套，要立足于自身政治体制基础与大气污染治理实情，推动“基因改造”实践，实现相关经验的本土化应用。二是“博采众长、推陈出新”原则。不能武断地选取一国或几国的“协同－绩效”模式作为标配型蓝本，要努力开阔视野，以“干中学”方式建立健全“经验网”，为可持续性提升大气污染治理成效积淀“素材”。基于当前我国“任务导向型”“属地治理型”模式引致的诸多非对称性利益博弈挑战，应重点把控好以下三个方面的内容。

第一，全面强化府际合作的动力。包括两个方面：一是协调好属地发展与区域协同治理的关系，促进纵向府际行动意愿的有机耦合。要充分重视地区经济社会等发展需求的差异，通过优化协同制度和组织结构、提升协同立法的合法性与权威性等，有效激发地方政府的内在驱动力。二是立足于经济、社会、生态等影响因素，推动成立横向府际稳固性合作治理联盟。如注重挖掘与发挥属地资源禀赋、技术条件、地理区位等比较优势，积极完善区域基础设施建设体系，强化产业承接、科技

创新、市场开发等方面的综合实力，实现资源共享与合理配置等目标。

第二，推进政策工具的协同应用与创新。包括三个层面：一是提升强制型政策工具的经济与社会效益。一要强化政府信息收集、整合及科学分析等能力，健全区域一体化大气质量动态监测与预测体系，促进多元信息来源渠道的有机整合，完善信息传递与共享效率。二要强化法律法规的执行力度，通过禁令、整改、督查等措施严格调控，确保全过程的执法刚性。三要优化政策制定与执行的差异性，全面考虑市场主体在污染成因机理、治理能力、技术存量等方面的不同，构建多层次标准体系。二是细化激励型政策工具的配置与调节职能。首先，要按市场信号灵活推动法律法规的持续、系统修订，建立健全激励型管理机制，明晰各类污染物排放的产权性质，构建规范性、全方位的排放权交易体系，稳步解决大气污染治理中因信息不对称导致的附加费问题。其次，要不断完善环保税费制度及配套政策，将战略指导充分细化至实践。如继续优化税种，实行差异化税基政策等，贯彻“谁污染谁缴纳、污染多缴税多”原则；合理确定税率，既要最大限度反映大气污染物的边际减排成本，也要切实考虑税率对市场经济的冲击和潜在性影响。最后，要积极推动环保补贴扶持与财政投融资政策体系建设。通过政策引导与资金帮助方式，为各类环保企业和项目提供有效发展空间。三是强化自愿型政策工具的融入度与影响力。首先，要通过课堂教学、知识培训及网络宣传等开展全方位环保教育，强化社会公众参与大气环境保护的意识，使绿色出行、公共交通等防治方式有效地内化于日常生活。其次，要继续完善信息跟踪与披露制度、拓展公众自愿参与渠道，保证信息公开及时、精确，保障相关利益主体的知情权、监督权、反馈权等。

第三，完善政府环境治理绩效评价及政治晋升体制改革。针对目前“GDP绩效”占主导与大气污染治理见效相对缓慢的矛盾，要强化地方政府融入协同组织体系的内在驱动力与主责意识。具体包括以下两个方面：一是参照国家“五位一体”战略布局与发展实情，合理拓展绩效考核维度、调减经济增长权重。通过激励与约束并举的方式，促进政府环境偏好的有效提升。在建立健全“绿色发展、循环发展、低碳发展”目标导向机制体系的基础上，坚定执行全方位、全流程、全领域的源头严防、过程严管、损害严惩及责任严究等约束措施，推动大气污染治理有效融入经济、政治、文化及社会建设进程。二是探索科学的绿色GDP核算方法。既要积极构建统一维度、统一标准的大气质量综合评价体系，又要全面扎根于不同地区环境容量、人口规模、产业结构、技术条件、经济发展水平等实情，将协同治理的成本、收益有效纳入各阶段的发展效益评估范围，实现“共性+个性”绩效评价的统筹推进。

第七章 预算约束下推进京津冀大气污染协同治理绩效的可行性路径

内容提要

大气污染复合性、流动性与极强的外部性，决定着其治理必然是一项长期性、系统性、复杂性工程。区域大气污染协同治理困境，不仅源于属地阶段性发展理念的差异，更是多维系统互动、多元主体参与、体制机制建设等现实挑战共同引致的结果。伴随社会主义市场经济的深化发展，基于复杂系统多向演化格局的投入–产出规模效益最大化，已成为我国关注与追求的核心目标。现阶段，京津冀大气污染协同治理要有效突破既定的行政区划边界约束，构建新型集体性自组织行动体系，以实现整体性联防联控。因此，继续沿用“任务驱动式”“应急式”“运动式”协同措施，难以达到可持续性深化治理的目标。融合借鉴美国“多边联合型”模式、英国“分层复合型”模式、日本“三元分工型”模式的实践经验，根据资源禀赋、经济基础、市场环境、技术条件、污染源结构等实情，精准识别府际“行动”博弈的症结点与均衡变动态势、区域大气污染动态空间外溢效应的演化规律、属地经济–社会–生态系统耦合协同发展的脉络、地方政府综合治理绩效现状等核心问题，通过提炼关键影响因素，健全地区之间的主体功能定位与专项责任目标分解，完善地方政府绩效考核体系等，是稳步强化责任主体联防协作内在驱动力和保证运行效果的突破口。

第一节 增强平等互助、尊重差异、和谐共享的协同理念

美国“纵横齐动”与英国“职责分层”的府际协同体系建设表明，构建以合作与发展为基础的协同文化，有助于减少区域内部的协同冲突、增强协同共识。基于现有的京津冀地缘、经济、政治等关系，需从目标协同、心理认同、法律地位等方面，构建责任主体之间的多维平等互动网络。

第一，正视属地发展诉求与区域协同治理目标的对立统一关系。面临“促发展”和“保大气质量”等多重使命的博弈困境，要充分重视不同地区在各个阶段的经济社会等差距与现实诉求，通过政府联席会议、专家讨论会等方式，组建专项领导小组、强化府际（部门）协同立法、细化督查考核制度设定等，不断完善环保利益差核算、财政税收优惠、转移支付（补偿）措施，从而有效破除既定行政管辖边界的约束，强化不同地区对于自身作为区域大气污染联防联控集体自组织成员的心理认同感，促使整体由“被动式应对型协同”向“主动式常态型协同”转变。

第二，根据“权责适配、可持续性推进”原则，统筹全局与局部“共同但有差别”的联防联控步调。在区域整体治理进度安排与战略目标导向的基础上，因类、因域、因时进行施治及考核。一方面，在协同立法及执行、专项任务分解与动态督察等过程中，不以短期绩效排名作为绝对的评判依据，确保处于不同“位势阶层”地区的权益平等。在解决具体问题时，不是“强方”统胁“弱方”，而是各凭自身的比较优势获得相应的发言权，有序参与集体性商讨与决策。另一方面，参照$PM_{2.5}$、PM_{10}、SO_2等污染物的局部与全局集聚演化特征、固定或移动污染源分布结构、地缘衔接关系、经济社会敏感度等，以北京、天津、石家庄等为核心基点，探寻多中心、多层级、多主体、多梯队的复合型协同治理体系建设，

促使各地区在充分明确自身专项责任的基础上，增强精细化任务分工与对口协作的主人翁意识。

第三，树立开放性政府发展理念。政府要处理好管辖范围内的公平、效率及共享问题。一方面，要充分肯定不同层级政府作为大气污染治理“主责者”的真实存在与角色定位差异，全面推动行政权责的纵向与横向分解。此时，京津冀大气污染协同治理的压力来源于不同层级、地区政府之间的柔性责任共担。另一方面，要充分发挥非政府组织、企业、公众等多元社会力量的辅助作用，通过专题座谈会、民众代表听证会、专家论坛等形式，借助官方微博、微信公众号等民意调查工具，全面收集相关利益者的反馈与建议，促使地方政府行动策略选择与调整具有更好的属地代表性。

第二节 完善经济–社会–生态“三元耦合”良性互动体系

美国“洛杉矶烟雾事件”、英国“伦敦烟雾事件”与日本“四日市哮喘事件”，均呈现出经济与生态非均衡演进的危害，推动大气污染治理由“头痛医头、脚痛医脚”向“全局统筹、量体裁衣、互促共生”转变，是实现区域可持续性发展目标的内在要求。根据中央与地方层面大气污染协同治理机制建设进程的聚类梳理可知，伴随我国社会主义市场经济的深化发展，京津冀仅凭借生态系统协同，难以根治多元要素交叉复合联动的大气污染难题，建立健全经济、政治、社会、文化、生态齐步演进的协同体系，是提升区域整体治理成效的必然选择。为此，需立足于生态保护红线、环境质量底线、资源利用上线与生态环境准入清单（即三线一单）的标准，提升经济、社会及生态发展系统之间的耦合协同水平（含政治与文化发展内容），求解地区之间达成稳固性合作联盟的“最大公约数”，制定出持续有效的专项性协同方案。

第一，经济发展系统。首先，根据资源禀赋、市场环境、城镇化水平、技术条件、地理区位等比较优势，促进研发、制造、外贸等主体功能分区发展，打造互补型局域经济圈体系，增强京津冀及周边地区的内部协作契合度与外部竞争力。其次，按“碳达峰、碳中和”目标导向，推动能源结构的多元化与低碳化升级。一要提升钢铁、冶铁及石化等高耗能高污染重工业的清洁生产效率，加强太阳能、风能等可再生清洁能源的开发利用。二要基于产业结构升级、新兴清洁能源开发与置换等方向，有序淘汰传统型高耗能、重污染企业，加大研发与创新投入力度。三要积极推动高效节能、资源循环利用、高经济附加值等技术密集型制造业与现代服务业发展，吸引优质外资企业，推动区域经济增长方式由“量引导”向“质驱动”转型，提升绿色全要素生产率。最后，完善绿色发展长效监管机制。建立健全各类产品的全生命周期管理体系，加强对外商投资的分类管理，推进环保型工业园区、贸易市场等建设，逐步优化绿色供应链和生产者责任制度体系等。

第二，社会发展系统。一是完善交通、邮电等基础设施建设与绿色型城镇化发展体系，提升地（县）级市在产业承接、科技创新、市场拓展、公共服务供给等方面的综合实力，有效解决北京、天津、郑州、济南等超/特大型城市“虹吸效应”引致的资源配置悬殊问题。二是运用税费（贷款）优惠、财政性专项补贴、共同融资基金等激励型政策工具，进一步提升新能源汽车、新兴技术设备等的应用普及率，实现区域市场消费结构的整体升级。

第三，生态系统。一是以石家庄、邯郸、衡水、邢台、唐山等地区为典型代表，提升地区环境规制投入比重及使用效率，完善省-市-县（区）层级的不定期巡查与通报措施，实时监督相关责任目标的执行进度。二是根据地形、土质、降水等自然环境情况，分域、分类推动草地、森林、湿地等多层次绿化空间的扩展，强化区域生态系统的“自我净化”能力。通过打造森林氧吧、生态民宿、有机牧场、生态农业科技园等联动型市场运营模式，提高生物多样性保护的经济性与社会性附加值。

第三节 健全区域统一规划的多元化自组织联防联控架构

现阶段，参照“十四五”规划、党的十九届六中全会、国务院《政府工作报告》(2022)等制定的发展战略引导与政策要求，充分发挥强制性政策工具(法律、法规、制度等)的效能，不断完善省–市–县纵横联动的网格化协同治理体系，全面推进不同层级、不同地区政府之间的联防联控同盟建设，并促使其规范化、常态化、权威性履行相关权责，是推进京津冀大气污染深化治理的前提。

第一，完善区域协同立法体系。目前京津冀大气污染协同治理体制建设的不足，主要体现在两个方面：协同立法的合法性权威缺失，号召与约束效力不足；立法内容较为模糊，权责界定存在“黑洞”。为此，体制改革的着力点在于：要切实提升区域协同治理立法的合法性，在既有的法律框架下，增强制度细节内容的设定及优化。具体可从以下两个层面推进：一是立法层面，突破中央和地方立法应对大气污染治理问题的局限性，提升区域专项性立法形态的合法地位与权威。要突破行政权责壁垒和地方保护主义“瓶颈”，科学、合理、公正、公平地厘清协同法律法规的执行主体、权限分解和效力幅度等边界，确保在大气污染治理领域的利益关系、法律责任等协调一致。二是制度细节内容设定层面，既要完善禁令、整改及督察等强制性措施，以确保全过程的执法刚性，又要充分尊重不同地区在污染成因机理、技术存量、防控成本等方面的现实差异，构建“精确规划、整体布局、梯度改善”的多层次标准体系，有效规避传统的“一刀切”问题。因此，多元参与主体可遵循“共同调研、联合拟定、差异化执行”原则，建立健全执法共商制度的执行路径，使全域性法律制度体系既能满足本地区的实际治理需求，又与其他地区的发展规划预期目标保持一致。

第二，完善区域协同组织架构。建立正式、常态化运行且具有实际约束力的协同治理组织机构，对京津冀大气污染深化治理的可持续性推进至关必要。虽然目前已建立了多地区、多部门共同参与的“京津冀及周边地区大气污染防治领导小组”（以下简称“领导小组”），但其体系建设及运行尚停留于中央与省级层面，与市级、县级的治理实践存在一定程度的脱节。同时，“领导小组”本身尚不具备正式行政机构的相关条件（成员均为兼职，没有独立的牌照与编制体系，不核拨预算经费，不确定机构规格等），致使其具体职责的执行效力不足。为此，需在强化“领导小组”常态化与规范化运行的基础上，推进市、县级适配性组织体系建设。具体包括以下两个方面：一是以立法形式，进一步明确“领导小组”的职能定位、权责范围与拟解决的核心问题，包括人员配备、运行架构及经费安排等，推动基于角色定位与问题导向的组织体系建设。同时，在现有的执行办公室之下，建立健全规划与标准协同办公室、协同执法办公室、联络协调办公室、信息协同办公室、财务办公室等专项任务分工体系，从而实现对网格化政府（部门）协同治理工作的有效对接。二是参照“领导小组”的架构，按大气污染物的集聚演化态势与污染源分布实情，逐步推动多中心的市、县（区）级“大气污染防治工作小组”（以下简称“工作小组”）的正式组建与常规化运行。一方面，通过联合面临相同或相似挑战的地区，可有效集中预算资金、科学技术等核心力量，妥善处理局域性大气污染问题，以“逐个击破”方式实现全域协同治理目标；另一方面，由正式的“工作小组”承接垂直化分解的大气污染治理专项任务，可在一定程度上为既有的相关职能部门“减负”，提升地方政府的综合性行政效率。

第四节　完善“共性＋个性”的区域协同战略运行机制集合

在完备的法律制度与组织架构基础上，促进经济激励型和自愿参与型政策工具的组合与创新应用，可有效增强区域协同战略施行的活力。依据内、外部战略环境因素的复合性影响脉络，立足于主体行动选择博弈与客体（要素）空间联动的双重发展视角，全面完善“治理规划－过程管控－路径实践”体系，稳步推进组织、要素、职责、技术等的有效融合，是在“双碳”“五位一体”目标导向下促使京津冀强化全域心理认同、凝聚合力、培育向心力、激发内在驱动力的重要保障。

一、优化利益协调与补偿机制

根据三维主体“行动”博弈分析可知，地方政府作为代表辖区内全部利益相关者诉求的“有限理性人”，其实践策略选择与调整，必然受“成本－收益”的约束。为此，需着重处理好两个方面的问题：一是根据不同地区资源禀赋、经济结构、政治位势、市场环境的敏感性差异与中长期发展战略目标，探讨如何立足于我国现阶段社会主义市场经济环境及发展规律，通过生产技术创新、产业结构优化、新能源置换应用等途径，全力挖掘提升地区合作治理收益（如经济收益、社会公共收益等）、降低合作治理成本（如信息成本、监督成本、谈判成本等）的潜力，以促进彼此之间的有效互动。二是针对各地区阶梯性“政治位势”差异，积极探索如何有效借助中央政府的宏观约束措施，通过不断完善信息共享机制、监督约束机制、利益分配机制、生态联动绩效机制等，强化协同治理的内生驱动力。与此同时，中央政府需全面分析京津冀内部的大气污染治理收益、成本差异，深入研究如何以适当的约束措施与调控力度融入各类因素的调整过程，加强京津冀“常态型”合作治理联盟的稳定性。

可操作的路径包括如下两个方面：一是健全区域内的利益核算与补偿机制。基于地区之间的专项权责划分，构建科学的地区大气污染治理成本–收益核算体系（如测度指标、评定范畴、核算方法等），完善纵向奖励与横向转移支付的标准与流程，通过税费减免、直接性财政补贴等方式，有效弥补治理地区正外部性效应溢出而产生的短期性经济社会发展损失。二是设立区域大气污染治理的共同基金。将该基金账户的集体性资金筹集和分配，作为调节地区之间大气污染治理目标与经济社会发展利益诉求的杠杆。与此同时，在资金筹集和使用过程中，要充分考虑不同地区污染外溢影响程度和减排防控贡献的相对差异，以充分发挥共同基金的经济激励效能。

二、优化协同治理运行机制

参照大气污染动态空间格局变化的复杂性与全周期运行的京津冀七元协同治理逻辑体系，要全力推动以下五项机制建设。

第一，目标协同机制。要统筹考虑环境承载力、污染排放总量与强度、污染物相互关联性、经济社会发展基础、市场供需结构、公众生活诉求等因素，科学、合理、公平、公正地确定区域协同战略总目标，在此基础上，分解出不同地区的阶段性专项治理目标，以达到“1+1>2”的实践效果。

第二，执法协同机制，细分为交叉执法与联合执法层面。聚焦于产能结构调整、污染物防控、监测预警应急等维度，完善协同行动的标准、流程、细则等内容，增强特别排放限值、环境准入门槛、“散乱污”企业整治、黄标车淘汰、锅炉改造、清洁能源置换、差异性排污收费、排污权交易管控等的治理广度与深度。

第三，信息协同机制。通过“天地一体化”大数据监测体系建设的推进，完善现有的区域大气污染防治信息共享平台，在大气质量、重点污染源数据等实时交流的基础上，进一步保证执法进度、排放标准等信息变动的无障碍性共享，以有效增强面向全部利益相关者的信息公开透明度、及时性与有效性，实现“玻璃缸”式协同目标。

第四，技术协同机制。目前京津冀在大气污染治理技术上存在显著的“非均衡”问题，为保障区域大气污染整体性治理成本的下降，需进一步发挥以区域大气污染防治专家委员会为核心代表的科研团队指导作用。推进不同地区在大气污染监测技术、多污染物协同控制技术、污染源界定技术、污染动态预警技术、污染损害识别与评价技术、污染物传输量化技术等方面的行动协同，切实提升联防联控的效率。

第五，多元主体参与机制。大气环境无界性与公共性特征，决定了其存在产权归属的模糊性与受益群体的非排他性弊病，全力动员多方社会力量进行共治，是京津冀的可行性策略选择。一方面，充分利用课堂教育、企业培训、素质拓展活动等方式，创设全方位、多阶层的环保教育体系，培育和强化社会公众对于大气污染的识别与保护意识，使节约能源、绿色出行、低碳生活等防治措施更有效地内化到社会日常生活中。另一方面，通过完善听证会、民主评议会、专家讨论会、官方反馈邮箱等民意调查路径，拓展企业、非政府组织、公众等利益相关主体的有序参与渠道，以保障它们的知情权、监督权、反馈诉讼权等，实现“全员参与”目标。

第五节　强化协同治理资源投入－产出的全过程性效率督察

京津冀大气污染协同治理，是由多个地方政府共同执行的多投入、多产出过程。聚焦于预算资金、设备、能源等在全过程中的使用效率及其规范性，是突破传统型资源利用“黑箱”约束，摆脱“投入大、浪费多、成效低”困境的有效选择。

一是建立大气污染协同治理专项资源的内控制度。通过建立健全区域大气污染协同治理专项资源的申报标准、程序、使用范畴等制度体系，实现对各类资源流入、流出的明确化与规范化监督，促使地方政府严格遵循“入有所据、出有所依”的准则，有效减少资源使用的随意性。二是优化大气污染协同治理专项资源使用的信息核查制度。制定明确的阶段性资源使用进度报送细则，明确要求各级政府定期向上级部门及审计部门呈送大气污染治理专项资源的使用状况及进度，以便对相关货币信息（资产负债表、收入支出总表等）和物量信息（财务报表附表、财务说明书等）进行及时性核查。三是完善大气污染专项资源经办人员的责任追究制度。在大气污染协同治理的过程中，要明确相关经办人员的责、权、利边界，坚持“零容忍”原则，对存在占用或挪用预算资金、物质设备等腐败行为的，进行严格的责任追究与惩戒，以确保地方政府将各类大气污染资源有效应用于解决实际问题。

在实践中，可通过优化内部督察环境与联结外部督查力量，形成全方位、全过程的督察体系。具体分为两个层面：一是完善专项职能机构的权责体系，加强权威性督察。通过相对独立的行政载体建设，将督察职能从错综复杂的地方政府权力与利益纠葛链条中剥离出来，为其事前、事中、事后的职责履行提供更好的政治环境。二是整合社会力量，加强联合型外部督察。针对多元因素交叠作用下政府自我纠错机制的可能性失灵风险，需通过各类信息公开发布、交流与反馈渠道，积极鼓励非政府组织、企业、公众、新闻媒体等，对大气污染协同治理过程中的不规范行为进行跟踪报道与曝光举报，通过社会舆论压力，促使相关责任主体积极“回归”其职能本位，全力实现大气污染治理的投入-产出规模效益最大化目标。

▶ 第六节 优化预算约束下地方政府大气污染治理绩效体系

基于主体行动选择与客体空间联动的考察发现，京津冀大气污染协同治理必然是一个受多重因素交叠影响的不断试验与改进的过程，往往“牵一发而动全身”。参照美国“多元融合型”、英国“多向联动型”和日本“上下互动型”绩效评价的经验，作为“主责者”的地方政府，通过“战略联动-主体联动-机制联动-效益联动”的运行，促进不同地区大气污染综合治理绩效水平的可持续性提升，是由临时性“任务驱动型”治理模式向常态化“利益促动型”治理模式全面转变的必然路径。

第一，完善地方政府综合性绩效评价指标体系。参照我国“五位一体”战略布局，以经济、政治、社会、文化、生态耦合协同发展为目标导向，通过建立健全包括GDP增长、城镇化建设、教育程度提升、污染物排放管控、清洁资源置换利用、专项协同治理责任执行情况等内容的官员政绩考核体系，将行动成本、经济损失、个体及共同收益等，有效纳入地区综合发展效益测度范畴，并根据不同阶段的区域空间格局演化实情，动态调整绩效维度、指标权重、测度方法等，有效贯彻党政同责、一岗双责、多部门“分责”制度。

第二，统筹全域协同目标与局域现实诉求，建立“共性+个性”的绩效评价体系，实现“同效不同绩”。应承认目前不同地区大气污染治理能力的差距，参照不同地区非均衡性的经济基础、技术条件、主体功能定位、核心污染源结构等比较优势，设定“共同但有差别”的专项责任分担机制及考核标准，做到既有利于区域大气污染治理，又不会对属地经济社会等发展造成破坏性影响。

第三，基于结构性与程序性协同机制体系建设，健全大数据信息治理、绿色GDP核算、第三方评价等方法体系。具体而言，在评价主体上，以内部评价（政府系统）与外部评价（第三方机构、相关领域专家等）相结合的方式，强化评价的中立性。通过权力机关的实时监督，规避评价过程中可能滋生的串谋、寻租等问题。在评价内容上，依照整体性绩效目标，坚持因地制宜、因时制宜原则，设置跨领域、跨系统、跨层级协同的考核指标，从时间“经线”与地域“纬线”层面，保证评价差异性与评比公正性。与此同时，通过合理量化定性评价指标，避免因绩效信息模糊而导致的测度误差；慎用“一票否决”的强制性政策工具，以防止因绩效目标或评价方法不当而引致的结果偏离与奖惩偏差等。在评价方法上，要持续提升评价主体的专业技能水平，通过主客观评价方法的融合运用，强化评价指标设置、权重及结果计算的科学性与规范性，尽量避免“拍脑袋”“一言堂”等方式所造成的技术型评价偏差。在绩效信息上，充分运用大数据治理方式，要求各级评价客体及时将相关考评资料上传至政务数据信息系统，并辅以不定期抽查方式，杜绝篡改数据等不良行为。

第四，结合过程性与结果性绩效评价结果，完善合理的奖惩与问责制度。严格落实相关领导干部的自然资源资产和环境离任审计考核措施，建立大气污染治理责任制、问责制和终身追究制，防止任期制、分管制等制度安排引致的政治“短视”，从奖惩分明与问责角度，倒逼地方政府树立全面发展的绩效观。

参考文献

[1] 艾小青，陈连磊，朱丽南.空气污染排放与经济增长的关系研究——基于中国省际面板数据的空间计量模型［J］.华东经济管理，2017，31（3）：69–76.

[2] 包国宪，王学军.以公共价值为基础的政府绩效治理——源起、架构与研究问题［J］.公共管理学报，2012，9（2）：89–97，126–127.

[3] 包国宪，周云飞.英国全面绩效评价体系：实践及启示［J］.北京行政学院学报，2010（5）：32–36.

[4]［美］B.盖伊·彼得斯.政府未来的治理模式［M］.吴爱明、夏宏图，译.武汉：武汉大学出版社，2013.

[5]［英］布雷恩·威廉·克拉普.工业革命以来的英国环境史［M］.王黎，译.北京：中国环境科学出版社，2011.

[6] 白志鹏，耿春梅，杜世勇等.空气颗粒物测量技术［M］.北京：化学工业出版社，2014.

[7] 白智立，南岛和久.试论日本政府绩效评估的公众参与［J］.日本学刊，2014（3）：54–68.

[8] 陈涛，王长通.大气环境绩效审计评价指标体系构建研究——基于PSR模型［J］.会计之友，2019（15）：128–134.

[9] 陈碧琼，张梁梁.动态空间视角下金融发展对碳排放的影响力分析［J］.软科学，2014，28（7）：140–144.

[10] 陈燕，蓝楠.美国环境经济政策对我国的启示［J］.中国地质大学学报（社会科学版），2010，10（2）：38–42.

[11] 陈天祥.美国政府绩效评估的缘起和发展［J］.武汉大学学报（哲学社会科学版），2007（2）：165–170.

[12] 陈强.计量经济学及Stata应用［M］.北京：高等教育出版社，2015.

[13] 程中华，李廉水，刘军.环境规制与产业结构升级——基于中国城市动态空间面板模型的分析［J］.中国科技论坛，2017（2）：66–72.

[14] 成金华，孙琼，郭明晶等.中国生态效率的区域差异及动态演化研究［J］.中国人口·资源与环境，2014，24（1）：47–54.

[15] 初钊鹏，刘昌新，朱婧.基于集体行动逻辑的京津冀雾霾合作治理演化博弈分析［J］.中国人口·资源与环境，2017，27（9）：56–65.

[16] 车国骊，田爱民，李扬，赵只增，董宁.美国环境管理体系研究［J］.世

界农业，2012（2）：43-46.

［17］蔡岚.空气污染治理中的政府间关系——以美国加利福尼亚州为例［J］.中国行政管理，2013（10）：96-100.

［18］蔡岚.美国空气污染治理政策模式研究［J］.广东行政学院学报，2016，28（2）：11-18.

［19］蔡岚.空气污染整体治理：英国实践及借鉴［J］.华中师范大学学报（人文社会科学版），2014，53（2）：21-28.

［20］曹堂哲，罗海元，孙静.政府绩效测量与评估方法：系统、过程与工具［M］.北京：经济科学出版社，2017.

［21］曹柬，赵韵雯，吴思思，张雪梅，周根贵.考虑专利许可及政府规制的再制造博弈［J］.管理科学学报，2020，23（3）：1-23.

［22］崔艳红.欧美国家治理大气污染的经验以及对我国生态文明建设的启示［J］.国际论坛，2015，17（5）：13-18，79.

［23］崔艳红.英国治理伦敦大气污染的政策措施与经验启示［J］.区域与全球发展，2017，1（2）：69-79，156-157.

［24］崔艳红.第二次工业革命时期非政府组织在英国大气污染治理中的作用［J］.战略决策研究，2015，6（3）：59-72，101.

［25］蔡立辉.西方国家政府绩效评估的理念及其启示［J］.清华大学学报（哲学社会科学版），2003（1）：76-84.

［26］操小娟，王一.北爱尔兰政府环境机构的绩效管理研究［J］.环境保护，2014，42（18）：67-70.

［27］崔伟.京津冀大气污染治理中政府间协作的碎片化困境及整体性路径选择［J］.哈尔滨学院学报，2016，37（8）：19-23.

［28］邓祥征，刘纪远.中国西部生态脆弱区产业结构调整的污染风险分析——以青海省为例［J］.中国人口·资源与环境，2012，22（5）：55-62.

［29］丁红卫，姜茗予.日本大气污染治理经验对我国的借鉴——基于环境管理社会能力理论［J］.环境保护，2019，47（22）：69-73.

［30］段铸，程颖慧.基于生态足迹理论的京津冀横向生态补偿机制研究［J］.工业技术经济，2016，35（5）：112-118.

［31］杜宇，吴传清，邓明亮.政府竞争、市场分割与长江经济带绿色发展效率研究［J］.中国软科学，2020（12）：84-93.

［32］方创琳.京津冀城市群协同发展的理论基础与规律性分析［J］.地理科学进展，2017，36（1）：15-24.

［33］方时姣，肖权.中国区域生态福利绩效水平及其空间效应研究［J］.中国

人口·资源与环境，2019，29（3）：1-10.

［34］范永茂，殷玉敏.跨界环境问题的合作治理模式选择——理论讨论和三个案例［J］.公共管理学报，2016，13（2）：63-75，155-156.

［35］范如国.复杂网络结构范型下的社会治理协同创新［J］.中国社会科学，2014（4）：98-120，206.

［36］冯吉芳，袁健红.中国区域生态福利绩效及其影响因素［J］.中国科技论坛，2016（3）：100-105.

［37］冯颖，屈国俊，李晟.基于空间面板数据模型的人口聚集与环境污染的关系研究［J］.经济问题，2017（7）：7-13，45.

［38］冯烽，叶阿忠.回弹效应加剧了中国能源消耗总量的攀升吗?［J］.数量经济技术经济研究，2015，32（8）：104-119.

［39］［德］斐迪南·滕尼斯.共同体与社会［M］.林荣远，译.北京：商务图书馆，1999.

［40］傅喆，寺西俊一.日本大气污染问题的演变及其教训——对固定污染发生源治理的历史省察［J］.学术研究，2010（6）：105-114.

［41］傅京燕，李丽莎.环境规制、要素禀赋与产业国际竞争力的实证研究——基于中国制造业的面板数据［J］.管理世界，2010（10）：87-98，187.

［42］高文康，唐贵谦，辛金元，王莉莉，王跃思.京津冀地区严重光化学污染时段O_3的时空分布特征［J］.环境科学研究，2016，29（5）：654-663.

［43］高明，曹海丽.网格化管理视阈下大气污染协同治理模式探析［J］.电子科技大学学报（社科版），2019，21（5）：1-7.

［44］高明，郭施宏，夏玲玲.大气污染府际间合作治理联盟的达成与稳定——基于演化博弈分析［J］.中国管理科学，2016，24（8）：62-70.

［45］高小平，陈新明.统筹型绩效管理初探［J］.中国行政管理，2014（2）：29-33，86.

［46］高小平，贾凌民，吴建南.美国政府绩效管理的实践与启示——“提高政府绩效”研讨会及访美情况概述［J］.中国行政管理，2008（9）：125-126.

［47］高国力，丁丁，刘国艳.国际上关于生态保护区域利益补偿的理论、方法、实践及启示［J］.宏观经济研究，2009（5）：67-72，79.

［48］郭施宏，齐晔.京津冀区域大气污染协同治理模式构建——基于府际关系理论视角［J］.中国特色社会主义研究，2016（3）：81-85.

［49］郭炳南，卜亚. 长江经济带城市生态福利绩效评价及影响因素研究——以长江经济带110个城市为例［J］.企业经济，2018（8）：30-37.

[50] 关斌.地方政府环境治理中绩效压力是把双刃剑吗？——基于公共价值冲突视角的实证分析 [J].公共管理学报，2020，17（2）：53-69，168.
[51] 顾向荣.伦敦综合治理城市大气污染的举措 [J].北京规划建设，2000（2）：36-38.
[52] 何磊.京津冀跨区域治理的模式选择与机制设计 [J].中共天津市委党校学报，2015（6）：86-91.
[53] 何枫，马栋栋，祝丽云.中国雾霾污染的环境库兹涅茨曲线研究——基于2001-2012年中国30个省市面板数据的分析 [J].软科学，2016，30（4）：37-40.
[54] 何文举，张华峰，陈雄超，颜建军.中国省域人口密度、产业集聚与碳排放的实证研究：基于集聚经济、拥挤效应及空间效应的视角 [J].南开经济研究，2019（2）：207-225.
[55] 何水.协同治理及其在中国的实现——基于社会资本理论的分析 [J].西南大学学报（社会科学版），2008（3）：102-106.
[56] 胡志高，李光勤，曹建华.环境规制视角下的区域大气污染联合治理——分区方案设计、协同状态评价及影响因素分析 [J].中国工业经济，2019（5）：24-42.
[57] 黄小卜，熊建华，王英辉，林卫东.基于PSR模型的广西生态建设环境绩效评估研究 [J].中国人口·资源与环境，2016，26（S1）：168-171.
[58] 韩永辉.中国省域生态治理绩效评价研究 [J].统计研究，2017，34（11）：69-78.
[59] 韩峰，秦杰，龚世豪.生产性服务业集聚促进能源利用结构优化了吗？——基于动态空间杜宾模型的实证分析 [J].南京审计大学学报，2018，15（4）：81-93.
[60] 韩兆柱，单婷婷.基于整体性治理的京津冀府际关系协调模式研究 [J].行政论坛，2014，21（4）：32-37.
[61] 韩兆柱，卢冰.京津冀雾霾治理中的府际合作机制研究——以整体性治理为视角 [J].天津行政学院学报，2017，19（4）：73-81.
[62] 韩瑾.生态福利绩效评价及影响因素研究——以宁波市为例 [J].经济论坛，2017（10）：49-53.
[63] 洪源，袁著健，陈丽.财政分权、环境财政政策与地方环境污染——基于收支双重维度的门槛效应及空间外溢效应分析 [J].山西财经大学学报，2018，40（7）：1-15.
[64] 贺俊，刘亮亮，张玉娟.税收竞争、收入分权与中国环境污染 [J].中国

人口·资源与环境，2016，26（4）：1-7.

[65] 贺璇，王冰.京津冀大气污染治理模式演进：构建一种可持续合作机制[J].东北大学学报（社会科学版），2016，18（1）：56-62.

[66] [德] 赫尔曼·哈肯.协同学：大自然构成的奥秘[M].凌复华，译.上海：上海译文出版社，2005.

[67] 侯小伏.英国环境管理的公众参与及其对中国的启示[J].中国人口·资源与环境，2004（5）：127-131.

[68] 环境保护部宣传教育司公众参与调研组.英国在环境共治与环保公众参与方面的经验及对我国的启示[J].环境保护，2017，45（16）：67-68.

[69] 环境科学大辞典编委会.环境科学大辞典（修订版）[M].北京：中国环境科学出版社，2008.

[70] 黄滢，刘庆，王敏.地方政府的环境治理决策：基于SO_2减排的面板数据分析[J].世界经济，2016，39（12）：166-188.

[71] 景熠，敬爽，代应.基于结构方程模型的区域大气污染协同治理影响因素分析[J].生态经济，2019，35（8）：200-205.

[72] 贾敬全，卜华，姚圣.基于演化博弈的环境信息披露监管研究[J].华东经济管理，2014，28（5）：145-148.

[73] 姜磊.论LM检验的无效性与空间计量模型的选择——以中国空气质量指数社会经济影响因素为例[J].财经理论研究，2018（5）：37-50.

[74] 姜晓萍，焦艳.从“网格化管理”到“网格化治理”的内涵式提升[J].理论探讨，2015（6）：139-143.

[75] 姜玲，乔亚丽.区域大气污染合作治理政府间责任分担机制研究——以京津冀地区为例[J].中国行政管理，2016（6）：47-51.

[76] 焦国伟，冯严超.环境规制与中国城市生态效率提升——基于空间计量模型的分析[J].工业技术经济，2019，38（5）：143-151.

[77] 姬兆亮，戴永翔，胡伟.政府协同治理：中国区域协调发展协同治理的实现路径[J].西北大学学报（哲学社会科学版），2013，43（2）：122-126.

[78] 季曦，程倩.国内外协同治理研究比较分析与展望——以《中国行政管理》与《公共行政研究与理论》的相关文献为样本[J].南京邮电大学学报（社会科学版），2018，20（4）：35-46.

[79] 解学梅，朱琪玮.企业绿色创新实践如何破解“和谐共生”难题？[J].管理世界，2021，37（1）：128-149，9.

[80] [法] 克里斯汀·蒙特，丹尼尔·赛拉.博弈论与经济学（第二版）[M].

北京：经济管理出版社，2011：249-251.
[81] 柯水发，王亚，陈奕钢等.北京市交通运输业碳排放及减排情景分析［J］.中国人口·资源与环境，2015，25（6）：81-88.
[82] 孔伟，任亮，治丹丹，王淑佳.京津冀协同发展背景下区域生态补偿机制研究——基于生态资产的视角［J］.资源开发与市场，2019，35（1）：57-61.
[83] 李茜，姚慧琴.京津冀城市群大气污染治理效率及影响因素研究［J］.生态经济，2018，34（8）：188-192.
[84] 李云燕，王立华，马靖宇，葛畅，殷晨曦.京津冀地区大气污染联防联控协同机制研究［J］.环境保护，2017，45（17）：45-50.
[85] 李云燕，王立华，殷晨曦.大气重污染预警区域联防联控协作体系构建——以京津冀地区为例［J］.中国环境管理，2018，10（2）：38-44.
[86] 李旭辉，朱启贵.生态主体功能区经济社会发展绩效动态综合评价［J］.中央财经大学学报，2017（7）：96-105.
[87] 李春瑜.大气环境治理绩效实证分析——基于PSR模型的主成分分析法［J］.中央财经大学学报，2016（3）：104-112.
[88] 李胜，陈晓春.基于府际博弈的跨行政区流域水污染治理困境分析［J］.中国人口·资源与环境，2011，21（12）：104-109.
[89] 李芳，吴凤平，陈柳鑫，许霞.非对称性视角下跨境水资源冲突与合作的鹰鸽博弈模型［J］.中国人口·资源与环境，2020（5）：157-166.
[90] 李斌，李拓. 环境规制、土地财政与环境污染——基于中国式分权的博弈分析与实证检验［J］.财经论丛，2015（1）：99-106.
[91] 李拓，李斌，余曼.财政分权、户籍管制与基本公共服务供给——基于公共服务分类视角的动态空间计量检验［J］.统计研究，2016，33（8）：80-88.
[92] 李光勤，秦佳虹，何仁伟.中国大气$PM_{2.5}$污染演变及其影响因素［J］.经济地理，2018，38（8）：11-18.
[93] 李成刚，杨兵，苗启香.技术创新与产业结构转型的地区经济增长效应——基于动态空间杜宾模型的实证分析［J］.科技进步与对策，2019，36（6）：33-42.
[94] 李蔚军.美、日、英三国环境治理比较研究及其对中国的启示——体制、政策与行动［D］.复旦大学，2008.
[95] 李卫东，黄霞.美国雾霾治理经验及其启示［J］.合作经济与科技，2017（2）：182-184.

[96] 李春林，庄锶锶.美国空气污染治理机制的维度构造与制度启示[J].华北电力大学学报（社会科学版），2017（4）：1-8.

[97] 李艳芳.关于环境影响评价制度建设的思考[J].南京社会科学，2000（7）：72-77.

[98] 李艳芳.环境影响评价制度中的公众参与[J].中国地质大学学报（社会科学版），2002（1）：70-73.

[99] 李浩，奚旦立，唐振华，陈亦军.英国大气污染控制及行动措施[J].干旱环境监测，2005（1）：29-32.

[100] 李博.日本政府环境管理及对中国的启示[D].大连海事大学，2017.

[101] 李永东，路杨.日本的环境经济政策及其对我国的借鉴作用[J].现代日本经济，2007（6）：12-16.

[102] 李雪松，孙博文.大气污染治理的经济属性及政策演进：一个分析框架[J].改革，2014（4）：17-25.

[103] 李辉，任晓春.善治视野下的协同治理研究[J].科学与管理，2010，30（6）：55-58.

[104] 李牧耘，张伟，胡溪，姜玲，蒋洪强.京津冀区域大气污染联防联控机制：历程、特征与路径[J].城市发展研究，2020，27（4）：97-103.

[105] 李金龙，武俊伟.京津冀府际协同治理动力机制的多元分析[J].江淮论坛，2017（1）：73-79.

[106] 李凯杰，董丹丹，韩亚峰.绿色创新的环境绩效研究——基于空间溢出和回弹效应的检验[J].中国软科学，2020（7）：112-121.

[107] 李冬冬，吕宏军，李品，杨晶玉.基于双重信息非对称的排污权交易机制与最优环境政策设计[J].中国管理科学，2020，28（11）：219-230.

[108] 李力，孙军卫，蒋晶晶.评估中国各省对环境规制策略互动的敏感性[J].中国人口·资源与环境，2021，31（7）：49-62.

[109] 李维安，秦岚.日本公司绿色信息披露治理——环境报告制度的经验与借鉴[J].经济社会体制比较，2021（3）：159-169.

[110] 吕天宇，李晚莲，卢珊.京津冀雾霾治理中的府际合作研究[J].环境与健康杂志，2017，34（4）：371-375.

[111] 吕晨光，周珂.英国环境保护命令控制与经济激励的综合运用[J].法学杂志，2004（6）：41-44.

[112] 罗文剑，陈丽娟.大气污染政府间协同治理的绩效改进："成长上限"的视角[J].学习与实践，2018（11）：43-51.

[113] 罗能生，王玉泽.财政分权、环境规制与区域生态效率——基于动态空

间杜宾模型的实证研究［J］. 中国人口・资源与环境，2017，27（4）：110–118.
［114］罗艳. 基于DEA方法的指标选取和环境效率评价研究［D］. 中国科学技术大学，2012.
［115］罗丽. 美国排污权交易制度及其对我国的启示［J］. 北京理工大学学报（社会科学版），2004（1）：61–64，68.
［116］龙亮军. 基于两阶段Super–NSBM模型的城市生态福利绩效评价研究［J］. 中国人口・资源与环境，2019，29（7）：1–10.
［117］龙亮军，王霞，郭兵. 基于改进DEA模型的城市生态福利绩效评价研究——以我国35个大中城市为例［J］. 自然资源学报，2017，32（4）：595–605.
［118］林春，孙英杰，刘钧霆. 财政分权对中国环境治理绩效的合意性研究——基于系统GMM及门槛效应的检验［J］. 商业经济与管理，2019（2）：74–84.
［119］刘利源，时政勗，宁立新. 非对称国家越境污染最优控制模型［J］. 中国管理科学，2015，23（1）：43–49.
［120］刘军，王慧文，杨洁. 中国大气污染影响因素研究——基于中国城市动态空间面板模型的分析［J］. 河海大学学报（哲学社会科学版），2017，19（5）：61–67，91–92.
［121］刘华军，裴延峰. 我国雾霾污染的环境库兹涅茨曲线检验［J］. 统计研究，2017，34（3）：45–54.
［122］刘铮，党春阁，宋丹娜，吴昊，李子秀. 日本大气污染防治的经验与启示——以川崎市为例［J］. 环境保护，2019，47（8）：70–73.
［123］刘秉镰，孙哲. 京津冀区域协同的路径与雄安新区改革［J］. 南开学报（哲学社会科学版），2017（4）：12–21.
［124］刘家松. 日本碳税：历程、成效、经验及中国借鉴［J］. 财政研究，2014（12）：99–104.
［125］刘剑桥. 美、日政府绩效评估立法对中国的启示［D］. 吉林大学，2011.
［126］刘伟忠. 我国协同治理理论研究的现状与趋向［J］. 城市问题，2012（5）：81–85.
［127］刘卫平. 社会协同治理：现实困境与路径选择——基于社会资本理论视角［J］. 湘潭大学学报（哲学社会科学版），2013，37（4）：20–24.
［128］刘海猛，方创琳，黄解军，朱向东，周艺，王振波，张蔷. 京津冀城市群大气污染的时空特征与影响因素解析［J］. 地理学报，2018，73（1）：

177–191.

［129］刘海英，王钰.基于历史法和零和DEA方法的用能权与碳排放权初始分配研究［J］.中国管理科学，2020，28（9）：209–220.

［130］廖红.美国环境管理的历史与发展［M］.北京：中国环境科学出版社，2006.

［131］楼宗元.京津冀雾霾治理的府际合作研究［D］.华中科技大学，2015.

［132］冷艳丽，冼国明，杜思正.外商直接投资与雾霾污染——基于中国省际面板数据的实证分析［J］.国际贸易问题，2015（12）：74–84.

［133］鲁晓雯.英国大气污染的政府治理模式及启示［D］.黑龙江大学，2017.

［134］卢洪友.外国环境公共治理：理论、制度与模式［M］.北京：中国社会科学出版社，2014.

［135］卢洪友，祁毓.日本的环境治理与政府责任问题研究［J］.现代日本经济，2013（3）：68–79.

［136］卢文超.区域协同发展下地方政府的有效合作意愿——以京津冀协同发展为例［J］.甘肃社会科学，2018（2）：201–208.

［137］卢宁.城市空气污染来源、环境管制强度与治理模式研究——基于我国部分城市的实证分析［J］.学习与实践，2014（2）：27–37.

［138］蓝志勇，胡税根.中国政府绩效评估——理论与实践［J］.政治学研究，2008（3）：106–115.

［139］［美］曼瑟尔·奥尔森（Mansell O）.集体行动的逻辑［M］.陈郁等，译.上海：上海人民出版社，1995.

［140］［美］马克·H.穆尔.创造公共价值——政府战略管理［M］.伍满桂，译.北京：商务印书馆，2016.

［141］马丽梅，刘生龙，张晓.能源结构、交通模式与雾霾污染——基于空间计量模型的研究［J］.财贸经济，2016，37（1）：147–160.

［142］马丽梅，张晓.中国雾霾污染的空间效应及经济、能源结构影响［J］.中国工业经济，2014（4）：19–31.

［143］马黎，梁伟.中国城市空气污染的空间特征与影响因素研究——来自地级市的经验证据［J］.山东社会科学，2017（10）：138–145.

［144］马海涛，曹堂哲，王红梅.预算绩效管理理论与实践［M］.北京：中国财政经济出版社，2020.

［145］孟露露，单春艳，李洋阳，赵佳佳，吴晓璇，陈杨.美国$PM_{2.5}$未达标区控制对策及对中国的启示［J］.南开大学学报（自然科学版），2016，49（1）：54–61.

[146] 孟庆国，魏娜，田红红.制度环境、资源禀赋与区域政府间协同——京津冀跨界大气污染区域协同的再审视［J］.中国行政管理，2019（5）：109-115.
[147] 梅雪芹.工业革命以来西方主要国家环境污染与治理的历史考察［J］.世界历史，2000（6）：20-28，128.
[148] 梅雪芹.工业革命以来英国城市大气污染及防治措施研究［J］.北京师范大学学报（人文社会科学版），2001（2）：118-125.
[149] 宁良，杨晓军.生态功能区政府绩效差异化考评的模式构建［J］.湖湘论坛，2018，31（6）：133-141.
[150] 宁森，孙亚梅，杨金田.国内外区域大气污染联防联控管理模式分析［J］.环境与可持续发展，2012，37（5）：11-18.
[151] 潘峰，西宝，王琳.地方政府间环境规制策略的演化博弈分析［J］.中国人口·资源与环境，2014，24（6）：97-102.
[152] 彭丽思，孙涵，聂飞飞.中国大气污染时空格局演变及影响因素研究［J］.环境经济研究，2017，2（1）：42-56.
[153] 彭昕杰，成金华，方传棣.基于“三线一单”的长江经济带经济-资源-环境协调发展研究［J］.中国人口·资源与环境，2021，31（5）：163-173.
[154] 曲向荣.环境学概论［M］.北京：北京大学出版社，2009.
[155] 屈小娥，骆海燕.中国对外直接投资对碳排放的影响及传导机制——基于多重中介模型的实证［J］.中国人口·资源与环境，2021，31（7）：1-14.
[156] 秦晓丽，于文超.外商直接投资、经济增长与环境污染——基于中国259个地级市的空间面板数据的实证研究［J］.宏观经济研究，2016（6）：127-134，151.
[157] 乔花云，司林波，彭建交，孙菊.京津冀生态环境协同治理模式研究——基于共生理论的视角［J］.生态经济，2017，33（6）：151-156.
[158] 冉冉.如何理解环境治理的“地方分权”悖论：一个推诿政治的理论视角［J］.经济社会体制比较，2019（4）：68-76.
[159] 冉敏.国外政府绩效管理法制化研究述评——以美澳日韩四国为例［J］.天津行政学院学报，2016，18（1）：88-95.
[160] 冉敏，刘志坚.基于立法文本分析的国外政府绩效管理法制化研究——以美国、英国、澳大利亚和日本为例［J］.行政论坛，2017，24（1）：122-128.
[161] 孙涛，温雪梅.动态演化视角下区域环境治理的府际合作网络研究——

以京津冀大气治理为例［J］. 中国行政管理，2018（5）：83–89.
［162］孙静，马海涛，王红梅. 财政分权、政策协同与大气污染治理效率——基于京津冀及周边地区城市群面板数据分析［J］. 中国软科学，2019（8）：154–165.
［163］孙久文，罗标强. 基于修正引力模型的京津冀城市经济联系研究［J］. 经济问题探索，2016（8）：71–75.
［164］孙久文. 京津冀协同发展的目标、任务与实施路径［J］. 经济社会体制比较，2016（3）：5–9.
［165］孙巍，于森森. 中美环境影响评价法律制度比较与借鉴研究［J］. 北方经贸，2017（11）：63–64.
［166］孙冰，田蕴，李志林，包存宽. 英国环境影响评价制度演进对中国的启示［J］. 中国环境管理，2018，10（5）：15–23.
［167］孙方舟. 日本治理大气雾霾的经验及借鉴［J］. 黑龙江金融，2017（9）：56–58.
［168］孙健夫，阎东彬. 京津冀城市群综合承载力系统耦合机理及其动力机制［J］. 河北大学学报（哲学社会科学版），2016，41（5）：72–78.
［169］苏黎馨，冯长春. 京津冀区域协同治理与国外大都市区比较研究［J］. 地理科学进展，2019，38（1）：15–25.
［170］施青军. 政府绩效评价：概念、方法与结果运用［M］. 北京：北京大学出版社，2016.
［171］施震凯，邵军，王美昌. 外商直接投资对雾霾污染的时空传导效应——基于SpVAR模型的实证分析［J］. 国际贸易问题，2017（9）：107–117.
［172］时乐乐. 环境规制对中国产业结构升级的影响研究［D］. 新疆大学，2017.
［173］邵帅，李欣，曹建华，杨莉莉. 中国雾霾污染治理的经济政策选择——基于空间溢出效应的视角［J］. 经济研究，2016，51（9）：73–88.
［174］邵帅，范美婷，杨莉莉. 经济结构调整、绿色技术进步与中国低碳转型发展——基于总体技术前沿和空间溢出效应视角的经验考察［J］. 管理世界，2022（2）：46–69.
［175］邵超峰，陈思含，高俊丽，贺瑜，周海林. 基于SDGs的中国可持续发展评价指标体系设计［J］. 中国人口·资源与环境，2021，31（4）：1–12.
［176］宋马林，王舒鸿. 环境库兹涅茨曲线的中国“拐点”：基于分省数据的实证分析［J］. 管理世界，2011（10）：168–169.
［177］宋海鸥，王滢. 京津冀协同发展：产业结构调整与大气污染防治［J］.

中国人口·资源与环境，2016，26（S1）：75-78.

［178］宋文.基于松弛变量测度的能源与环境绩效评估［D］.中国科学技术大学，2017.

［179］宋妍，陈赛，张明.地方政府异质性与区域环境合作治理——基于中国式分权的演化博弈分析［J］.中国管理科学，2020，28（1）：201-211.

［180］尚虎平.我国西部生态脆弱性的评估：预控研究［J］.中国软科学，2011（9）：122-132.

［181］沈文辉.三位一体——美国环境管理体系的构建及启示［J］.北京理工大学学报（社会科学版），2010，12（4）：78-83.

［182］沈惠平.日本环境政策分析［J］.管理科学，2003（3）：92-96.

［183］石淑华.美国环境规制体制的创新及其对我国的启示［J］.经济社会体制比较，2008（1）：166-171.

［184］石淑华.日本的环境管制体系及其启示［J］.徐州师范大学学报（哲学社会科学版），2007（5）：101-105.

［185］舒绍福.绿色发展的环境政策革新：国际镜鉴与启示［J］.改革，2016（3）：102-109.

［186］锁利铭，阚艳秋.大气污染政府间协同治理组织的结构要素与网络特征［J］.北京行政学院学报，2019（4）：9-19.

［187］锁利铭.关联区域大气污染治理的协作困境、共治体系与数据驱动［J］.地方治理研究，2019（1）：57-69，80.

［188］唐贤兴.大国治理与公共政策变迁——中国的问题与经验［M］.上海：复旦大学出版社，2020.

［189］唐湘博，陈晓红.区域大气污染协同减排补偿机制研究［J］.中国人口·资源与环境，2017，27（9）：76-82.

［190］唐登莉，李力，洪雪飞.能源消费对中国雾霾污染的空间溢出效应：基于静态与动态空间面板数据模型的实证研究［J］.系统工程理论与实践，2017，37（7）：1697-1708.

［191］汤天滋.中日环境政策及环境管理制度比较研究［J］.现代日本经济，2007（6）：1-6.

［192］田秀杰，符建华.生态功能区经济发展绩效评价研究——基于黑龙江省的实例［J］.统计与信息论坛，2018，33（3）：87-92.

［193］陶品竹.城市空气污染治理的美国立法经验：1943-2014［J］.城市发展研究，2015，22（4）：9-13，24.

［194］陶品竹.从属地主义到合作治理：京津冀大气污染治理模式的转型［J］.

河北法学，2014，32（10）：120-129.
[195] 王洛忠，丁颖.京津冀雾霾合作治理困境及其解决途径[J].中共中央党校学报，2016，20（3）：74-79.
[196] 王喆，周凌一.京津冀生态环境协同治理研究——基于体制机制视角探讨[J].经济与管理研究，2015，36（7）：68-75.
[197] 王丽，宫宝利.京津冀区域生态空间协同治理研究[J].天津行政学院学报，2018，20(5)：38-44.
[198] 王欣.京津冀协同治理研究：模式选择、治理架构、治理机制和社会参与[J].城市与环境研究，2017（2）：16-33.
[199] 王婷，袁增伟.基于"压力-状态-响应"模型的江苏省环境绩效评估研究[J].中国环境管理，2017，9（3）：59-65.
[200] 王红梅，邢华，魏仁科.大气污染区域治理中的地方利益关系及其协调：以京津冀为例[J].华东师范大学学报（哲学社会科学版），2016，48(5)：133-139，195.
[201] 王红梅，谢永乐，孙静. 不同情境下京津冀大气污染治理的"行动"博弈与协同因素研究[J].中国人口·资源与环境，2019，29（8）：20-30.
[202] 王红梅，谢永乐，张驰，孙静.动态空间视域下京津冀及周边地区大气污染的集聚演化特征与协同因素[J].中国人口·资源与环境，2021，31（3）：52-65.
[203] 王红梅，谢永乐.基于政策工具视角的美英日大气污染治理模式比较与启示[J].中国行政管理，2019（10）：142-148.
[204] 王鹤，周少君.城镇化影响房地产价格的"直接效应"与"间接效应"分析——基于我国地级市动态空间杜宾模型[J].南开经济研究，2017（2）：3-22.
[205] 王小艳.地方政府低碳治理绩效评价及治理模式研究[D].湖南大学，2015.
[206] 王迪，向欣，聂锐.改革开放四十年大气污染防控的国际经验及其对中国的启示[J].中国矿业大学学报（社会科学版），2018，20（6）：57-69.
[207] 王肃之，张铖，吕建超.英、美、日等国依法治理大气污染的经验与启示[J].河北科技师范学院学报（社会科学版），2014，13（2）：54-59.
[208] 王建民.美国地方政府绩效考评：实践与经验——以弗吉尼亚州费尔法克斯县为例[J].北京师范大学学报（社会科学版），2005（5）：107-

111.
[209] 王曦.美国环境法概论[M].武汉：武汉大学出版社，1992.
[210] 王丰，张纯厚.日本地方政府在环境保护中的作用及其启示[J].日本研究，2013（2）：28-34.
[211] 王燕，王煦，白婧.日本碳税实践及对我国的启示[J].税务研究，2011（4）：86-88.
[212] 王占山，李云婷，陈添，张大伟，孙峰，潘丽波.2013年北京市$PM_{2.5}$的时空分布[J].地理学报，2015，70（1）：110-120.
[213] 王振波，梁龙武，林雄斌，刘海猛.京津冀城市群空气污染的模式总结与治理效果评估[J].环境科学，2017，38（10）：4005-4014.
[214] 王恰，郑世林."2+26"城市联合防治行动对京津冀地区大气污染物浓度的影响[J].中国人口·资源与环境，2019（9）：51-62.
[215] 王俊敏，沈菊琴.跨域水环境流域政府协同治理：理论框架与实现机制[J].江海学刊，2016（5）：214-219.
[216] 王得新.我国区域协同发展的协同学分析——兼论京津冀协同发展[J].河北经贸大学学报，2016，37（3）：96-101.
[217] 王贵友.从混沌到有序——协同学简介[M].武汉：湖北人民出版社，1987.
[218] 王婧，杜广杰.中国城市绿色创新空间关联网络及其影响效应[J].中国人口·资源与环境，2021，31（5）：21-27.
[219] 王兆华，马俊华，张斌，王博.空气污染与城镇人口迁移：来自家庭智能电表大数据的证据[J].管理世界，2021，37（3）：19-33，3.
[220] 王树强，刘赫，徐娜，孟娣.大气污染物排放权初始分配的区际协调方法研究[J].中国管理科学，2021，29（3）：37-48.
[221] 王明喜，胡毅，郭冬梅，曹杰.碳税视角下最优排放实施与企业减排投资竞争[J].管理评论，2021，33（8）：17-28.
[222] 王班班，齐绍洲.市场型和命令型政策工具的节能减排技术创新效应——基于中国工业行业专利数据的实证[J].中国工业经济，2016（6）：91-108.
[223] 汪伟全.空气污染的跨域合作治理研究——以北京地区为例[J].公共管理学报，2014，11（1）：55-64，140.
[224] 汪伟全.空气污染跨域治理中的利益协调研究[J].南京社会科学，2016（4）：79-84，112.
[225] 汪泽波，王鸿雁.多中心治理理论视角下京津冀区域环境协同治理探析

[J].生态经济，2016，32（6）：157-163.
[226] 汪小勇，万玉秋，姜文，缪旭波，朱晓东.美国跨界大气环境监管经验对中国的借鉴[J].中国人口·资源与环境，2012，22（3）：118-123.
[227] 汪克亮，赵斌，丁黎黎，吴戈.财政分权、政府创新偏好与雾霾污染[J].中国人口·资源与环境，2021，31（5）：97-108.
[228] 温东辉，陈吕军，张文心.美国新环境管理与政策模式：自愿性伙伴合作计划[J].环境保护，2003（7）：61-64.
[229] 吴芸，赵新峰.京津冀区域大气污染治理政策工具变迁研究——基于2004-2017年政策文本数据[J].中国行政管理，2018（10）：78-85.
[230] 吴传清，黄磊.长江经济带工业绿色发展绩效评估及其协同效应研究[J].中国地质大学学报（社会科学版），2018，18（3）：46-55.
[231] 吴丹.国家治理的多维绩效贡献及其协调发展能力评价[J].管理评论，2019，31(12)：264-272.
[232] 吴明琴，周诗敏.环境规制与污染治理绩效——基于我国“两控区”的实证研究[J].现代经济探讨，2017（9）：7-15.
[233] 吴瑞明，胡代平，沈惠璋.流域污染治理中的演化博弈稳定性分析[J].系统管理学报，2013，22（6）：797-801.
[234] 吴雪萍，高明，郭施宏.美国大气污染治理的立法、税费与联控实践[J].华北电力大学学报（社会科学版），2017（3）：1-6.
[235] 邬乐雅，曾维华，时京京，王文懿.美国绿色经济转型的驱动因素及相关环保措施研究[J].生态经济（学术版），2013（2）：153-157.
[236] 乌力吉图.日本地方政府的环境管理制度与能力分析[J].管理评论，2008（5）：58-62，50，64.
[237] 万融.欧盟的环境政策及其局限性分析[J].山西财经大学学报，2003（2）：5-9.
[238] 魏丽华.建国以来京津冀协同发展的历史脉络与阶段性特征[J].深圳大学学报（人文社会科学版），2016，33（6）：143-150.
[239] 魏娜，孟庆国.大气污染跨域协同治理的机制考察与制度逻辑——基于京津冀的协同实践[J].中国软科学，2018（10）：79-92.
[240] 魏向前.跨域协同治理：破解区域发展碎片化难题的有效路径[J].天津行政学院学报，2016，18（2）：34-40.
[241] 徐嫣，宋世明.协同治理理论在中国的具体适用研究[J].天津社会科学，2016（2）：74-78.
[242] 徐岩，范娜娜，陈那波.合法性承载：对运动式治理及其转变的新解

释——以A市18年创卫历程为例［J］.公共行政评论，2015，8（2）：22-46，179.
［243］徐苗苗.美国大气污染防治法治实践及对我国的启示［D］.河北大学，2018.
［244］徐世刚，王琦.论日本政府在环境保护中的作用及其对我国的启示［J］.当代经济研究，2006（7）：34-37.
［245］徐继华，何海岩.京津冀一体化过程中的跨区域治理解决路径探析［J］.经济研究参考，2015（45）：65-71.
［246］邢华.我国区域合作治理困境与纵向嵌入式治理机制选择［J］.政治学研究，2014（5）：37-50.
［247］邢华，胡潆月.大气污染治理的政府规制政策工具优化选择研究——以北京市为例［J］.中国特色社会主义研究，2019（3）：103-112.
［248］肖黎明，吉荟茹.绿色技术创新视域下中国生态福利绩效的时空演变及影响因素——基于省域尺度的数据检验［J］.科技管理研究，2018，38（17）：243-251.
［249］肖建华，陈思航.中英雾霾防治对比分析［J］.中南林业科技大学学报（社会科学版），2015，9（2）：79-83.
［250］薛俭，谢婉林，李常敏.京津冀大气污染治理省际合作博弈模型［J］.系统工程理论与实践，2014，34（3）：810-816.
［251］许光清，董小琦.基于合作博弈模型的京津冀散煤治理研究［J］.经济问题，2017（2）：46-50.
［252］许和连，邓玉萍.外商直接投资导致了中国的环境污染吗？——基于中国省际面板数据的空间计量研究［J］.管理世界，2012（2）：30-43.
［253］许建飞.20世纪英国大气环境保护立法研究——以治理伦敦烟雾污染为例［J］.财经政法资讯，2014，30（1）：49-53.
［254］许涓，郑洋，郭瑞，蒋文博，周强.英国环境绩效考核制度研究及我国危险废物规范化管理的建议［J］.环境与可持续发展，2018，43（3）：111-114.
［255］许可，王雅琼.时空统计建模方法探讨［J］.统计与决策，2021，37（22）：11-14.
［256］谢宝剑，陈瑞莲.国家治理视野下的大气污染区域联动防治体系研究——以京津冀为例［J］.中国行政管理，2014（9）：6-10.
［257］谢永乐，王红梅.京津冀大气污染治理“协同—绩效”体系探究——基于动态空间视域［J］.中国特色社会主义研究，2021（4）：57-66.

[258] 余璐，戴祥玉.经济协调发展、区域合作共治与地方政府协同治理[J].湖北社会科学，2018（7）：38-45.

[259] 于峰，齐建国，田晓林.经济发展对环境质量影响的实证分析——基于1999-2004年间各省市的面板数据[J].中国工业经济，2006（8）：36-44.

[260] 叶堂林，毛若冲.基于联系度、均衡度、融合度的京津冀协同状况研究[J].首都经济贸易大学学报，2019，21（2）：30-40.

[261] 姚洋，张牧扬.官员绩效与晋升锦标赛——来自城市数据的证据[J].经济研究，2013，48（1）：137-150.

[262] 姚玉刚，顾钧，康晓风，张仁泉，邹强.美国加州南岸地区空气质量监测系统运行管理与借鉴[J].中国环境监测，2015，31（4）：17-21.

[263] 杨钧.城镇化对环境治理绩效的影响——省级面板数据的实证研究[J].中国行政管理，2016（4）：103-109.

[264] 杨飞，孙文远，张松林.全球价值链嵌入，技术进步与污染排放——基于中国分行业数据的实证研究[J].世界经济研究，2017（2）：126-134，137.

[265] 杨昆，黄一彦，石峰，范纹嘉，周国梅.美日臭氧污染问题及治理经验借鉴研究[J].中国环境管理，2018，10（2）：85-90.

[266] 杨玉楠，康洪强，孙晖，程亮，孙宁，吴舜泽.美国环境类公共支出项目绩效评估体系研究[J].环境污染与防治，2011，33（1）：87-91.

[267] 杨娟.英国政府大气污染治理的历程、经验和启示[D].天津师范大学，2015.

[268] 杨拓，张德辉.英国伦敦雾霾治理经验启示[J].当代经济管理，2014，36（4）：93-97.

[269] 杨开峰，邢小宇.央地关系与地方政府绩效管理制度设计：英国实践的分析[J].中国行政管理，2020（4）：134-144.

[270] 杨立华，蒙常胜.境外主要发达国家和地区空气污染治理经验——评《空气污染治理国际比较研究》[J].公共行政评论，2015，8（2）：162-178.

[271] 杨立华，张柳.大气污染多元协同治理的比较研究：典型国家的跨案例分析[J].行政论坛，2016，23（5）：24-30.

[272] 杨宏山.政府绩效评估的国际比较及启示——以美国、英国、日本和韩国为例[J].北京电子科技学院学报，2015，23（1）：26-34.

[273] 杨宏山.构建政府主导型水环境综合治理机制——以云南滇池治理为例

［J］.中国行政管理，2012（3）：13-16.
［274］杨宏山，石晋昕.从一体化走向协同治理：京津冀区域发展的政策变迁［J］.上海行政学院学报，2018，19（1）：65-71.
［275］杨志军.多中心协同治理模式研究：基于三项内容的考察［J］.中共南京市委党校学报，2010（3）：42-49.
［276］杨慧.基于耦合协调度模型的京津冀13市基础设施一体化研究［J］.经济与管理，2020，34（2）：15-24.
［277］杨丽娟，郑泽宇.大气污染联防联控法律责任机制的考量及修正——以均衡责任机制为视角［J］.学习与实践，2018（4）：74-82.
［278］杨清华.协同治理的价值及其局限分析［J］.中北大学学报（社会科学版），2011，27（1）：6-9.
［279］杨果，郑强.中国对外直接投资对母国环境污染的影响［J］.中国人口·资源与环境，2021，31（6）：57-66.
［280］殷培红.日本环境管理机构演变及其对我国的启示［J］.世界环境，2016（2）：27-29.
［281］严雅雪，齐绍洲.外商直接投资对中国城市雾霾（$PM_{2.5}$）污染的时空效应检验［J］.中国人口·资源与环境，2017，27（4）：68-77.
［282］严雅雪，齐绍洲.外商直接投资与中国雾霾污染［J］.统计研究，2017，34（5）：69-81.
［283］袁芳.日本的大气雾霾治理及启示——对我国经济的历史省察［J］.赤峰学院学报（自然科学版），2015，31（5）：14-16.
［284］袁娟.日本政府绩效评估模式研究［M］.北京：知识产权出版社，2010.
［285］袁娟，沙磊.美国和日本政府绩效评估相关法律比较研究［J］.行政与法，2009（10）：39-42.
［286］闫亭豫.国外协同治理研究及对我国的启示［J］.江西社会科学，2015，35（7）：244-250.
［287］张鑫冰.中日环境影响评价制度比较研究［D］.江西理工大学，2017.
［288］张伟，张杰，汪峰，蒋洪强，王金南，姜玲.京津冀工业源大气污染排放空间集聚特征分析［J］.城市发展研究，2017，24（9）：81-87.
［289］张晓涛，易云锋，王淳.价值链视角下的京津冀城市群职能分工演变：2003—2016——兼论中国三大城市群职能分工水平差异［J］.宏观经济研究，2019（2）：116-132，160.
［290］张怡梦，尚虎平.中国西部生态脆弱性与政府绩效协同评估——面向西部45个城市的实证研究［J］.中国软科学，2018（9）：91-103.

[291] 张乐，王慧敏，佟金萍.突发水灾应急合作的行为博弈模型研究［J］.中国管理科学，2014，22（4）：92-97.
[292] 张可.市场一体化有利于改善环境质量吗?——来自长三角地区的证据［J］.中南财经政法大学学报，2019（4）：67-77.
[293] 张为杰，任成媛，胡蓉.中国式地方政府竞争对环境污染影响的实证研究［J］.宏观经济研究，2019（2）：133-142.
[294] 张铁映.城市不同交通方式能源消耗比较研究［D］.北京交通大学，2010.
[295] 张杨，王德起.基于复合系统协同度的京津冀协同发展定量测度［J］.经济与管理研究，2017，38（12）：33-39.
[296] 张强，朱立言.美国联邦政府绩效评估的最新进展及启示［J］.湘潭大学学报（哲学社会科学版），2009（5）：24-30.
[297] 张亚欣.英国空气污染及其治理研究（1950-2000）［D］.郑州大学，2018.
[298] 张彩玲，裴秋月.英国环境治理的经验及其借鉴［J］.沈阳师范大学学报（社会科学版），2015，39（3）：39-42.
[299] 张瑞珍，奥田进一.日本环境法制定与实施对循环型经济社会形成的影响［J］.内蒙古财经学院学报，2007，3：48-52.
[300] 张振波.论协同治理的生成逻辑与建构路径［J］.中国行政管理，2015（1）：58-61，110.
[301] 臧秀清.京津冀协同发展利益分配问题研究［J］.河北学刊，2015，35（1）：192-196.
[302] 臧雷振，翟晓荣.区域协同治理壁垒的类型学分析及其影响——以京津冀为例［J］.天津行政学院学报，2018，20（5）：29-37.
[303] 臧漫丹，诸大建，刘国平.生态福利绩效：概念、内涵及G20实证［J］.中国人口·资源与环境，2013，23（5）：118-124.
[304] 曾凡军.基于整体性治理的政府组织协调机制研究［M］.武汉：武汉大学出版社，2013.
[305] 朱俊庆.大气污染区域政府间协同治理绩效评估研究——基于京津冀的实证分析［J］.环境科学与管理，2020，45（1）：13-18.
[306] 朱立言，张强.美国政府绩效评估的历史演变［J］.湘潭大学学报（哲学社会科学版），2005（1）：1-7.
[307] 朱广忠.西方国家政府绩效评估：特征、缺陷及启示［J］.中国行政管理，2013（12）：106-109.

[308] 郑季良，陈春燕，王娟，吴桐.高耗能产业群循环经济发展的多绩效协同效应调控研究 [J].中国管理科学，2015，23（S1）：794-800.
[309] 郑季良，郑晨，陈盼.高耗能产业群循环经济协同发展评价模型及应用研究——基于序参量视角 [J].科技进步与对策，2014，31（11）：142-146.
[310] 郑义，赵晓霞.环境技术效率、污染治理与环境绩效——基于1998-2012年中国省级面板数据的分析 [J].中国管理科学，2014，22（S1）：767-773.
[311] 郑晓霞，李令军，赵文吉，赵文慧.京津冀地区大气NO_2污染特征研究 [J].生态环境学报，2014，23（12）：1938-1945.
[312] 赵景华，李代民.政府战略管理三角模型评析与创新 [J].中国行政管理，2009（6）：47-49.
[313] 赵景华，李宇环.公共战略管理的价值取向与分析模式 [J].中国行政管理，2011（12）：32-37.
[314] 赵景华，马忻，李宇环.公共战略学的战略拐点理论 [J].中国行政管理，2014（1）：65-70.
[315] 赵荧梅，郭本海，刘思峰.不完全信息下产品质量监管多方博弈模型 [J].中国管理科学，2017，25（2）：111-120.
[316] 赵桂梅，耿涌，孙华平，赵桂芹.中国省际碳排放强度的空间效应及其传导机制研究 [J].中国人口·资源与环境，2020，30（3）：49-55.
[317] 赵路，聂常虹.西方典型国家政府绩效考评的理论实践及其对中国的启示 [J].宏观经济研究，2009（3）：82-89.
[318] 赵新峰，袁宗威.京津冀区域政府间大气污染治理政策协调问题研究 [J].中国行政管理，2014（11）：18-23.
[319] 赵新峰，袁宗威.区域大气污染治理中的政策工具：我国的实践历程与优化选择 [J].中国行政管理，2016（7）：107-114.
[320] 赵新峰，袁宗威，马金易.京津冀大气污染治理政策协调模式绩效评析及未来图式探究 [J].中国行政管理，2019（3）：80-87.
[321] 赵新峰，袁宗威.京津冀区域大气污染协同治理的困境及路径选择 [J].城市发展研究，2019，26（5）：94-101.
[322] 赵绘宇，姜琴琴.美国环境影响评价制度40年纵览及评介 [J].当代法学，2010，24（1）：133-143.
[323] 周建，高静，周杨雯倩.空间计量经济学模型设定理论及其新进展 [J].经济学报，2016，3（2）：161-190.

[324] 周宏春，李新.中国的城市化及其环境可持续性研究[J].南京大学学报（哲学·人文科学·社会科学版），2010，47（4）：66-75.

[325] 周胜男，宋国君，张冰.美国加州空气质量政府管理模式及对中国的启示[J].环境污染与防治，2013（8）：105-110.

[326] 周莹.中外环境影响评价法律制度比较研究[D].中国地质大学（北京），2008.

[327] 周永生.日本环境保护机制及措施[J].国际资料信息，2007（4）：24-29.

[328] 周伟.跨域公共问题协同治理：理论预期、实践难题与路径选择[J].甘肃社会科学，2015（2）：171-174.

[329] 周学荣，汪霞.环境污染问题的协同治理研究[J].行政管理改革，2014（6）：33-39.

[330] [美] 詹姆斯·L.麦克莱恩.日本史[M].王翔，译.海南：海南出版社，2009.

[331] 庄贵阳，周伟铎，薄凡.京津冀雾霾协同治理的理论基础与机制创新[J].中国地质大学学报（社会科学版），2017，17（5）：10-17.

[332] Anselin L. Model Validation in Spatial Econometrics: A Review and Evaluation of Alternative Approaches [J]. International Regional Science Review, 1988, 11 (3): 279-326.

[333] Ansell C, Gash A. Collaborative Governance in Theory and Practice [J]. Journal of Public Administration Research and Theory, 2008, 18 (4): 543-571.

[334] Ansell C, Gash A. Collaborative Platforms as a Governance Strategy [J]. Journal of Public Administration Research and Theory, 2018 (1): 16-32.

[335] Agrawal A, Lemos M C. A Greener Revolution in the Making? Environmental Governance in the 21st Century [J]. Environment: Science and Policy for Sustainable Development, 2007, 49 (5): 36-45.

[336] Ambrey C L, Fleming C M, Chan A Y C. Estimating the Cost of Air Pollution in South East Queensland: An Application of the Life Satisfaction Non-Market Valuation Approach [J]. Ecological Economics, 2014, 97: 172-181.

[337] Andreas K. Democratizing Regional Environmental Governance: Public Deliberation and Participation in Transboundary Ecoregions [J]. Global Environmental Politics, 2012, 12 (3): 79-99.

[338] Abdallah S, Common M. Measuring National Economic Performance Without Using Prices [J]. Ecological Economics, 2007, 64 (1): 92-102.

[339] Amirkhanyan A A. Collaborative Performance Measurement: Examining and Explaining the Prevalence of Collaboration in State and Local Government Contracts [J]. Journal of Public Administration Research and Theory, 2008, 19 (3): 523-554.

[340] Aldieri L, Ioppolo G, Vinci C P, et al. Waste Recycling Patents and Environmental Innovations: An Economic Analysis of Policy Instruments in the USA, Japan and Europe [J]. Waste Management, 2019, 95: 612-619.

[341] Boardman C. Organizational Capital in Boundary-Spanning Collaborations: Internal and External Approaches to Organizational Structure and Personnel Authority [J]. Journal of Public Administration Research and Theory, 2012 (3): 497-526.

[342] Bryson J M, Crosby B C, Stone M M. The Design and Implementation of Cross-Sector Collaborations: Propositions from the Literature [J]. Public Administration Review, 2006, 66 (6): 44-55.

[343] Bjornskov C. How Comparable are the Gall Up World Poll Life Satisfaction Data? [J]. Journal of Happiness Studies, 2010, 11 (1): 41-60.

[344] Bucovetsky S. Asymmetric Tax Competition [J] .Journal of Urban Economics, 1991, 30(2): 167-181.

[345] Bujari A A, Francinso V M. Technological Innovation and Economic Growth in Latin America [J]. Journal of Economics and Finance, 2016, 11 (2): 77-89.

[346] Bao G X, Wang X J, Larsen G L, et al. Beyond New Public Governance: A Value Based Global Framework for Performance Management, Governance and Leadership [J]. Administration and Society, 2013, 45 (4): 443-467.

[347] Bendor J, Mookherjee B. Institutional Structure and the Logic of Ongoing Collective Action [J]. American Political Science Review, 1987, 81 (1): 129-154.

[348] Bai X, Chen J, Shi P. Landscape Urbanization and Economic Growth in China: Positive Feedbacks and Sustainability Dilemmas [J]. Environmental Science and Technology, 2012, 46 (1): 132-139.

[349] Banker R D, Charnes A, Cooper W W. Some Models for Estimating Technical and Scale Inefficiencies in Data Envelopment Analysis [J] . Management Science, 1984, 30 (9): 1078–1092.

[350] Bradley, Michael J. Meeting the Future Challenges of Air Quality Management in the United States [J] . Journal of Toxicol Environ Health A, 2008, 71 (1): 40–42.

[351] Bemstein D. Local Government Measurement Use to Focus on Performance and Results [J] . Evaluation and Program Planning, 2001 (24): 95–101.

[352] Beattie C I, Longhurst J W S, Woodfield N K. Air Quality Management: Evolution of Policy and Practice in the UK as Exemplified by the Experience of English Local Government [J] . Atmospheric Environment, 2001, 35 (8): 1479–1490.

[353] Beattie C I, Elsom D M, Gibbs D C, et al. The UK National Air Quality Strategy: the Effects of the Proposed Changes on Local Air Quality Management [J] . Air Pollution VII, 1999, 29: 213–222.

[354] Beattie C I, Elsom D M, Gibbs D C, et al. Implementation of Air Quality Management in Urban Areas Within England–Some Evidence from Current Practice [J] . Advances in Air Pollution, 1998, 21: 353–364.

[355] Beattie C I, Longhurst J W S, Woodfield N K. Air Quality Action Plans: Early Indicators of Urban Local Authority Practice in England [J] . Environmental Science and Policy, 2002, 5 (6): 463–470.

[356] Beattie C I, Longhurst J W S. Joint Working Within Local Government: Air Quality as a Case–Study [J] . Local Environment, 2000, 5 (4): 401–414.

[357] Beattie C I, Longhurst J W S, Woodfield N K. Air Quality Management: Challenges and Solutions in Delivering Air Quality Action Plans [J] . Energy and Environment, 2000, 11 (6): 729–747.

[358] Baldwin S T, Everard M, Hayes E T, Longhurst J W S. Exploring Barriers to and Opportunities for the Co–Management of Air Quality and Carbon in South West England: a Review of Progress [J] . Air Pollution XVII, 2009, 123: 101–110.

[359] Barnes J H, Hayes E T, Chatterton T J, et al. Policy Disconnect: A Critical Review of UK Air Quality Policy in Relation to EU and LAQM Responsibilities Over the Last 20 Years [J] . Environmental Science and

Policy, 2018, 85: 28–39.

[360] Blsom D M. The Development of Urban Air Quality Management Systems in the United Kingdom [J] . Air Pollution II, 1994, 4: 545–552.

[361] Brunt H, Barnes J, Longhurst J W S, et al. Local Air Quality Management Policy and Practice in the UK: The Case for Greater Public Health Integration and Engagement [J] . Environmental Science and Policy, 2016, 58: 52–60.

[362] Barker A, Fischer T B. English Regionalism and Sustainability: Towards the Development of an Integrated Approach to SEA [J] . European Planning Studies, 2003, 11 (6): 697–716.

[363] Commission on Global Governance. Our Global Neighbourhood: The Report of the Commission on Global Governance [M] . Oxford: Oxford University Press, 1995.

[364] Choi T, Robertson P. Deliberation and Decision in Collaborative Governance: A Simulation of Approaches to Mitigate Power Imbalance [J] . Journal of Public Administration Research and Theory, 2014 (2): 495–518.

[365] Christophe B, Tina R. Collaborative Environmental Governance and Transaction Costs in Partnerships: Evidence from a Social Network Approach to Water Management in France [J] . Journal of Environmental Planning and Management. 2018, 61 (1): 105–123.

[366] Common M. Measuring National Economic Performance Without Using Prices [J] . Ecological Economics, 2007, 64 (1): 92–102.

[367] Cole M A. Trade, the Pollution Haven Hypothesis and the Environmental Kuznets Curve: Examining the Linkages [J] . Ecological Economics, 2004, 48 (1): 71–81.

[368] Charnes A, Cooper W W, Rhodes E. Measuring the Efficiency of Decision Making Units [J] . European Journal of Operational Research, 1978, 2 (6): 429–444.

[369] Cote I, Samet J, John J V. U.S. Air Quality Management: Local, Regional and Global Approaches [J] . Journal of Toxicology and Environmental Health Part A, 2008, 71: 63–73.

[370] Curkovic S, Sroufe R. Total Quality Environmental Management and Total Cost Assessment: An Exploratory Study [J] . International Journal of

Production Economics, 2007, 105 (2): 560-579.

[371] Chatterton T, Longhurst J, Leksmono N, Hayes E, Symonds J. Ten Years of Local Air Quality Management Experience in the UK: An Analysis of the Process [J]. Clean Air and Environmental Quality, 2007, 41 (6): 26-31.

[372] Dietz T, Rosa E, York R. Environmentally Efficient Well-Being: Rethinking Sustainability as the Relationship between Human Well-Being and Environmental Impacts [J]. Human Ecology Review, 2009, 16 (1): 114-123.

[373] Dietz T, Rosa E A, York R. Environmentally Efficient Well-Being: Is There a Kuznets Curve? [J]. Applied Geography, 2010, 32 (1): 21-28.

[374] Dimzria C. An Indicator for the Economic Performance and Ecological Sustainbility of Nations [J]. Environmental Modeling and Assessment, 2018 (2): 1-16.

[375] Daly H E. Economics in a Full World [J]. Scientific American, 2005, 293 (3): 100-107.

[376] Damania R. Environmental Regulation and Financial Structure in an Oligopoly Supergame [J]. Environmental Modelling and Software, 2001, 16 (2): 119-129.

[377] Duan L, Xiang M, Yang J, et al. Eco-Environmental Assessment of Earthquake-Stricken Area Based on Pressure-State-Response (P-S-R) Model [J]. International Journal of Design and Nature and Ecodynamics, 2020, 15 (4): 545-553.

[378] Duarte B P, Reis A. Developing a Projects Evaluation System Based on Multiple Attribute Value Theory [J]. Computers and Operations Research, 2006, 33 (5): 1488-1504.

[379] Emerson K, Nabatchi T, Baloghm S. An Integrative Framework for Collaborative Governance [J]. Journal of Public Administration Research and Theory, 2012 (1): 1-29.

[380] Esteve M, Boyne G, Sierra V. Organizational Collaboration in the Public Sector: Do Chief Executives Make a Difference [J]. Journal of Public Administration Research and Theory, 2013 (4): 927-952.

[381] Economides G, Philippopoulos A. Growth Enhancing Policy is the Means to Sustain the Environment [J]. Review of Economic Dynamics, 2008, 11 (1):

207–219.

[382] Elsom D M. Development and Implementation of Strategic Frameworks for Air Quality Management in the UK and the European Community [J] . Journal of Environmental Planning and Management, 1999, 42 (1): 103–121.

[383] Elsom D M, Longhurst J W S. A Theoretical Perspective on Air Quality Management in the UK [M] . Air Pollution V, 1997.

[384] Endo K. Does the Stock Market Value Corporate Environmental Performance? Some Perils of Static Regression Models [J] . Corporate Social Responsibility and Environmental Management, 2019, 26 (6): 1530–1538.

[385] Freeman J. Collaborative Governance in the Administrative State [J] . Social Science Electronic Publishing, 2011, 45 (1): 1–98.

[386] Flinders M. Governance in Whitehall [J] . Public Administration, 2002, 80 (1): 51–75.

[387] Frisvold G B, Caswell M F. Transboundary Water Management Game–Theoretic Lessons for Projects on the US–Mexico Border [J] . Agricultural Economics, 2000, 24(1): 101–111.

[388] Friedman D. Evolutionary Games in Economics [J] . Econometrica, 1991, 59 (3): 637–666.

[389] Frankel J A, Rose A K. An Estimate of the Effect of Common Currencies on Trade and Income [J] . Quarterly Journal of Economics, 2002 (2): 437–466.

[390] Ferrary M, Granovetter M. The Role of Venture Capital Firms in Silicon Valley's Complex Innovation Network [J] . Economy and Society, 2009, 38 (2): 326–359.

[391] Fischer T B, Jha T U, Hayes S. Environmental Impact Assessment and Strategic Environmental Assessment Research in the UK [J] . Journal of Environmental Assessment Policy and Management, 2015, 17 (1): 1–12.

[392] Fei L, Klimont Z, Qiang Z, Cofala J, et al. Ntegrating Mitigation of Air Pollutants and Greenhouse Gases in Chinese Cities: Development of GAINS–City Model for Beijing [J] . Journal of Cleaner Production, 2013, 58 (1): 25–33.

[393] Gash A. Cohering Collaborative Governance [J] . Journal of Public Administration Research and Theory, 2017 (1): 213–216.

[394] Goldstein B D, Carruth R S. Implications of the Precuationary Principle for Environmental Regulation in the United States: Examples from the Control of Hazardous Air Pollutants in the 1990 Clean Air Act Amendments [J]. Law and Contemporary Problems, 2003, 66: 247–261.

[395] Gonzύlez G A. Local Growth Coalitions and Air Pollution Controls: The Ecological Modernization of the US in Historical Perspective [J]. Environmental Politics, 2002, 11(3): 121–144.

[396] Garver G, Podhora A. Transboundary Environmental Impact Assessment as Part of the North American Agreement on Environmental Cooperation [J]. Project Appraisal, 2008, 26 (4): 253–263.

[397] Glasson J, Bellanger C. Divergent Practice in a Converging System ? The Case of EIA in France and the UK [J]. Environmental Impact Assessment Review, 2003, 23 (5): 605–624.

[398] Huxham C. The Challenge of Collaborative Governance [J]. Public Management an International Journal of Research and Theory, 2000, 2 (3): 37–57.

[399] Halachmi A. Governance and Risk Management: Challenges and Public Productivity [J]. International Journal of Public Sector Management, 2005, 18 (4): 300–317.

[400] Henry H, Anthopolos R, Maxson P. Traffic–Related Air Pollution and Pediatric Asthma in Durham County, North Carolina [J]. International Journal on Disability and Human Development, 2013, 12 (4): 467–471.

[401] Hao Y, Liu Y M. The Influential Factors of Urban $PM_{2.5}$ Concentrations in China: A Spatial Econometric Analysis [J]. Journal of Cleaner Production, 2015, 112: 1443–1453.

[402] Hershkovitz L. Political Ecology and Environmental Management in the Loess Plateau, China [J]. Human Ecology, 1993, 21 (4): 327–353.

[403] Hidy G M, Pennell W T. Multipollutant Air Quality Management [J]. Journal of the Air and Waste Management Association, 2010, 60 (6): 645–674.

[404] Hymel M L. Environmental Tax Policy in the United States: A 'Bit' of History [J]. Social Science Electronic Publishing, 2013 (3): 157–182.

[405] Holling R L. Reinventing Government: An Analysis and Annotated Bibliography [M]. Commack, NY: Nova Science Publishers, 1996.

[406] Ho T K. From Performance Budgeting to Performance Budget Management: Theory and Practice [J]. Public Administration Review, 2018, 78 (5): 748-758.

[407] Honda N. The Role of the Social Capacity for Environmental Management in Air Pollution Control: An Application to Three Pollution Problems in Japan [J]. Papers on Environmental Information Science, 2004 (18): 271-276.

[408] Hasan A. Innovative Environmental Policy in Promoting the Green Concept of Japanese Electronics Industry [J]. Global Business and Management Research: An International Journal, 2017, 9 (S): 714-727.

[409] Illingworth V. The Penguin Dictionary of Physics [M]. London: Penguin Book, 1996.

[410] Johnston E W, Hicks D, Nan J, Auer Jennifer C. Managing the Inclusion Process in Collaborative Governance [J]. Journal of Public Administration on Research and Theory, 2010, 21 (4): 699-721.

[411] Johnston E, Hicks D, Nan N. Managing the Inclusion Process in Collaborative Governance [J]. Journal of Public Administration Research and Theory, 2011 (4): 699-721.

[412] Jorgenson A K. Economic Development and the Carbon Intensity of Human Well-Being [J]. Nature Climate Change, 2014, 4 (3): 186-189.

[413] Jorgenson A K, Dietz T. Economic Growth does not Reduce the Ecological Intensity of Human Well-Being [J]. Sustainability Science, 2015, 10 (1): 149-156.

[414] Jergensen S, Martin-Herran G, Zaccour G. Dynamic Games in the Economics and Management of Pollution [J]. Environmental Modeling and Assessment, 2010, 15 (6): 433-467.

[415] Jian X, Ji X, Zhao L, et al. Cooperative Econometric Model for Regional Air Pollution Control with the Additional Goal of Promoting Employment [J]. Journal of Cleaner Production, 2019: 1-10.

[416] Joanna H B, Enda T H, Tim J C, Longhurst J W S. Air Quality Action Planning: Why do Barriers to Remediation in Local Air Quality Management Remain? [J]. Journal of Environmental Planning and Management, 2014, 57 (5): 660-681.

[417] Kettl D F. Reinventing Government: A Fifth-Year Report Card [M].

Center for Public Management, 1998.

[418] Kubiszewski I, Costanza R, Francoc C, et al. Beyond GDP: Measuring and Achieving Global Genuine Progress [J]. Ecological Economics, 2013, 93 (3): 57–68.

[419] Kucukmehmetoglu M, Guldmann J. International Water Resources Allocation and Conflicts: The Case of the Euphrates and Tigris [J]. Environment and Planning A, 2004, 36(5): 783–801.

[420] Krawczyk J B. Coupled Constraint Nash Equilibria in Enviromental Games [J]. Empirica, 2005, (27): 157–181.

[421] Kelly J A, Vollebergh H R J. Adaptive Policy Mechanisms for Transboundary Air Pollution Regulation: Reasons and Recommendations [J]. Working Papers, 2012, 21 (1): 73–83.

[422] Kelsea A S, Vivek S. Rescaling Air Quality Management: An Assessment of Local Air Quality Authorities in the United States [J]. Air, soil and Water Research, 2019 (12): 1–13.

[423] Kutz F W, Linthurst R A. A Systems–Evel Approach to Environmental Assessment [J]. Toxicological and Environmental Chemistry Reviews, 1990, 28 (2–3): 105–114.

[424] Kazumi E. Corporate Governance Beyond the Shareholder - Stakeholder Dichotomy: Lessons from Japanese Corporations' Environmental Performance [J]. Business Strategy and the Environment, 2020, 29 (4): 1625–1633.

[425] Lasker R D, Weiss E S. Broadening Participation in Community Problem Solving: A Multidisciplinary Model to Support Collaborative Practice and Research [J]. Journal of Urban Health, 2003, 80 (1): 14–47.

[426] Lisa A C. An Integrative Review of Community Theories Applied to Palliative Care Nursing [J]. Journal of Hospice and Palliative Nursing, 2020, 22 (5): 363–376.

[427] Li K, Lin B. Economic Growth Model, Structural Transformation and Green Productivity in China [J]. Applied Energy, 2017, 187 (1): 489–500.

[428] Li Y, Koppenjan J, Verweij S. Governing Environmental Conflicts in China: Under What Conditions Do Local Governments Compromise? [J]. Public Administration, 2016, 94 (1): 806–822.

[429] Levinson A. Technology, International Trade and Pollution from US Manufacturing [J]. The American Economic Review, 2009, 99 (5):

2177–2192.

[430] Liu W B, Meng W, Li X X, Zhang D Q. DEA Models with Undesirable Inputs and Outputs [J] . Annals of Operational Research, 2010, 173: 177–194.

[431] Liao K J, Hou X. Optimization of Multipollutant Air Quality Management Strategies: A Case Study for Five Cities in the United States [J] . Journal of Air Waste Management Association, 2015, 65 (6): 732–742.

[432] Lockhart J A. Environmental Tax Policy in the United States: Alternatives to the Polluter Pays Principle [J] . Asia–Pacific Journal of Accounting, 1997, 4 (2): 219–239.

[433] Longhurst J W S, Conlan D E. Changing Air Quality in the Greater Manchester Conurbation [J] . Air Pollution II, 2014, 3: 349–356.

[434] Lu Y H, Chiu Y H, Chiu C R, et al. Metafrontier Analysis of the High–Tech Industry's Environmental Effciency in Japan and Taiwan [J] . Hitotsubashi Journal of Economics, 2018, 59 (1): 9–24.

[435] Morales F, Wittek R, Heyse L. After the Reform: Change in Dutch Public and Private Organizations [J] . Journal of Public Administration Research and Theory, 2013 (3): 735 –754.

[436] Mani M, Wheeler D. In Search of Pollution Havens Dirty Industry in the World Economy, 1960 to 1995 [J] . The Journal of Environment and Development, 1998, 7 (3): 215–247.

[437] Mclean B, Barton J. U.S.–Canada Cooperation: The U.S.–Canada Air Quality Agreement [J] . Journal of Toxicology and Environmental Health Part A, 2008, 71 (9–10): 564–569.

[438] Mukerjee S. Selected Air Quality Trends and Recent Air Pollution Investigations in the US–Mexico Border Region [J] . Science of the Total Environment, 2001, 276 (1–3): 1–18.

[439] Melkers J, Willoughby K. The State of the States: Performance–Based Budgeting Requirements in 47 Out of 50 [J] . Public Administration Review, 1998 (1): 66–73.

[440] Ma Z, Dennis R B, Michael A K. Barriers to and Opportunities for Effective Cumulative Impact Assessment Within State–Level Environmental Review Frameworks in the United States [J] . Journal of Environmental Planning and Management, 2012, 55(7): 961–978.

[441] Mihaiu D M, Opreana A, Cristescu M P. Efficiency, Effectiveness and Performance of the Public Sector [J] . Romanian Journal of Economic Forecasting, 2011, 13 (4): 132–147.

[442] Managi S. Are There Increasing Returns to Pollution Abatement ? Empirical Analytics of the Environmental Kuznets Curve in Pesticides [J] . Ecological Economics, 2006, 58 (3): 617–636.

[443] Murakami K, Matsuoka S. An Empirical Study of the Methodology for Assessing Social Capacity [J] . Japanese Journal of Evaluation Studies, 2006, 6: 43–58.

[444] Memon M A, Imura H, Pearson C. Inter–City Environmental Cooperation: Case of the Kitakyushu Initiative for a Clean Environment [J] . International Review for Environmental Strategies, 2005, 5 (2): 531–536.

[445] Mendez G C. Environmental Efficiency and Regional Convergence Clusters in Japan: A Nonparametric Density Approach [J] . MPRA Paper, 2019, 14: 1–26.

[446] Masuhara N, Baba K, Tokai A. Clarifying Relationships between Participatory Approaches, Issues, Processes and Results, Through Crosscutting Case Analysis in Japan's Environmental, Energy, and Food Policy areas [J] . Environment Systems and Decisions, 2016, 36 (4): 421–437.

[447] O' Leary, Bingham, Lisa B. Big Ideas in Collaborative Public Management [M] . New York: Sharpe Publisher, 2008.

[448] Ostrom E. Governing the Commons: The Evolution of Institutions for Collective Action [M] . New York: Cambridge University Press, 1990.

[449] Park C. Cross–Sector Collaboration for Public Innovation [J] . Journal of Public Admini–Stration Research and Theory, 2018 (2): 293–295.

[450] Poister T H, Streib G. Performance Measurement in Municipal Government: Assessing the State of the Practice [J] . Public Administration Review, 1999, 59 (4): 325–335.

[451] Parker, Albert. Air Pollution Research and Control in Great Britain [J] . Am J Public Health Nations Health, 1957, 47 (5): 559–569.

[452] Partidario M R. Elements of an SEA Framework–Improving the Added–Value of SEA [J] . Environmental Impact Assessment Review, 2000, 20 (6): 647–663.

[453] Ruiqian L, Ramakrishnan R. Impacts of Industrial Heterogeneity and

Technical Innovation on the Relationship between Environmental Performance and Financial Performance [J]. Sustainability, 2018, 10 (5): 1–25.

[454] Savitch H V, Vogel R K. Paths to New Regionalism [J]. State and Local Government Review, 2000, 32 (3): 158–168.

[455] Schleicher N, Norra S, Chen Y, et al. Efficiency of Mitigation Measures to Reduce Particulate Air Pollution—A Case Study During the Olympic Summer Games 2008 in Beijing, China [J]. Science of the Total Environment, 2012, 146: 427–428.

[456] Schikowski T, Vossoughi M, Vierkötter A, et al. Association of Air Pollution with Cognitive Functions and Its Modification by APOE Gene Variants in Elderly Women [J]. Environmental Research, 2015, 142: 10–16.

[457] Suzuki Y, Iwasa Y. Conflict between Groups of Players in Coupled Socio–Economic and Ecological Dynamics [J]. General Information, 2009, 68 (4): 1106–1115.

[458] Selten R. A Note on Evolutionarily Stable Strategies in Asymmetric Animal Conflicts [J]. Journal of Theoretical Biology, 1980, 84 (1): 93–101.

[459] Sexton T R, Silkman R H, Hogan A J. Data Envelopment Analysis: Critique and Extensions [J]. New Directions for Program Evaluation, 1986 (32): 73–105.

[460] Sheldon K, Michael R F. Intergovernmental Relations and Clean–Air Policy in Southern California [J]. The State of American Federalism 1990–1991, 1991: 143–154.

[461] Shaddick G, Zidek J V. A Case Study in Preferential Sampling: Long Term Monitoring of Air Pollution in the UK [J]. Spatial Stats, 2014, 9: 51–65.

[462] Shafik N. Economic Development and Environmental Quality: An Econometric Analysis [J]. Oxford Economic Papers, 1994, 46: 757–773.

[463] Sueyoshi T, Goto M. Performance Assessment of Japanese Electric Power Industry: DEA Measurement with Future Impreciseness [J]. Energies, 2020, 13 (2): 1–24.

[464] Shi X, Xu Z. Environmental Regulation and Firm Exports: Evidence from the Eleventh Five–Year Plan in China [J]. Journal of Environmental

Economics and Management, 2018, 89 (5): 187-200.

[465] Thomson A M , Perry J L. Collaboration Processes: Inside the Black Box[J]. Public Administration Review, 2006, 66 (s1) 20-32.

[466] Tone K. A Slacks-Based Measure of Super-Efficiency in Data Envelopment Analysis [J]. European Journal of Operational Research, 2002, 143 (1): 32-41.

[467] Thomas B F. Benefits Arising from SEA Application—A Comparative Review of North West England, Noord-holland, and Brandenburg-Berlin [J]. Environmental Impact Assessment Review, 1999, 19 (2): 143-173.

[468] Vangen S, Huxham C. The Tangled Web: Unraveling the Principle of Common Goals in Collaborations [J]. Journal of Public Administration Research and Theory, 2012 (4): 731-760.

[469] Vandeweghe J R, Kennedy C. A Spatial Analysis of Residential Greenhouse Gas Emissions in the Toronto Census Metropolitan Area [J]. Journal of Industrial Ecology, 2007, 11 (2): 133-144.

[470] Weiss J A. Pathways to Cooperation among Public Agencies [J]. Journal of Policy Analysis and Management, 1987, 7 (1): 94-117.

[471] Wang H B, Zhao L J, Xie Y J, et al. "APEC blue" —The Effects and Implications of Joint Pollution Prevention and Control Program [J]. Science of the Total Environment, 2016, 553: 429-438.

[472] Wang H W, Cai L R, Zeng W. Research on the Evolutionary Game of Environmental Pollution in System Dynamics Mode [J]. Journal of Experimental and Theoretical Artificial Intelligence, 2011, 23 (1): 39-50.

[473] Weibull J. Evolutionary Game Theory [M]. Cambridge, MA: MIT Press, 1995: 26-27.

[474] Woodfield N K, Longhurst J W S, Beattie C I, et al. Regional Collaborative Urban Air Quality Management: Case Studies Across Great Britain [J]. Environmental Modelling and Software, 2006, 21 (4): 595-599.

[475] Yew K. Environmentally Responsible Happy Nation Index: Towards an Internationally Acceptable National Success Indicator [J]. Social Indicators Research, 2008, 85 (4): 425-446.

[476] Yanase A. Global Environment and Dynamic Games of Environmental Policy in an International Duopoly [J]. Journal of Economics, 2009, 97 (2): 121-140.

[477] Yu H, Yi M L. The Influential Factors of Urban $PM_{2.5}$ Concentrations in China: A Spatial Econometric Analysis [J]. Journal of Cleaner Production, 2015, 112: 1443-1453.

[478] You M L, Shu C M, Chen W T, et al. Analysis of Cardinal Grey Relational Grade and Grey Entropy on Achievement of Air Pollution Reduction by Evaluating Air Quality Trend in Japan [J]. Journal of Cleaner Production, 2017, 142 (4): 3883-3889.

[479] Yook K H, Choi J H, Suresh N C. Linking Green Purchasing Capabilities to Environmental and Economic Performance: The Moderating Role of Firm Size [J]. Journal of Purchasing and Supply Management, 2018, 24 (4): 326-337.

[480] Zenkevich N, Zyatchin A. Strong Nash Equilibrium in a Repeated Environmental Engineering Game with Stochastic Dynamics [C]. Proceedings of Second International Conference on Game Theory and Applications, Qingdao, 2007: 17-19.

[481] Zodrow G R, Mieszkowski P. Piebout, Property Taxation, and the Underprovision of Local Public Goods [J]. Journal of Urban Economics, 1986, 19 (3): 356-370.

[482] Zugravu S, Natalia. How does Foreign Direct Investment Affect Pollution? Toward a Better Understanding of the Direct and Conditional Effects [J]. Environmental and Resource Economics, 2017, 66 (2): 293-338.

附录

附录1　　京津冀及周边地区大气污染治理的静态性经济–社会–生态绩效评价情况（详）

序号	城市	2013年	2014年	2015年	2016年	2017年	2018年	平均效率值	平均值排名
1	北京	1.000000	1.000000	1.000000	1.000000	1.000000	1.000000	1.000000	1
2	天津	1.000000	1.000000	1.000000	1.000000	0.884158	0.984063	0.978037	10
3	石家庄	0.910089	0.857639	0.994634	0.835124	0.886113	0.907095	0.898449	25
4	承德	1.000000	1.000000	1.000000	1.000000	1.000000	1.000000	1.000000	1
5	张家口	0.948870	1.000000	1.000000	0.989832	0.994005	0.989262	0.986995	6
6	秦皇岛	0.990767	0.994793	0.895142	0.756871	0.977449	0.801644	0.902777	24
7	唐山	0.899668	0.667058	0.612482	0.694470	0.718905	0.855574	0.741360	31
8	邯郸	1.000000	0.983192	0.990858	0.830701	0.819071	0.827928	0.908625	22
9	邢台	0.999367	0.952748	0.855630	1.000000	1.000000	1.000000	0.967958	12
10	保定	0.893196	0.808493	0.942974	0.732182	0.776737	0.932988	0.847762	28
11	沧州	0.990062	0.998671	0.941428	0.986258	1.000000	0.994339	0.985126	7
12	廊坊	0.975725	0.993510	1.000000	1.000000	0.987778	1.000000	0.992836	5
13	衡水	1.000000	0.974659	0.873321	0.963414	0.963241	0.761024	0.922610	19
14	太原	0.823455	0.930186	0.984782	0.994500	0.997101	1.000000	0.955004	15
15	阳泉	0.751574	0.812493	0.805556	0.767957	0.849860	0.543836	0.755212	30
16	长治	0.793898	0.916789	0.960573	1.000000	0.825556	0.992988	0.914967	20
17	晋城	1.000000	1.000000	1.000000	0.883737	1.000000	1.000000	0.980623	9
18	济南	1.000000	1.000000	1.000000	1.000000	1.000000	0.990829	0.998472	3
19	淄博	0.902197	0.929047	0.995793	0.990532	0.999577	0.997814	0.969160	11
20	济宁	0.953105	0.987127	0.995870	0.992921	1.000000	0.966453	0.982579	8
21	德州	0.980936	0.997968	0.943318	0.978935	0.898003	1.000000	0.966527	13
22	聊城	0.944588	0.997222	0.952440	0.978591	0.870440	0.863538	0.934470	18
23	滨州	1.000000	1.000000	1.000000	0.776578	0.838193	0.622602	0.872895	27
24	菏泽	0.863773	0.992906	0.808101	0.815434	0.811240	0.720394	0.835308	29
25	郑州	0.999186	0.828724	0.872015	0.830234	0.976951	0.962175	0.911547	21
26	开封	1.000000	1.000000	0.998552	0.986480	1.000000	0.992358	0.996232	4

续表

序号	城市	2013年	2014年	2015年	2016年	2017年	2018年	平均效率值	平均值排名
27	安阳	0.985209	0.724167	0.984481	0.939760	0.832576	0.873711	0.889984	26
28	鹤壁	0.926297	0.849397	0.994800	0.988136	1.000000	0.864690	0.937220	17
29	新乡	0.862782	0.985177	0.993801	0.926909	0.998537	0.948581	0.952631	16
30	焦作	0.955789	0.983718	0.994278	0.943874	0.951367	0.959440	0.964744	14
31	濮阳	0.866527	0.844705	0.856453	0.949829	0.939095	0.976430	0.905507	23

资料来源：根据2013—2018年（攻坚期）的面板数据测算所得。

附录2　京津冀及周边地区大气污染治理的动态性经济–社会–生态绩效评价情况（详）

城市	窗口划分	2013年	2014年	2015年	2016年	2017年	2018年	窗口变化率	平均变化率
北京	窗口1	0.965629	0.999649					3.523%	−2.241%
	窗口2		0.997349	0.968947				−2.848%	
	窗口3			0.979155	0.998843			2.011%	
	窗口4				0.997839	0.947565		−5.038%	
	窗口5					0.999403	0.915860	−8.359%	
天津	窗口1	0.970819	0.997588					2.757%	−6.658%
	窗口2		0.999351	0.945265				−5.412%	
	窗口3			0.987210	0.975609			−1.175%	
	窗口4				0.998689	0.787015		−21.195%	
	窗口5					0.965671	0.903961	−6.390%	
石家庄	窗口1	0.784913	0.630804					−19.634%	−7.169%
	窗口2		0.772160	0.789477				2.243%	
	窗口3			0.855499	0.838232			−2.018%	
	窗口4				0.836936	0.709401		−15.238%	
	窗口5					0.846276	0.854911	1.020%	
承德	窗口1	0.994935	0.995038					0.010%	−7.622%
	窗口2		1.000000	0.960774				−3.923%	
	窗口3			0.985209	0.995250			1.019%	
	窗口4				0.990512	0.668876		−32.472%	
	窗口5					0.959537	0.984797	2.632%	

续表

城市	窗口划分	2013年	2014年	2015年	2016年	2017年	2018年	窗口变化率	平均变化率
张家口	窗口1	0.964044	0.995807					3.295%	-8.874%
	窗口2		0.990676	0.955980				-3.502%	
	窗口3			0.993801	0.883147			-11.134%	
	窗口4				0.984904	0.653772		-33.621%	
	窗口5					0.867535	0.927131	6.870%	
秦皇岛	窗口1	0.886994	0.801867					-9.597%	-6.743%
	窗口2		0.947336	0.718739				-24.130%	
	窗口3			0.644140	0.708785			10.036%	
	窗口4				0.813774	0.834648		2.565%	
	窗口5					0.955499	0.870693	-8.876%	
唐山	窗口1	0.717353	0.688662					-4.000%	-3.969%
	窗口2		0.709709	0.629019				-11.369%	
	窗口3			0.605965	0.673329			11.117%	
	窗口4				0.755420	0.615339		-18.543%	
	窗口5					0.748181	0.793421	6.047%	
邯郸	窗口1	0.911604	0.824849					-9.517%	-8.428%
	窗口2		0.959796	0.935145				-2.568%	
	窗口3			0.965281	0.849291			-12.016%	
	窗口4				0.830481	0.721412		-13.133%	
	窗口5					0.760913	0.727131	-4.440%	
邢台	窗口1	0.856714	0.878248					2.513%	-1.797%
	窗口2		0.909270	0.888346				-2.301%	
	窗口3			0.967522	0.995282			2.869%	
	窗口4				0.999255	0.845120		-15.425%	
	窗口5					0.951871	0.997709	4.816%	
保定	窗口1	0.794398	0.735481					-7.417%	-3.941%
	窗口2		0.789416	0.627242				-20.544%	
	窗口3			0.650994	0.682801			4.886%	
	窗口4				0.712058	0.533434		-25.086%	
	窗口5					0.679770	0.961857	41.4985	

续表

城市	窗口划分	2013年	2014年	2015年	2016年	2017年	2018年	窗口变化率	平均变化率
沧州	窗口1	0.974359	0.952017					–2.293%	–10.261%
	窗口2		0.994116	0.872306				–12.253%	
	窗口3			0.848006	0.735769			–13.235%	
	窗口4				0.954402	0.773136		–18.993%	
	窗口5					0.974055	0.940711	–3.423%	
廊坊	窗口1	0.952275	0.960319					0.845%	–0.082%
	窗口2		0.985127	0.982668				–0.250%	
	窗口3			0.983926	0.985088			0.118%	
	窗口4				0.999841	0.853689		–14.618%	
	窗口5					0.862008	0.998351	15.817%	
衡水	窗口1	0.979947	0.999102					1.955%	–10.422%
	窗口2		0.944083	0.838345				–11.200%	
	窗口3			0.961875	0.878053			–8.715%	
	窗口4				0.912958	0.731126		–19.917%	
	窗口5					0.974043	0.848841	–12.854%	
太原	窗口1	0.733482	0.740242					0.922%	–2.648%
	窗口2		0.887288	0.777299				–12.396%	
	窗口3			0.776137	0.742624			–4.318%	
	窗口4				0.951676	0.897599		–5.682%	
	窗口5					0.857639	0.939915	9.593%	
阳泉	窗口1	0.793230	0.791067					–0.273%	–7.717%
	窗口2		0.770422	0.797922				3.569%	
	窗口3			0.688060	0.688188			0.019%	
	窗口4				0.697534	0.982563		40.862%	
	窗口5					0.875533	0.402672	–54.008%	
长治	窗口1	0.763203	0.858231					12.451%	1.739%
	窗口2		0.805625	0.797436				–1.017%	
	窗口3			0.792963	0.967722			22.039%	
	窗口4				0.997433	0.792416		–20.554%	
	窗口5					0.870114	0.878853	1.004%	

续表

城市	窗口划分	2013年	2014年	2015年	2016年	2017年	2018年	窗口变化率	平均变化率
晋城	窗口1	0.998686	0.947617					−5.114%	1.454%
	窗口2		0.957341	1.000000				4.456%	
	窗口3			0.998693	0.901139			−9.768%	
	窗口4				0.836491	0.994908		18.938%	
	窗口5					0.986547	0.996901	1.050%	
济南	窗口1	0.999094	0.975526					−2.359%	−1.888%
	窗口2		0.999966	0.960401				−3.957%	
	窗口3			0.998326	0.992601			−0.573%	
	窗口4				0.999843	0.984205		−1.564%	
	窗口5					0.991493	0.982083	−0.949%	
淄博	窗口1	0.895595	0.880451					−1.691%	−0.964%
	窗口2		0.918049	0.916069				−0.216%	
	窗口3			0.957441	0.981821			2.546%	
	窗口4				0.975172	0.952378		−2.337%	
	窗口5					0.992469	0.962472	−3.023%	
济宁	窗口1	0.937878	0.962798					2.657%	0.421%
	窗口2		0.971270	0.977081				0.598%	
	窗口3			0.948848	0.992692			4.621%	
	窗口4				0.987083	0.985556		−0.155%	
	窗口5					0.985198	0.932652	−5.333%	
德州	窗口1	0.995761	0.876907					−11.936%	−4.376%
	窗口2		0.994004	0.937189				−5.716%	
	窗口3			0.948845	0.927192			−2.282%	
	窗口4				0.953279	0.924315		−3.038%	
	窗口5					0.976955	0.992870	1.629%	
聊城	窗口1	0.878608	0.907202					3.254%	−5.826%
	窗口2		0.948606	0.775216				−18.278%	
	窗口3			0.961167	0.961582			0.043%	
	窗口4				0.985923	0.892789		−9.446%	
	窗口5					0.772106	0.748176	−3.099%	

续表

城市	窗口划分	2013年	2014年	2015年	2016年	2017年	2018年	窗口变化率	平均变化率
滨州	窗口1	0.999111	0.903682					–9.551%	–20.243%
	窗口2		0.997020	0.780290				–21.738%	
	窗口3			1.000000	0.509724			–49.028%	
	窗口4				0.815741	0.910188		11.578%	
	窗口5					0.763168	0.611783	–19.836%	
菏泽	窗口1	0.849860	0.983449					15.719%	–5.271%
	窗口2		0.993572	0.762990				–23.207%	
	窗口3			0.795265	0.747890			–5.957%	
	窗口4				0.799443	0.714786		–10.589%	
	窗口5					0.764259	0.780228	2.089%	
郑州	窗口1	0.905859	0.838300					–7.458%	–1.164%
	窗口2		0.837189	0.888363				6.133%	
	窗口3			0.922294	0.810386			–12.134%	
	窗口4				0.833775	0.861314		3.303%	
	窗口5					0.826300	0.874313	5.811%	
开封	窗口1	0.998716	0.999370					0.065%	–5.540%
	窗口2		0.999042	0.968467				–3.060%	
	窗口3			0.993463	0.944626			–4.916%	
	窗口4				0.995252	0.811167		–18.496%	
	窗口5					0.988188	0.988554	0.037%	
安阳	窗口1	0.843941	0.779075					–7.686%	–3.951%
	窗口2		0.768703	0.893142				16.188%	
	窗口3			0.943413	0.917304			–2.768%	
	窗口4				0.939124	0.677212		–27.889%	
	窗口5					0.815032	0.885906	8.696%	
鹤壁	窗口1	0.773828	0.759453					–1.858%	–2.004%
	窗口2		0.781918	0.842524				7.751%	
	窗口3			0.958937	0.908527			–5.257%	
	窗口4				0.888948	0.827312		–6.934%	
	窗口5					0.933435	0.904726	–3.076%	

续表

城市	窗口划分	2013年	2014年	2015年	2016年	2017年	2018年	窗口变化率	平均变化率
新乡	窗口1	0.928308	0.874190					–5.830%	–6.063%
	窗口2		0.966631	0.955626				–1.138%	
	窗口3			0.963855	0.817548			–15.179%	
	窗口4				0.901387	0.846076		–6.136%	
	窗口5					0.956891	0.944277	–1.318%	
焦作	窗口1	0.884487	0.902747					2.064%	–2.111%
	窗口2		0.954289	0.968906				1.532%	
	窗口3			0.924628	0.892191			–3.508%	
	窗口4				0.885649	0.794001		–10.348%	
	窗口5					0.914902	0.917330	0.265%	
濮阳	窗口1	0.892617	0.819164					–8.229%	–4.765%
	窗口2		0.868104	0.935400				7.752%	
	窗口3			0.929583	0.933574			0.429%	
	窗口4				0.927380	0.746521		–19.502%	
	窗口5					0.949813	0.930777	–2.004%	

资料来源：根据2013—2018年（攻坚期）的面板数据测算所得。